滨海区域地下水中重金属污染物的迁移与转化

代朝猛　刘曙光　段艳平　著

科学出版社

北京

内 容 简 介

本书以典型重金属污染物在滨海区域地下水中的迁移与转化为主线，全面阐述了重金属污染物在地下水中的迁移转化规律。其中潮汐作为滨海区域典型的自然现象，使得重金属污染物进入地下水后在近岸水动力的影响下运移变得复杂；滨海含水层水体交互频繁，物质通量巨大，咸淡水交互过程中胶体与污染物协同作用增加了污染物迁移的复杂性；纳米材料的广泛应用导致地下水环境中的纳米材料含量不断增加，由于其纳米尺度效应及高吸附能力，在表面活性剂的作用下会对重金属污染物的迁移产生复杂的影响；地表水和地下水的交互作用在交换水量的同时也伴随污染物的迁移转化，并对环境产生显著影响。本书针对以上四个方面，采用大量实验数据、图表对重金属污染物在滨海区域地下水中的迁移与转化规律做了详尽的描述。

本书旨在为专业人员提供一些参考，如地下水安全修复工程师、环境法规制定人员与从事重金属污染研究的科研工作者和大专院校学生，以及渴望了解环境污染研究新动向的爱好者。

图书在版编目(CIP)数据

滨海区域地下水中重金属污染物的迁移与转化/代朝猛，刘曙光，段艳平著. —北京：科学出版社，2021.6

ISBN 978-7-03-069069-2

Ⅰ.①滨… Ⅱ.①代… ②刘… ③段… Ⅲ.①地下水污染-重金属污染物-研究 Ⅳ.①X523

中国版本图书馆 CIP 数据核字(2021)第 104684 号

责任编辑：霍志国/责任校对：杜子昂
责任印制：吴兆东/封面设计：东方人华

科学出版社 出版
北京东黄城根北街 16 号
邮政编码：100717
http://www.sciencep.com
北京中石油彩色印刷有限责任公司 印刷
科学出版社发行 各地新华书店经销
*
2021 年 6 月第 一 版 开本：720×1000 B5
2021 年 6 月第一次印刷 印张：16
字数：320 000

定价：118.00 元
(如有印装质量问题，我社负责调换)

前　　言

　　重金属污染物是地下水中主要的污染物之一，由于其不能被微生物降解，反而会通过生物体的富集转化为毒性更大的金属有机化合物，从而带来更大的危害，因此地下水重金属污染的研究是近几年地下水污染研究的热点之一。地下水中常见的重金属污染物有铬、镉、铅、镍等，广泛应用于各个工业过程和工业产品中，例如采矿冶炼、化工、油漆颜料、制药、轻工纺织、皮革鞣剂等。虽然重金属及其化合物的采掘、冶炼和加工能推动社会经济快速发展，但同时也给生态环境和人类健康造成危害。

　　作为国家工业最发达、人口最密集的区域之一，滨海区域地下水中的重金属污染问题必然更加严峻。滨海区域是国家海洋战略的关键支点，也是我国经济发展的重要支柱。为了自然环境健康与人民群众生命安全，当前迫切需要加强滨海区域地下水中重金属污染物的研究工作。针对滨海区域地下水的特点，须深入研究重金属污染物的迁移转化规律，为重金属污染防治提供技术参考，以保障人类健康与生态安全。

　　重金属污染一直是国内外学者关注的重点环境问题之一。自 20 世纪下半叶起，国内外学者对于重金属污染物在土壤及地下水中迁移与转化规律等方面进行了大量的研究，反应机理涉及络合作用、沉淀溶解、氧化还原和吸附解吸等。影响这些反应发生的因素包含化学、物理和生物等方面，诸如 pH、氧化还原电位（E_h）、有机质含量、胶体颗粒含量、盐度、土壤黏土矿物组成、微生物作用、植物根系作用等。然而目前研究重点主要集中于土壤中的重金属污染物的迁移转化与修复，对于滨海区域的研究较少。滨海区域含水层水体交互频繁，含水层环境复杂多变，现有结论对滨海区域特点针对性不足，因此本书针对滨海区域特点，对地下水中重金属污染物迁移与转化规律进行论述，填补了相关方面的空白。

　　本书是作者在总结多年研究成果基础上撰写而成的，课题研究和本书出版得到了国家自然科学基金面上项目（42077175）和国家重点研发计划（政府间）项目（2019YFE0114900）的资助。全书共分为 5 章，第 1 章主要介绍了国内外典型滨海含水层的性质、我国滨海区域地下水的重金属污染状况以及当前国内外针对滨海区域地下水重金属污染物迁移与转化的研究概况；第 2 章主要介绍了潮汐作用对重金属污染物迁移的影响，通过场地实验、物理模型与数学模型三种方式对重金属污染物在近岸水动力作用下的运移规律进行了阐述；第 3 章主要介绍了胶体对重金属污染物迁移的影响，分析了胶体在滨海区域地下水中的迁移规律，论述了胶体-重金属协同运移规律，阐述了胶体的运移量以及其对含水层介质特性的影响；第 4 章主要介绍了表面活性剂作用下纳米材料对重金属污染物迁移的影响，阐述了纳米材料在地下水中的分散沉降行为，分析了表面活性剂对地下水中纳米材料运移行为的影响，探究了纳米材料与重金属污染物在表面活性剂影响下的迁移规律；第 5 章主要以重金属污染物 Cr(VI) 为例介绍了地表-地下水交互作用对重金属污染物迁移与转化的影响，分析了不同环境下矿物元素对重金属污染物形态转化的影响，阐述了地表-地下水交互动态变化下重金属污染物的迁移与转化规律。

代朝猛副教授对全书进行了统筹和清稿，刘曙光教授和段艳平博士对全书进行了审核和定稿。希望本书的出版能有助于我国在相关领域科研水平的提高，并推动环境保护领域中的相关应用。

由于作者水平有限，书中不妥之处在所难免，恳请读者和专家批评指正。

作　者

2021 年 2 月

目　　录

第1章 总 论

地下水是我国水资源的重要组成部分，占全国水资源总量的 1/3。但随着我国经济的快速发展，地下水水质污染状况日趋恶化，已严重危及地下水环境安全，正成为制约我国经济可持续发展的重要影响因素。特别是我国滨海区域，人口密度大、城市化发展程度高，对地下水的水质要求也相应较高；因此，一旦地下水发生污染，将严重危及沿海区域的工农业生产的发展和人民生命财产的安全。据国土资源部(现自然资源部，后同)的地下水资源调查评价与监测，全国 2/3 城市地下水水质质量普遍下降，局部地段水质恶化；300 多个城市由于地下水污染造成供水水源紧张。我国有关部门对 118 个城市连续监测数据显示，约有 64%的城市地下水遭受严重污染，33%的地下水受到轻度污染，基本清洁的城市地下水只有 3%[1]。同时，监测结果显示，污染地下水中不仅检出的污染组分越来越多、越来越复杂，而且地下水污染程度和深度也在不断增加。

滨海区域因其独特的地理优势，一直是近现代人类社会高速发展的核心地区，根据 Costanza 等[2]在 *Nature* 上发表的文章统计显示，全球海滨的总系统价值占整个生态系统约 37.78%，它的健康程度关系着当地的生态平衡，维持着生态系统容量，调控着水体交换，涵养着水分和养分。滨海水体的良性循环是人类在滨海地区赖以生存的基本保障，特别是地下水环境问题，始终是可持续发展关注的焦点，滨海地下水污染物的控制也在全球水资源保护中占有举足轻重的地位。

1.1 国内外典型滨海含水层

滨海含水层通过地壳运动、洋流搬运以及陆相沉积形成了条状的海陆边缘地带，它通常含有大陆宝贵的淡水资源[3]，包括海滩(潮间带)潜水含水层、承压含水层及其向大陆架方向延伸的部分。与内陆含水层不同的是，滨海含水层是海-陆地下水水文循环的敏感地带，但由于世界各地滨海区域水文地质条件的不同，滨海含水层的性质差异明显。典型的滨海含水层主要包含岩石体裂隙含水层(fractured rock aquifer)、岩溶含水层(karstified aquifer)、冲积含水层(alluvial aquifer)等。地下水在岩石体裂隙含水层中的赋存依赖于裂隙的数量和分布，地下水的流动主要受控于裂隙走向，而非水头分布。岩溶含水层与之相似，但它具有更高的孔隙度和孔隙分布的不确定性。而冲积含水层一般由砾石、砂、粉土、黏土规律性组合形成，位置多处于表层潜水，地下水交互频繁。由于板块作用和水动力作用，这些不同类型的含水层往往层层覆盖，各向异性特征突出，对咸淡水相互作用的时空规律起主要影响。因此，对滨海含水层性质宏观把握的关键在于搞清楚含水层的类型组成和各层之间的覆盖结构。

中国莱州湾含水层是典型的沉积物含水层，在时间尺度上，其主要成分是白垩纪到近代的沉积物；空间上，含水层的形成是陆相和海相综合作用的结果，由南到北为冲积物、洪积物、海洋沉积物的多组分产物，厚度从近岸的 30 m 到 300 m 不等[4]，含水层被粉质黏土分为若干层，平坦且不连续的地层使各层之间、海陆之间存在良好的水力联系。美国新泽西州的滨海含水层性质却不尽相同，虽然沉积类型与莱州湾处相似且同为多层结构，但它的基岩和弱透水层走向呈下切趋势，引起了此处突变界面上较高的盐分梯度，从而抑制了海水进一步入侵[5]。这是容易理解的，如相关学者[6]在印度东部 Digha 沿海的研究表明，低渗透夹层能显著影响海水入侵程度，此时深层土壤可免于受到海水影响，甚至海水入侵区域可存在淡水含水层。不同的是，格陵兰岛滨海含水层主要是玄武岩为主体的岩石体裂隙含水层，与上部冰川紧密联系，并为冰川融水提供了快速的渗透通道和海底地下水排泄的动力，对海水入侵产生了一定程度的抑制作用[7]。与之相反，若缺失内陆补给，高渗透夹层不仅给海水入侵创造通道，还能放大海相水动力影响，将扩大咸淡水的过渡带和污染羽范围[8, 9]。另外，滨海岩溶含水层和裂隙含水层也非常常见，它们的特点在于含水层性质高度异质化：一方面，主干裂隙及岩溶管道中可能出现紊流，进而影响咸淡水混合规律；另一方面，优先流的大量存在，且自由流动与渗流共存，咸淡水的驱替作用就存在诸多不确定性，这将是研究中需要重点克服的问题。

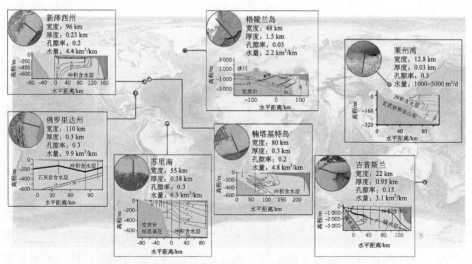

图 1.1　全球 7 处典型滨海含水层的截面特征[2-5,7,10-14]

图 1.1 总结了全球 7 处典型的滨海含水层性质,具体数据可参考对应文献[2-5, 7, 10-14]。通过对比可见,尽管世界各地的滨海含水层大多为沉积相占主导,但因为天然的地层走向和覆盖结构的不同、内陆和海洋的水力条件不同,滨海水体的交互形态各异。因此针对区域特点的含水层水文地质及水文化学研究至关重要。

1.2 我国滨海区域地下水重金属污染概况

在地下水众多的污染物中,重金属以其不可降解性和生物积累性等特点成为威胁地下水资源的主要污染物之一。有研究表明,我国 80%的浅层地下水和 30%的深层地下水已不同程度地受到了重金属的污染,其中最主要的重金属污染物为汞、镉、铬和铅[1]。根据《全国地下水污染防治规划(2011—2020 年)》,近十几年我国地下水重金属污染呈现由点到面、由浅到深、由城市向农村蔓延的趋势,污染程度日益严重。地下水重金属污染已成为我国地下水污染控制的重中之重,研究重金属在含水层中的运移规律也受到了众多研究人员的高度关注。

对于人口稠密、工业发达的沿海区域城市群,由于生产发展粗放、环境破坏严重等原因,造成的地下水污染问题更为突出,已经严重影响到这些区域的经济发展和人们的日常生活。例如,城市化的高速发展使沿海区域的城区面积扩大,越来越多的垃圾填埋场选择建在海岸带附近。垃圾渗滤液中的重金属污染物进入地下水之后,受到地下水动力等因素的影响发生运移。特别是在陆海交界面,由于波浪和潮汐的作用,近岸区域的地下水流态发生明显变化,溶于其中的重金属污染物的运移过程也会发生相应变化,其对地下水的污染过程则变得更加复杂。另外,重金属污染物随地下水流入海洋后,还会对近岸海洋资源和生态环境造成破坏。

1.3 国内外对滨海区域重金属污染物迁移与转化研究概况

滨海区域地下水中污染物运移具有特殊性和复杂性。有别于单纯的内陆地下水运动及海洋水体运动,滨海含水层的水体受海洋和陆地两相作用,在其动力过程、生态环境影响上具有显著的边缘效应[15],这也是滨海区域地下水污染问题的复杂性所在。学者们在对滨海区域地下水问题长期的研究中发现,海水携带盐分与内陆淡水发生交互,在不同地质结构和水动力条件下形成形态各异的盐水楔,其中伴随多相化学反应,包括阳离子交换、矿物的沉淀和溶解等[16, 17]。这些滨海过程(coastal processes)影响着区域地下水流动规律、含水层性质演变以及污染物运移等[18]。本书将影响因素细化分类,从潮汐作用、胶体作用、纳米材料与表面活性剂及地表-地下水交互作用四个方面入手,对影响重金属污染物在滨海区域地下水中迁移与转化的因素进行阐述。

1.3.1　潮汐作用对滨海区域污染物迁移的影响研究

　　Khondaker 等[19]采用数值模拟的方法研究了阿拉伯湾附近工业场地的污染物在潮汐波动作用下的扩散行为。模型表明，在潮汐作用下，污染物浓度会随时间增加而减小。Li[20]首次提出了海滩地下水中溶质运移的“盒子”模型，将水体分为海水、盐水、淡水三部分，并假设溶质与 ^{226}Ra 有相同性质。研究得出如下结论：波浪增水引起的循环地下水和潮汐作用引起的振荡水流会引起短时间内溶质入海速率的骤增，即使是微小的盐水入侵速度也能引起盐水区溶质的浓度剧增。Zhang[21]通过数值模型与实验的对比分析，研究了忽略潮汐及盐水入侵等海相边界条件的简化数值模型对于污染物运移规律的影响。研究表明：潮汐作用会使污染物羽流轮廓发生突变，在污染物到达盐淡水交界面之前时，忽略上述海相条件对其整体运移速率影响并不显著。

　　近年来，Brovelli 等[22]利用 PHWAT 模型对潮汐作用下地下水中变密度污染物的运移扩散进行了数值模拟。Robinson 等[23]也利用 PHWAT 模型研究了潮汐作用对陆源苯系物在近岸潜水含水层中的排泄入海的影响。研究表明：在考虑潮汐作用时，苯系物与反应混合区相互作用的时间增加，79%的苯系物在排泄入海前衰减，而未考虑潮汐作用时仅为 1.8%。Boufadel 等[24]使用 MARine Unsaturated (MARUN)模型对海滩地下水中示踪剂羽在潮汐作用下的运动进行了数值模拟。研究表明：示踪剂羽流在落潮时向海运动，涨潮时向下运动；羽流在向陆方向延伸呈尾状，淡水在尾状和羽流主体间被截留。Chen 等[25]通过对潮汐影响下地下水中污染物浓度变化进行理论分析得出了潮汐波动会使地下水中污染物浓度由于稀释作用而减小的结论。而且，离海相边界越远，潮汐引起的水位和污染物浓度振幅就越小，平均浓度的减少量也越少。此外，潮汐作用还会引起明显的污染物的逆流扩散。Bakhtyar 等[26]对海岸带潜水层中保守性污染物在近岸水动力(波浪、潮汐)作用下的运移进行了数值模拟。水动力条件按四种情况研究，即无水动力、仅波浪、仅潮汐、结合波浪和潮汐。

1.3.2　胶体作用对滨海区域污染物迁移的影响研究

　　人为排放在含水层中的污染物种类较多，吸附性较小的物质易于随水流运移而造成大范围的污染，但大量污染物对含水层介质具有较强的亲和性，包括过渡金属离子以及一些非极性的高分子有机物。通常在自然条件下，具有强亲和性的污染物在液相中的浓度较低，污染物几乎不随地下水流动，即使毒性较强，对环境的威胁也局限在一定范围内，不具有扩散迁移潜力[27]。但是胶体的存在就增加了污染扩散的风险性，而且胶体促使的运移现象在盐分变化频繁的滨海区域含水层中尤为显著。胶体作为强亲和性污染物的载体,为其运移创造了优先通道,这种现象即称为胶体促使的污染物运移(colloid-facilitated transport)。胶体对污染物的促使作用即是对阻滞效应的削弱,只要体系中有任意一种胶体的存在,这个体系都可以视为至少三相体系,包括液相、载体相、基质相[28]。研究滨海区域含水层中污染物运移规律的关键在于研究该三相的相互关系和污染物在三相间的迁移及转化关系。

Grolimund 等[29]基于实验数据,建立数学模型对离子强度波动下胶体促使的污染物运移行为进行描述.土壤中含有强吸附污染物的胶粒可以发生显著的迁移,虽然这种迁移会因为介质孔隙的不稳定性和胶体堵塞受限,但随着溶液离子强度的降低,胶体堵塞状况也会在一定程度上改变,从而为胶体促使污染物运移创造了有利条件。Zhu 等[30]的研究表明离子强度下降时发生胶体运移,且促使 Hg 运移的主要载体是有机质胶体(37%～53%),Fe/Mn 氧化物胶体次之(11%～19%)。在 Zhu 等[31]的研究中发现高岭土胶体对 Hg 运移的促使作用也相当显著,且与 Hg 运移显著相关(r=0.81,P<0.0001),即便 Hg 已吸附在固体基质上,胶体组分的参与也可将 Hg 从基质上剥离,并促使其运移。但对于不同种类的污染物,影响显著的胶体种类可能不同。Cheng 等[32]的研究表明铯-137 的运移单纯受有机质胶体影响较小,而矿物胶体作用显著,但是联合作用的时候,促使作用能进一步加强。

通过吸附携带的方式并不是胶体-重金属协同迁移唯一的方式,也可能并不是最主要的方式。早在 2005 年 Kretzschmar 等[33]就已经通过实验证明胶体相具有增大地下水中重金属溶解度的能力,从而达到促进重金属迁移的作用,但是这种作用并未严格归因到胶体的吸附携带作用;2016 年,Ma 等[34]进行了多孔介质胶体对砷元素迁移的影响实验,结果表明多孔介质胶体可能通过与固体基质的排斥作用以一种“障碍物”的形式阻止砷元素与多孔介质进行吸附从而大大促进砷元素的迁移,也就是说胶体可能并不仅仅作为携带者,也可能通过自身的排斥作用改变污染物的迁移特性。这种胶体的空间排斥现象在其他类型的胶体中也普遍存在,如 Saiers 等[35]的实验结果表明在地下水的自然 pH 条件下,蒙脱石胶体处于一种与多孔介质排斥的状态。这种结论为胶体促进污染物迁移打开了一个新的研究视角,尤其是在胶体对污染物的吸附能力非常低的条件下,胶体是如何显著促进污染物迁移的问题。

1.3.3 表面活性剂作用下纳米材料对滨海区域污染物迁移的影响研究

地下水环境系统作为重要的污染物的归宿地及蓄积库之一,其涵盖的污染物种类十分庞大。吸附性能低、迁移能力强的污染物易随着地下水流迁移而形成大面积污染。同时包括过渡金属离子与某些非极性高分子有机物在内的污染物对地下水中多孔介质具有强亲和性,因而其在地下水流中浓度低且不易随地下水流动,对地下水环境污染具有局限性,不具备扩散迁移潜力[36]。而随着纳米材料大范围的生产、运输、加工、使用及用后处理,这之间任何一个过程纳米材料都存在进入地下水中的可能。当纳米材料进入地下水系统后,其具有的巨大的表面能和比表面积,赋予其能够吸附大多数污染物的能力。纳米材料作为污染物的载体,为原本低亲和性、不具备扩散污染潜力的污染物提供了扩散污染的通道。基于此,近些年许多研究集中于纳米材料在地下水环境自身的迁移及协同污染物的迁移,主要集中于以下方面:①环境因素(离子强度、离子类型、pH、流速、腐殖酸与表面活性剂)对饱和多孔介质中单一纳米材料与污染物协同运移的影响;②饱和多孔介质中纳米材料与污染物协同运移过程中,污染物在纳米材料上的吸附解吸过程(图1.2)。

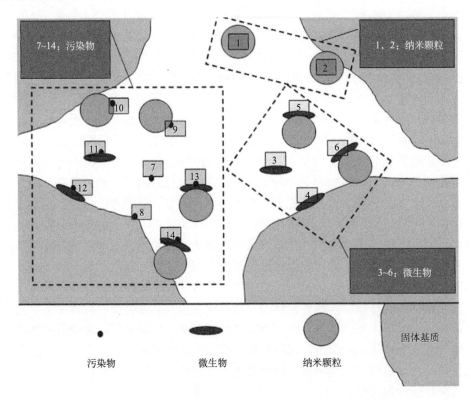

图 1.2　地下水中纳米颗粒、微生物与污染物协同迁移示意图

　　Zhou 等[37]探讨了氧化石墨烯(GO)浓度和离子强度对其与重金属 Cu^{2+} 在饱和多孔介质中协同运移的影响,发现单独 Cu^{2+} 无法在天然砂柱中运移,均被石英砂吸附所滞留。但是随着加入 GO 的浓度增加,由于其对 Cu^{2+} 的吸附能力比石英砂更强,随着 GO 穿透而流出的 Cu^{2+} 浓度不断增加。同时研究了离子强度对 GO–Cu^{2+}

的共迁移影响, 结果发现当离子强度从 1 mmol/L 上升到 1000 mmol/L 时, 由于纳米材料双电层被压缩, 使得静电斥力减弱, GO–Cu^{2+} 复合体稳定性降低, 导致吸附了 Cu^{2+} 的 GO 流出浓度下降, 而 Cu^{2+} 穿透主要依靠 GO 吸附携带随之运移。因此当吸附 Cu^{2+} 的 GO 滞留在砂柱中时, 必然导致被吸附的 Cu^{2+} 也相应截留, 因此穿透曲线上 Cu^{2+} 穿透随离子强度升高而降低。Wang 等[38]研究了离子强度、离子类型与 pH 对纳米羟基磷灰石 (nHAP) 协同 Cu 在饱和多孔介质运移的影响, 研究结果表明随着离子强度的增大, nHAP 与 nHAP-Cu 的迁移能力均下降。在此过程中 Ca^{2+} 对体系运移能力抑制效果高于 Na$^+$, 原因在于 Ca^{2+} 与 Cu^{2+} 发生竞争吸附和离子交换, 使得被 nHAP 吸附的 Cu^{2+} 减少。当 pH 增大时, nHAP 由于 Zeta 电位增加、稳定性提高而迁移能力增大, 被吸附的 Cu^{2+} 随着纳米材料的协同迁移而迁移能力增大。

Akbour 等[39]研究了重金属的浓度对纳米材料吸附与协同迁移的影响。在重金属浓度大于 10^{-5} mol/L 时, 纳米颗粒的稳定性明显降低; 而重金属浓度低于 10^{-6} mol/L 时, 重金属对纳米颗粒迁移几乎没有影响。通过对比入流液与出流液中被纳米材料吸附的 Cu^{2+} 浓度差, 研究发现在协同运移过程中, 被纳米材料吸附的 Cu^{2+} 还存在着解吸, 而解吸作用受控于多种环境因素: pH、土壤阳离子交换量、溶解性有机物 (DOM) 等。Hu 等[40]分别用透射电镜 (TEM)、X 射线光电子能谱 (XPS) 等手段, 证实了在金属离子与铁氧化物纳米颗粒表面吸附的过程中, Cr(VI) 和 Cu^{2+} 在纳米 Fe$_3$O$_4$ 颗粒表面的吸附主要是静电引力与离子交换的作用, 而 Ni^{2+} 在其表面的吸附仅是静电引力。

除此之外, 学者们还探索了表面活性剂、腐殖酸和环境有机质等对纳米材料与污染物协同迁移的影响。Zhang 等[41]研究了环境中两类腐殖酸 (胡敏酸与腐殖酸) 和有机质 (牛蛋白血清) 对富勒烯协同污染物菲运移的影响, 结果发现这三类物质对其影响甚微, 但是在低浓度富勒烯情况下, 菲在土柱中运移增强, 其原因可能在于菲在富勒烯表面的慢速解吸。Wang 等[42]发现表面活性剂与腐殖酸显著促进了富勒烯协同多氯联苯在土柱中的迁移能力, 迁移能力分别提高了 233%～370% 和 47%～227%, 主要原因在于以下两方面: 一方面是富勒烯表面修饰表面活性剂与腐殖酸增加了对多氯联苯的亲和性, 污染物随着纳米材料迁移而迁移; 另一方面在于在迁移过程中非平衡解吸作用增强, 从富勒烯上解吸多氯联苯。

1.3.4 地表–地下水交互作用对滨海区域污染物迁移的影响研究

在自然水文循环过程中, 地表水和地下水的交互作用是一种非常普遍存在的现象, 并发挥着重要的作用, 自然界中几乎所有的地表水体都和地下水发生着交互作用[43], 两者不仅发生水量的交换, 也伴随着溶质和污染物的迁移转化[44], 这种交互作用会对污染物的迁移和转化产生显著的影响[45-47]。因此, 地表–地下水的交互作用是在研究重金属污染物迁移转化规律中不可忽视的重要因素。

目前，国内外对于地表-地下水交互作用在水质影响方面的研究主要集中在地表-地下水交互使得地下水环境化学要素的变化，从而影响地表-地下水交互带发生复杂的生物地球化学作用过程，并改变流经水体的 pH、E_h、溶解氧(DO)、物质的形态和迁移转化等[48-51]。有学者发现，在地表-地下水交互过程中重金属污染物的迁移转化会受到对流、扩散、弥散、吸附解吸和一些化学反应，诸如氧化还原反应、水解和生物转化等因素影响[52]。一般而言，可具体概括为以下三点：①地表水与地下水进行水和污染物交互作用的方向[53]。地形地貌、地表水与地下水位的梯度、地表水与地下水之间的相对水位面、水体的相对密度、土壤的导水率分布、土壤的孔隙度、边界条件、植被对地下水的蒸腾作用等因素都会对地表地下水交互作用的方向产生一定的影响[54,55,56]。②污染物的运移机制，包括对流、扩散、弥散和吸附解吸作用。③生物/化学反应，包括非生物反应、生物降解和放射性衰变等不可逆反应和沉淀溶解、吸附、氧化还原和离子交换等可逆反应[53,57]。其中，氧化还原反应是地下环境介质中存在的一类非常重要的作用过程，也是重金属污染物发生形态转化的重要作用过程，其反应趋势和作用程度由环境的 E_h 来衡量[58]。在天然地下环境介质中广泛存在着 Fe、S、Mn、有机质等 Eh 敏感矿物元素[59]，通常情况下地下环境介质呈现还原性，当地表水与地下水发生交互作用的时候，还原性的地下环境介质发生的最大一个变化是与氧化性物质(一般为氧气)接触，使得其 Eh 显著升高[60,61,62]，此时地下环境变为氧化性环境，其中赋存的矿物还原态物质，如各种活性的 Fe(II)物质(游离态、配体络合态、铁氧化物表面结合态、结构态)会发生氧化作用而转化成氧化态[如 Fe(III)]。而当地下环境又转变成还原性环境时，氧化态物质[如 Fe(III)]又会被还原成还原态物质[如 Fe(II)]。针对此方面，Stumm 等[62]研究发现 Fe(II)/Fe(III)之间的氧化还原循环可以使 Fe 在大量的生物与非生物反应过程中起到电子传递体的作用，进而会对重金属污染物在地下环境介质中的运移与转化产生一定的影响。Singh 等[63]对无氧和有氧情况下不同 pH 对 Fe(II)与水中重金属 Cr(VI)氧化还原反应的影响进行了研究，结果表明含氧情况下 Cr(VI)不能完全被还原的主要原因是 Fe(II)被氧化成 Fe(III)。童曼[58]对地下环境中 Fe(II)活化氧气产生活性氧化物种以及由此对重金属砷的去除的影响进行了研究，结果表明 Fe(II)可与氧气产生羟基，将有毒的As(III)氧化成 As(V)，随即被新生成的三价铁氧化物吸附固定。综上所述，地下水环境中氧气(O_2)含量的变化量可以作为探究地表水与地下水交互带中矿物元素对重金属污染物迁移与转化规律和机理的一个研究切入点。通过查阅文献，发现国内外对重金属污染物在地表-地下水交互作用中具体的迁移转化规律和机理的研究鲜有报道。根据上述思路，以地下水环境中氧气含量变化为一个指示，大体可以将现有研究分解成两方面：①地下水位波动引起 DO 含量变化而引起的重金属污染物的化学和微生物反应变化; ②降雨入渗补给引入电子受体(如 O_2、NO_3^-、SO_4^{2-})而对地下环境中重金属的氧化还原反应及污染物降解的影响。

在地下水位波动引起溶解氧含量变化方面,部分学者做了相关研究。Sinke 等[64]研究了地下水位波动对有机污染物氧化还原动力学和机理的影响,结果表明地下水位波动引起的汽水比和溶解氧的变化而使得有机污染物的降解速率不稳定。Estrella[65]通过室内土柱实验发现 2,4-二氯苯氧基乙酸在饱水条件下,降解速率下降的直接原因是可利用的 O_2 减少。Fretwell 和 Burgess 等[66]研究了季节性非饱和带地下水位的升高和地下水中污染物浓度的关系,研究结果发现,污染物在非饱和带的上方会出现积累现象,如果污染源去除以后,非饱和带上方积累的污染物将变成持久性的二次污染源;季节性非饱和带的变化过程虽然在最初确实是削弱了污染物污染地下水的过程,但是在后期会很缓慢地释放污染物,从而导致地下水污染的时间不断延长。国内学者对该方面也有少量研究,袁志业[67]和杨洋[68]通过室内土柱实验研究了典型污染物硝酸盐和重金属镉在地下水位升降条件下的运移规律,发现地下水位的升降能显著影响硝酸盐和镉在土层中的吸附解吸特性,且地下水中溶解氧和氧化还原电位等指标都存在明显影响。林广宇[69]研究了地下水位变动带中石油烃污染物的迁移与转化规律,发现地下水位变动会影响微生物氧气与营养物质等的供应,从而影响微生物对污染物的降解能力。综合上述研究结果来看,研究集中在水位变化导致汽水比变化、氧气含量变化引起污染物形态转化等方面,但是对于 O_2 含量变化对氧化还原变化影响机制和氧化还原变化对污染物形态变化影响机制则并不十分明确。

在降雨入渗对污染地下水氧化还原环境影响方面,国外有些学者对该方面进行了研究。Vroblesky[70]和 McGuire[71]研究发现降雨补给是地下水氧化还原环境改变的重要原因,尤其是在厌氧污染含水层。Singh 等[63]研究了降雨导致土柱内氧化还原动态变化和对部分有机物衰减的影响,土柱内的氧化还原环境发生了时间和空间上的变化:NO_3^- 还原带逐渐消失,SO_4^{2-} 还原带上移,Fe^{3+} 还原带变窄。Kumar 和 Riyazuddin[72]从时间尺度上研究了地下水中 Cr(VI) 发生氧化还原反应和形态转化过程,发现地下水中铬形态的时间变异性是由于降雨导致地下水含氧量的增加引起的。McGuire 等[73]在对废气燃料和氯溶剂污染地下水的氧化还原过程的变化中发现补给水同时引入 O_2、NO_3^-、SO_4^{2-} 作为最终电子受体时,NO_3^-、SO_4^{2-} 几乎同时以相近的速率被消耗。国内学者在这方面的研究较少,樊冬玲[74]研究了降雨对垃圾填埋场污染地下水氧化还原分带及其污染物降解影响,发现降雨提供的电子供体(O_2 和 NO_3^-)有利于地下水中污染物的降解。刘涛[75]通过模拟降雨进行土柱淋溶实验来研究降雨条件下纳米零价铁镍对污染土壤 Cr(VI) 迁移与转化的影响,结果表明可还原态铬含量减少,可氧化态铬含量增加,降雨条件下纳米零价铁镍对六价铬污染土壤的修复效果较好。

参 考 文 献

[1] 王玉. 我国城市地下水6成严重污染　基本清洁的仅3%[J]. 福建纸业信息, 2013, (4): 9-10.

[2] Costanza R, D'Arge R, DeGroot R, et al. The value of the world's ecosystem services and natural capital[J]. Nature, 1997, 387(6630): 253-260.

[3] Post V, Groen J, Kooi H, et al. Offshore fresh groundwater reserves as a global phenomenon[J]. Nature, 2013, 504(7478): 71-78.

[4] Liu S, Gao M, Tang Z, et al. Responses of submarine groundwater to silty-sand coast reclamation: a case study in south of Laizhou Bay, China[J]. Estuarine Coastal and Shelf Science, 2016, 181(5): 51-60.

[5] Hathaway J C, Sangrey D A. Geological survey core drilling on the atlantic shelf[J]. Science, 1979, 206(4418): 515-527.

[6] Choudhury K, Saha D K, Chakraborty P. Geophysical study for saline water intrusion in a coastal alluvial terrain[J]. Journal of Applied Geophysics, 2001, 46(3): 189-200.

[7] DeFoor W, Person M, Larsen H C, et al. Ice sheet-derived submarine groundwater discharge on Greenland's continental shelf[J]. Water Resources Research, 2011, 47(W07549): 1-14.

[8] Liu Y, Mao X M, Chen J, et al. Influence of a coarse interlayer on seawater intrusion and contaminant migration in coastal aquifers[J]. Hydrological Processes, 2014, 28(20): 5162-5175.

[9] 苏波, 卢陈, 袁丽蓉. 潮汐强度与咸潮上溯距离试验[J]. 水科学进展, 2013, 24(02): 251-257.

[10] Johnston R H. The saltwater-freshwater interface in the Tertiary limestone aquifer, Southeast Atlantic outer-continental shelf of the USA[J]. Journal of Hydrology, 1983, 61(1-3): 239-249.

[11] Malone M J, Claypool G, Martin J B, et al. Variable methane fluxes in shallow marine systems over geologic time—the composition and origin of pore waters and authigenic carbonates on the New Jersey shelf[J]. Marine Geology, 2002, 189(3-4): 175-196.

[12] Groen J, Velstra J, Meesters A. Salinization processes in paleowaters in coastal sediments of suriname: evidence from $\delta^{37}Cl$ analysis and diffusion modelling[J]. Journal of Hydrology, 2000, 234(1-2): 1-20.

[13] Varma S, Michael K. Impact of multi-purpose aquifer utilisation on a variable-density groundwater flow system in the Gippsland basin, Australia[J]. Hydrogeology Journal, 2012, 20(1): 119-134.

[14] Cohen D, Person M, Wang P, et al. Origin and extent of fresh paleowaters on the Atlantic continental shelf, USA[J]. Ground Water, 2010, 48(1): 143-158.

[15] Comte J C, Join J L, Banton O, et al. Modelling the response of fresh groundwater to climate and vegetation changes in coral islands[J]. Hydrogeology Journal, 2014, 22(8): 1905-1920.

[16] Thilakerathne A, Schuth C, Chandrajith R. The impact of hydrogeological settings on geochemical evolution of groundwater in karstified limestone aquifer basin in northwest Sri

Lanka[J]. Environmental Earth Sciences, 2015, 73(12): 8061-8073.

[17] Boluda-Botella N, Valdes-Abellan J, Pedraza R. Applying reactive models to column experiments to assess the hydrogeochemistry of seawater intrusion: optimising acuaintrusion and selecting cation exchange coefficients with phreeqc[J]. Journal of Hydrology, 2014, 510(6): 59-69.

[18] 谭博, 刘曙光, 代朝猛, 等. 滨海地下水交互带中的胶体运移行为研究综述[J]. 水科学进展, 2017, (05): 788-800.

[19] Khondaker A, Al-Suwaiyan M, Mohammed N, et al. Tidal effects on transport of contaminants in a coastal shallow aquifer[J]. Arabian Journal for Science and Engineering, 1997, 22(1):65-80.

[20] Li L, Barry DA, Stagnitti F, et al. Submarine groundwater discharge and associated chemical input to a coastal sea[J]. Water Resources Research, 1999, 35(11):3253-3259.

[21] Zhang Q, Volker R, Lockington D. Influence of seaward boundary condition on contaminant transport in unconfined coastal aquifers[J]. Journal of Contaminant Hydrology, 2001, 49(3):201-215.

[22] Brovelli A, Mao X, Barry D A. Numerical modeling of tidal influence on density-dependent contaminant transport[J]. Water Resources Research, 2007, 43(10):W10426.

[23] Robinson C, Brovelli A, Barry D A, et al. Tidal influence on BTEX biodegradation in sandy coastal aquifers[J]. 2009, 32(1): 16-28.

[24] Boufadel MC, Xia Y, Li H. Modeling solute transport and transient seepage in a laboratory beach under tidal influence[J]. Environmental Modelling & Software, 2011, 26(7):899-912.

[25] Chen H, Pinder G. Investigation of groundwater contaminant discharge into tidally influenced surface-water bodies: theoretical analysis[J]. Transport in Porous Media, 2011, 89(3):289-306.

[26] Bakhtyar R, Brovelli A, Barry DA, et al. Transport of variable-density solute plumes in beach aquifers in response to oceanic forcing[J]. Advances in Water Resources, 2013, 53(5):208-224.

[27] Grolimund D, Borkovec M. Release and transport of colloidal particles in natural porous media: 1. Modeling[J]. Water Resources Research, 2001, 37(3):559-570.

[28] Kheirabadi M, Niksokhan M H, Omidvar B. Colloid-associated groundwater contaminant transport in homogeneous saturated porous media: mathematical and numerical modeling[J]. Environmental Modeling & Assessment, 2017, 22(1): 79-90.

[29] Grolimund D, Borkovec M. Colloid-facilitated transport of strongly sorbing contaminants in natural porous media: Mathematical modeling and laboratory column experiments[J]. Environmental Science & Technology, 2005, 39(17): 6378-6386.

[30] Zhu Y J, Ma L Q, Dong X L, Harris W G, Bonzongo J C, Han F X. Ionic strength reduction and flow interruption enhanced colloid-facilitated Hg transport in contaminated soils[J]. Journal of Hazardous Materials, 2014, 264(2): 286-292.

[31] Zhu Y J, Ma L, Gao B, Bonzongo J C, Harris W, Gu B H. Transport and interactions of kaolinite and mercury in saturated sand media[J]. Journal of Hazardous Materials, 2012, 213-214(7): 93-99.

[32] Cheng T, Saiers J E. Effects of dissolved organic matter on the co-transport of mineral colloids and sorptive contaminants[J]. Journal of Contaminant Hydrology, 2015, 177: 148-157.

[33] Kretzschmar R, Schäfer T. Metal retention and transport on colloidal particles in the environment[J]. Elements, 2005, 1(8): 205-210.

[34] Ma J, Guo H, Mei L, et al. Blocking effect of colloids on arsenate adsorption during co-transport through saturated sand columns [J]. Environmental Pollution, 2016, 213(2016): 638-647.

[35] Saiers J E, Hornberger G M. The role of colloidal kaolinite in the transport of cesium through laboratory sand columns[J]. Water Resources Research, 1996, 32(1): 33-41.

[36] Grolimund D, Borkovec M. Colloid-facilitated transport of strongly sorbing contaminants in natural porous media: mathematical modeling and laboratory column experiments[J]. Environmental Science & Technology, 2005, 39(17): 6378-6386.

[37] Zhou D D, Jiang X H, Lu Y, et al. Cotransport of graphene oxide and Cu(II) through saturated porous media[J]. Science of the Total Environment, 2016, 550:717-726.

[38] Wang D, Chu L, Paradelo M, et al. Transport behavior of humic acid-modified nano-hydroxyapatite in saturated packed column: effects of Cu, ionic strength, and ionic composition[J]. Journal of Colloid and Interface Science, 2011, 360(2):398-407.

[39] Akbour R A, Douch J, Hamdani M, et al. Transport of kaolinite colloids through quartz sand: influence of humic acid, Ca^{2+}, and trace metals[J]. Journal of Colloid & Interface Science, 2002, 253(1):1-8.

[40] Hu Jun-Dong, Wei L, Ya-Ting S, et al. Review on the co-behavior of nanoparticles and heavy metals in the presence of natural organic matter in the natural environment[J]. Rock & Mineral Analysis, 2013, 32(5):669-680.

[41] Zhang L, Wang L, Zhang P, et al. Facilitated transport of 2,2′,5,5′-polychlorinated biphenyl and phenanthrene by fullerene nanoparticles through sandy soil columns[J]. Environmental Science & Technology, 2011, 45(4):1341-1348.

[42] Wang L, Huang Y, Kan A T, et al. Enhanced transport of 2,2′,5,5′-polychlorinated biphenyl by natural organic matter (NOM) and surfactant-modified fullerene nanoparticles (nC_{60})[J]. Environmental Science & Technology, 2012, 46(10):5422.

[43] Datta S, Mailloux B, Jung H B, et al. Redox trapping of arsenic during groundwater discharge in sediments from the Meghna riverbank in Bangladesh [J]. Proc Natl Acad Sci USA, 2009, 106:16930-16935.

[44] 杜慧丽. 非完整河渠附近地下水运动规律探究[D].南京:河海大学,2007.

[45] 胡立堂, 王忠静, 赵建世, 等. 地表水和地下水相互作用及集成模型研究[J]. 水力学报, 2007,38(1): 54-59.

[46] 腾彦国, 左锐, 王金生. 地表水-地下水的交错带及其生态功能[J]. 地球与环境, 2007, 35(1): 1-8.

[47] 李勇, 张维维, 袁佳慧, 等. 潜流带水流特性及氮素运移转化研究进展[J]. 河海大学学报 (自然科学版), 2016, 44(1): 1-7.

[48]杨国强.鄂尔多斯沙漠高原大克泊湖淖潜流带水动力交换与水化学演化特征研究[D].长春:吉林大学, 2013.

[49] Harvey J W, Fuller C C. Effect of enhanced manganese oxidation in the hyporheic zone on basin-scale geochemical mass balance[J]. Water Resources Research, 1998, 34: 623-636.

[50] Mclachlan P J, Chambers J E, Uhlemann S S, et al. Geophysical characterization of the groundwater-surface water interface[J]. Advances in Water Resources, 2017, (109): 302-319.

[51] Lasagna M, Luca D A D, Franchino E. Nitrate contamination of groundwater in the western Po Plain(Italy): the effects of groundwater and surface water interactions [J]. Environmental Earth Sciences, 2016, 75(3): 1-16.

[52] Schwaezenbach R P, Giger W, Hoehn E, et al. Behavior of organic compounds during infiltration of river water to groundwater: field studies[J]. Environment Science & Technology, 1983, 17(8): 472-479.

[53]Chaubey J, Arora H. Transport of contaminants during groundwater surface water interaction[C]. Development of Water Resources in India, 2017: 153-165.

[54] Winter T C. Relation of streams, lakes, and wetlands to groundwater flow systems [J]. Hydrogeology, 1999, 7: 28-45.

[55] Woessner W W. Stream and fluvial plain groundwater interaction-rescaling hydrologic thought[J]. Ground Water, 2010, 38(3): 423-429.

[56] Sophocleous M. Managing water resources systems: why "Safe Yield" is not sustainable[J]. Ground Water, 2010, 35(4): 561.

[57] 薛禹群,朱学愚,吴吉春,等.地下水动力学[M].北京:地质出版社,1997.

[58] 童曼.地下环境 $Fe(II)$ 活化 O_2 产生活性氧化物种与除砷机制[D].北京:中国地质大学, 2015.

[59] Charette M A, Sholkovitz E R, Hansell C M. Trace element cycling in a subterranean estuary: part 1. geochemistry of the permeable sediments[J]. Geochimica et Cosmochimica Acta, 2005, 69: 2095-2109.

[60] 武鹏林,靳建红,孙等平,等. 辛安泉域地表水-地下水相互作用的水文地球化学研究[M].北京:中国水利水电出版社, 2011.

[61] Gambrell R P. Trace and toxic metals in wetlands: a review [J]. Journal of Environmental Quality, 1994, 23(5): 883-891.

[62] Stumm M, Sulzberger B. The cycling of iron in natural environments: considerations based on laboratory studies of heterogeneous redox processes [J]. Geochimica et Cosmochimica Acta, 1992, 56(8): 3233-3257.

[63] Singh I B, Singh D R. Influence of dissolved oxygen on aqueous $Cr(VI)$ removal by ferrous ion[J]. Environmental Technology Letters, 2002, 23(12): 1347-1353.

[64] Sinke A J C, Dury O, Zobrist J. Effects of a fluctuating water table: column study on redox dynamics and fate of some organic pollutants [J]. Journal of Contaminant Hydrology, 1998, 33: 231-246.

[65] Estrella M R, Bursseau M L, Maier R S, et al. Biodegradation, sorption, and transport of

2,4-dichlorophenoxyacetic acid in saturated and unsaturated soils [J]. Appl Environ Microbiol, 1993, 59(12): 4266-4273.

[66] Fretwell B A, Burgess W G, Barker J A, et al. Redistribution of contaminants by a fluctuating water table in a micro-porous, double-porosity aquifer: field observations and model simulations [J]. Journal of Contaminant Hydrology, 2005, (78): 27-52.

[67] 袁志业. 地下水位升降条件下土层中污染物运移规律研究[D]. 保定:河北农业大学, 2013.

[68] 杨洋. 考虑地下水位波动的土层污染物运移模型研究[D]. 保定:河北农业大学, 2015.

[69] 林广宇. 地下水位变动带石油烃污染物的迁移转化规律研究[D]. 长春:吉林大学, 2014.

[70] Vroblesky D A, Chappelle F H. Temporal and spatial changes of terminal electron- accepting in a petroleum hydrocarbon-contaminated aquifer and the significance for contaminant biodegradation[J]. Water Resources Research, 1994, 30(5): 1416-1418.

[71] McGuire J T. Quantifying redox reaction in an aquifer contaminated with waste fuel and chlorinated solvents [D]. USA, Geological Science, Michigan State University, East Lansing.

[72] Kumar A R, Riyazuddin P. Chromium speciation in a contaminated groundwater: redox process and temporal variability[J]. Environ Monit Assess, 2011(176): 647-662.

[73] McGuire T, Long D L, Klug M K, et al. Evaluating behavior of oxygen, nitrate, and sulfate during recharge and quantifying reduction rates in a contaminated aquifer[J]. Environment Science Technology, 2002, 36: 2693-2700.

[74] 樊冬玲. 降雨对垃圾填埋场污染地下水氧化还原分带及其污染物降解影响的研究[D]. 长春:吉林大学,2008.

[75] 刘涛, 祝方, 赵晋宇, 等. 降雨条件下纳米零价铁镍对污染土壤中六价铬迁移的影响[J]. 环境化学, 2017, 36(4): 812-820.

第 2 章　潮汐作用对重金属污染物迁移的影响

城市化的高速发展使滨海区域的城区面积扩大，部分垃圾填埋场选择建在海岸带附近。垃圾渗滤液中的重金属污染物进入地下水之后，受到地下水动力等因素的影响发生运移。特别是在陆海交界面，由于波浪和潮汐的作用，近岸区域的地下水流态发生明显变化，溶于其中的重金属污染物的运移特性也会发生相应变化，使地下水的污染过程变得更加复杂。另外，重金属污染物随地下水流入海洋后，还会对近岸海洋资源和生态环境造成破坏。

因此，研究在近岸水动力条件作用下重金属污染物的运移规律是迫切需要的，有助于我们合理地开发和利用地下水资源，为海岸带城市规划和土地利用管理等方面提供参考，促使我们更好地保护海岸带的生态环境。

2.1　概　　述

2.1.1　近岸水动力对地下水运动影响

对于近岸水动力影响下海滩地下水运动的研究，国外开展相对较早，而国内尚处于起步阶段。目前的研究主要是从解析方法、现场观测、物理模型实验和数值模拟四个方面展开的。

解析方法是计算精确、理论基础坚实，但大部分解析解是基于各向同性、均质海滩，潮差较小，不能直接应用于现场。

现场观测是对海滩地下水研究的最直接和最真实的方法。早在 1998 年，Robinson 等[1]就利用水头计和渗流计测量了切萨皮克海湾地下水位和地下水入海通量，但其成本高、耗时长。

物理模型实验是对现场情况的一定缩放和简化，在保留绝大部分实际特性的基础上又控制了成本和耗时，因此在研究、揭示本质规律时较常采用。

数值模拟是最近二十几年发展起来的技术，它利用计算机的计算优势，可以考虑成层的或随机的各向异性含水层和更复杂的边界条件，因此很多研究都基于数值模拟。但数值模拟方法对实际条件做了一定的简化，可能会忽略部分关键影响因子的作用。

2.1.2　近岸水动力对地下水中溶质运移的影响

在潮汐作用下，污染物浓度会随时间增加而减小[2]。波浪增水引起的循环地下水和潮汐作用引起的振荡水流会引起短时间内溶质入海速率的骤增，即使是微小的盐水入侵速度也能引起盐水区溶质的浓度剧增[3]。潮汐作用同样会使污染物羽流轮廓发生突变，在污染物到达盐淡水交界面之前，上述海相条件对其整体运移速率影响并不显著[4]，可以忽略。

在考虑潮汐作用时，污染物与反应混合区相互作用的时间增加，大量的污染物在排泄入海前衰减，而未考虑潮汐作用时浓度会大大减小[5]。污染羽流在落潮时向海运动，涨潮时向岸运动；羽流在向陆方向延伸呈尾状，淡水在尾状和羽流主体间被截留[6]。原因是潮汐波动会使地下水中污染物浓度由于稀释作用而减小[7]。而且，离海相边界越远，潮汐引起的水位和污染物浓度振幅就越小，平均浓度的减少量也越少。此外，潮汐作用还会引起明显的污染物的逆流扩散。水动力条件按几种情况研究，即无水动力、仅波浪、仅潮汐、结合波浪和潮汐[8]。

2.1.3　地下水溶质运移模型

达西定律自提出以来，由于其形式简单，一直被认为是地下水动力学中最为基本的定律。潜水三维流的基本微分方程[式(2.1)]就是基于它发展的。

$$\frac{\partial}{\partial x}\left(K_x h \frac{\partial H}{\partial x}\right) + \frac{\partial}{\partial y}\left(K_y h \frac{\partial H}{\partial y}\right) + \frac{\partial}{\partial z}\left(K_z h \frac{\partial H}{\partial z}\right) \pm \varepsilon = \mu \frac{\partial H}{\partial t} \qquad (2.1)$$

式中：K_x, K_y, K_z 分别为 x,y,z 坐标轴方向上的渗透系数(L/T)；H 为点 (x,y,z) 在 t 时刻水头值(L)；h 为点 (x,y,z) 处的潜水含水层厚度(L)；ε 为汇源项(1/T)；μ 为潜水给水度；t 为时间(T)。

此后，地下水溶质运移模型逐步发展起来。下面主要对含水层中溶质运移动力学模型和近岸水动力对地下水运动及溶质运移模拟的发展与研究现状进行综述。

目前的含水层中溶质运移动力学模型主要分为两类，以含水层参数为确定值的确定型模型和以含水层参数为随机函数变量的随机型模型。

(1)确定型模型

1952 年，Lpaidus 和 Amundson 首次将一个类似于对流-扩散方程的数学模型应用于溶质运移问题[9]。之后，Nielsen 等[10, 11]基于质量守恒推导了对流-弥散方程(CDE)，其一般形式见式(2.2)。此后，该方程一直是研究多孔介质中溶质运移的经典方程和基本方程。

$$\frac{\partial(\theta c)}{\partial t} + \rho \frac{\partial S}{\partial t} = \frac{\partial}{\partial x_i}\left[D(\theta,v)_{ij} \frac{\partial c}{\partial x_j} \right] - \frac{\partial(q_i c)}{\partial x_i} + \sum_k \phi_k \quad (i,j=1,2,3) \tag{2.2}$$

式中：θ 为土壤体积含水量（L^3/L^3）；c 为土壤溶质浓度（M/L^3）；ρ 为土壤干容重（M/L^3）；S 为溶质在土壤上的吸附量（M/M）；$D(\theta,v)$ 为土壤水动力弥散系数（L^2/T）；q_i 为土壤水流通量（L/T）；t 为时间（T）；x_i、x_j 为空间坐标（即 x_1, x_2, x_3 分别代表 x，y，z）；ϕ_k 为源项，包括生物吸收、化学反应、衰变、降解、沉淀等过程。

上式左边第二项求解是很难的，为了便于研究，一般进行转化，见式（2.3）。

$$\rho \frac{\partial S}{\partial t} = \frac{\rho}{\theta} \frac{\partial S}{\partial c} \frac{\partial(\theta c)}{\partial t} \tag{2.3}$$

大多数研究都是基于式（2.3）使用吸附等温线来表征吸附特性，吸附等温线是指在相同温度下，吸附达到平衡时固相吸附容量与液相污染物浓度的关系曲线，与式中的 $\frac{\partial S}{\partial c}$ 项有关。目前主要有四种等温吸附模式：Henry（线性等温吸附）、Freundlich、Langmuir 和 Temkin。Rowe 等[12]就采用 Henry 模式对垃圾填埋场垫层中污染物垂向对流弥散运移进行建模研究，得到如式（2.4）的控制方程。

$$\left(1 + \frac{\rho}{\theta} K_d\right)\frac{\partial c}{\partial t} = D\frac{\partial^2 c}{\partial z^2} - v\frac{\partial c}{\partial z} - \lambda c \tag{2.4}$$

式中：θ 为含水率（L^3/L^3）；K_d 为分配系数（L^{-3}/M）；λ 为源项系数。

由此，引入了描述污染物吸附解吸作用的一个重要参数，即阻滞系数 R_d，其表达式见式（2.5）。

$$R_d = 1 + \frac{\rho}{\theta} \frac{\partial S}{\partial c} \tag{2.5}$$

对于式（2.4），因为采用线性等温吸附模式，R_d 即为式中的 $1 + \frac{\rho}{\theta} K_d$ 项。

此后，Beyer 等[13]基于实测土壤属性和镉离子的土柱淋溶实验，建立了德国诺尔登哈姆区域地下水中镉离子运移的对流-弥散方程。钱天伟等[14]认为，使用吸附等温线的概念并不能解释固-液界面所发生复杂物理化学反应的内在规律。他利用表面络合吸附理论研究了多孔介质地下水中固-液表面的溶质分布特征，并将其与传统的对流-弥散模型相耦合，建立了一个能够考虑表面络合吸附影响的溶质运移模型，模型模拟结果与实际值吻合得较好。

对于非均质介质中的溶质运移，很多情况下会出现反常扩散，因此无法应用传统对流-弥散理论对其进行描述。许多学者开始质疑传统对流-弥散模型所基于的理想假设给现实含水层溶质运移问题的描述和模拟带来了不可避免的误差和缺陷[15]。近年来，对传统二阶对流-弥散方程进行改进的主流方法之一就是分别对时间或空间进行分数微分，进而依据非线性函数的关联方程描述相应的弥散系数。常福宣等[16]对弥散过程考虑时间和空间相关性，用非局域处理法，推导出对时间和空间分数阶微分的对流-弥散方程，见式(2.6)。

$$\frac{\partial c(x,t)}{\partial t} = -\frac{\partial}{\partial x}\left[vc(x,t)\right] + Dx_t D^{*1-\gamma}\frac{\partial^\alpha c(x,t)}{\partial x^\alpha} \tag{2.6}$$

式中：$c(x,t)$ 表示在时刻 t 位于空间点 x 处的溶质浓度(M/L^3)；v 表示对流速度(L/T)；D 为弥散系数(L^2/T)；$x_t D^{*1-\gamma}$ 为 Caputo 分数阶导数；系数 $0 < \gamma \leqslant 1$，$0 < \alpha \leqslant 2$。

(2) 随机型模型

近几十年来，随机理论迅速地应用于地下水污染物的运移研究中。随机型模型依赖于多孔介质性质变异的随机函数变量，引入含水层空间随机场的概念，在理论上将污染物的宏观弥散与介质的统计特征相联系，从而解决了宏观弥散系数的求解问题[17]。从 1975 年起，已有数百篇论文从不同方面来阐述地下水流动和溶质运移的随机型模型。从 Dagan 推导的线性随机运移模型到 Neuman 和 Zhang 建立的拟线性随机运移模型，随机型模型的应用范围不断扩大[14]。近年来，Acar 等[18]又提出了一个估计地下水和污染物排放量的随机模型，Coppola 等[19]也应用随机方法研究了含水层介质垂向非均匀性对于溶质运移的影响。对于随机型模型，非均匀含水层统计参数的方法、模型的理论完善及野外实验验证方面仍需要进一步的研究。目前许多研究者都很重视随机理论和随机型模型的应用研究，虽然其仍处于发展的初期，距离实际应用还有一定距离，但它是一种比较有应用前景的理论模型。

2.2 滨海地下水水动力及重金属污染现场观测

2.2.1 研究区域概况

崇明岛位于长江入海口，是世界上最大的河口冲积岛，也是中国的第三大岛。它位于东经 121°09′30″～121°54′00″，北纬 31°27′00″～31°51′15″，三面临江，东南濒东海。崇明岛总面积为 1311.26 km²，东西长度为 84 km，南北宽度为 13～18 km，海岸线长度为 216.43 km。

研究区域为崇明区生活垃圾综合处理场及其周边含水层，靠近堡镇港的入江口，位于崇明岛北部偏东的滩涂上(图 2.1)。崇明区生活垃圾综合处理场由上海城投瀛洲生活垃圾处置有限公司负责管理，南北方向长 237～390 m，东西方向长 1650 m。为了解拟建工程场区内潜水含水层地层的埋深分布状况和进行持续的水位水质监测，研究区内布设了 8 口潜水含水层监测井，编号分别为 1～7 和 9（图 2.1）。各监测井的经纬度、井顶标高(高程基准为吴淞高程，下同)、滤水管位置、沉淀管位置详见表 2.1。

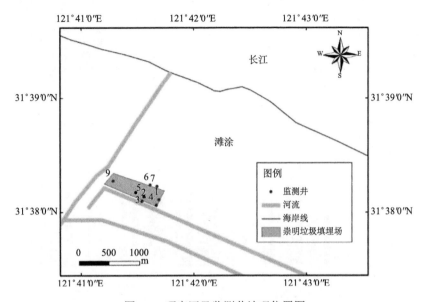

图 2.1　研究区及监测井地理位置图

表 2.1　监测井经纬度、井顶标高、滤水管位置、沉淀管位置汇总表

井编号	经度 (东经)	纬度 (北纬)	井顶标高 /m	滤水管位置 /m	沉淀管位置 /m
1	121°41′41.53″	31°38′6.54″	6.939	6.30～18.30	18.3～19.30
2	121°41′32.32″	31°38′5.82″	3.379	4.90～16.90	16.9～17.90
3	121°41′32.50″	31°38′5.89″	3.553	5.00～17.00	17.0～18.00
4	121°41′40.09″	31°38′3.70″	7.051	8.00～20.00	20.0～21.00
5	121°41′33.47″	31°38′8.16″	7.086	6.84～18.84	18.8～19.84
6	121°41′36.82″	31°38′14.35″	6.782	7.85～19.85	19.8～20.85
7	121°41′40.45″	31°38′13.67″	5.203	6.00～18.00	18.0～19.00
9	121°41′17.12″	31°38′16.48″	7.260	39.00～43.01	43.0～45.01

注：滤水管位置、沉淀管位置表示管的上下端离井顶的距离。

　　研究区域位于崇明区。崇明区为北亚热带东亚季风盛行的地区，属亚热带海洋性季风气侯区。温和湿润，四季分明，雨水充沛，日照充足。年平均气温 15.4 ℃，年平均最高气温 19.2 ℃，年平均最低气温 12.0 ℃；平均风速为 3.8 m/s，全年各月风速变化不大，春季主导风向为东南风，夏季主导方向为东南偏南风，秋冬季主导风向为西北偏北风。崇明区雨量充沛，历年平均降雨量为 1042.9 mm，雨量主要集中在 5~9 月，占历年总雨量的 62%。崇明区 2010~2013 年年降雨量分布见图 2.2。

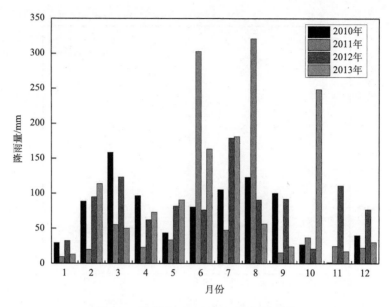

图 2.2　崇明区 2010~2013 年年降雨量

　　崇明岛内地势低平，河汊纵横。现有市、县级骨干河道 33 条，长 390.22 km，共同组成骨干河网，是岛内规模最大、标准最高的河道。研究区南边为一条宽达 10 m 的小河。研究区潜水补给来源主要为大气降雨，排泄以蒸发为主，其次是排泄于地表水体。

　　崇明岛外围水环境为长江水域，水位受沿海潮汐影响较大。研究区北侧水域为非正规浅海半日潮，平均潮差为 2.15~3.15 m，最大潮差为 4.18~5.95 m；平均涨潮历时 3 h 17 min~4 h 27 min，平均落潮历时 7 h 28 min~9 h 07 min。

　　崇明生活垃圾综合处理场位于崇明区港沿公路北端的滩涂，北沿公路以北约 2.45 km，长江大堤南侧，靠近堡镇港的入江口。处理场东侧 1 km 为鱼塘，西侧 1 km 为原堆场和闲置滩涂与转河林木等。地貌类型属于潮坪地貌，有环形明浜分布，场地地势部分地段起伏较大，地面标高在 3.63~7.43 m 左右。

　　研究区基岩等深线位于 440~460 m。内深藏的基岩主要为燕山晚期的花岗岩，其东西两侧分别是侏罗系上统的寿昌组和黄尖组。燕山晚期的花岗岩主要成分为黑云母花岗岩。在这些基岩上覆盖的第四纪松散地层岩性主要由黏土、粉砂和细砂组成，属于海陆交替相的沉积物。

根据岩土工程勘察的地质资料, 研究区深度 45 m 范围内的工程地质层可划分为 3 层 9 个亚层, 其分布特征基本如下:

① 1 层: 杂色～灰色填土, 很湿, 松散, 含云母、有机质, 夹多量粉性土。

① 2 层: 灰色浜土, 饱和, 流塑, 高压缩性, 含黑色有机质, 夹螺壳。

① 3 层: 灰色吹填土, 饱和, 松散, 高压缩性, 含云母、有机质, 以淤泥质粉质黏土为主夹黏质粉土, 土质不均匀。

② 3-1 层: 灰色砂质粉土, 饱和, 稍密～中密, 中等压缩性, 含云母、有机质, 少量贝壳碎片, 夹薄层黏性土及局部夹多量黏质粉土, 土质不均匀。

② 3-2 层: 灰色黏质粉土夹粉质黏土, 饱和, 松散, 中等压缩性, 含云母、有机质, 局部夹砂质粉土。

② 3-3 层: 灰色粉砂夹砂质粉土, 饱和, 稍密～中密, 中等～低压缩性, 矿物成分有长石、石英和云母等, 局部夹黏质粉土及薄层黏性土。

上述②3-1 层、②3-2 层、②3-3 层为潜水含水层。

③ 1-1 层: 灰色黏土, 饱和～很湿, 软塑, 中等～高等压缩性, 含云母、腐殖质。

③ 1-2 层: 灰色粉质黏土, 很湿, 软塑～可塑, 中等～高等压缩性, 含云母、有机质, 土质不均。

③ 2 层: 灰色粉砂夹粉质黏土, 饱和, 中密, 中等压缩性, 含云母、少量腐殖质, 局部夹多量黏性土, 土质不均。

研究区为全新世(Q4)河口-滨海相沉积。区内潜水含水层发育良好, 层底埋深 17.00～20.50 m, 厚度为 11.75～15.75 m。含水层岩性上部主要为灰色黏质粉土夹砂质粉土或砂质粉土, 中部为灰色砂质粉土及灰色砂质粉土夹黏质粉土, 下部多为灰色砂质粉土或灰色砂质粉土夹黏质粉土或灰色粉细砂组成。潜水含水层水位动态变化基本保持在 2.4～3.8 m 的标高, 富水性较好, 水量丰富, 出水量为 4.198～6.171 m³/h, 单位出水量为 0.79～1.48 m³/(m·h), 单井出水量 106.06～181.47 m³/d(口径 250 mm, 降深 5m 时)。水温 17 ℃, 水化学类型绝大部分为 Cl-Na 型咸水, 仅 5 号监测井下部水化学类型为 Cl·HCO₃-Na 型咸水。

1～7 号及 9 号地下水动态监测井的潜水含水层水文地质条件概况分述如下:

1 号监测井: 含水层顶面埋深为 4.90 m, 底面埋深为 19.45 m, 含水层厚度为 14.55 m, 岩性为灰色黏质粉土夹砂质粉土、灰色砂质粉土及灰色砂质粉土夹黏质粉土。水温 17 ℃, 出水量 5.125 m³/h, 富水性 158.01 m³/d, 水化学类型为 Cl-Na 型咸水。

2 号监测井: 含水层顶面埋深为 2.25 m, 底面埋深为 17.00 m, 含水层厚度为 14.75 m, 岩性为灰色黏质粉土、灰色砂质粉土及青灰色粉细砂。水温 17 ℃, 出水量 6.171 m³/h, 富水性 121.43 m³/d, 水化学类型为 Cl-Na 型咸水。

3 号监测井：含水层顶面埋深为 2.05 m，底面埋深为 17.80 m，含水层厚度为 15.75 m，岩性为灰色黏质粉土、灰色砂质粉土及灰色砂质粉土夹黏质黏土。水温 17 ℃，出水量 6.171 m³/h，富水性 133.29 m³/d，水化学类型为 Cl-Na 型咸水。

4 号监测井：含水层顶面埋深为 7.90 m，底面埋深为 20.20 m，含水层厚度为 12.30 m，岩性为灰色黏质粉土、灰色砂质粉土夹黏质粉土及灰色粉细砂。水温 17 ℃，出水量 5.584 m³/h，富水性 144.77 m³/d，水化学类型为 Cl-Na 型咸水。

5 号监测井：含水层顶面埋深为 5.80 m，底面埋深为 20.50 m，含水层厚度为 14.70 m，岩性为灰色黏质粉土、灰色砂质粉土夹黏质混凝土及灰色粉细砂。水温 17 ℃，出水量 5.788 m³/h，富水性 181.47 m³/d，水化学类型上层为 Cl-Na 咸水，下层为 Cl·HCO₃-Na 型咸水。

6 号监测井：含水层顶面埋深为 7.70 m，底面埋深为 19.45 m，含水层厚度为 11.75 m，岩性为灰色黏质粉土和灰色砂质粉土。水温为 17 ℃，出水量 5.310 m³/h，富水性 132.05 m³/d，水化学类型为 Cl-Na 型咸水。

7 号监测井：含水层顶面埋深为 5.00 m，底面埋深为 18.60 m，含水层厚度为 13.60 m，岩性为灰色黏质粉土、灰色砂质粉土及灰色黏质粉土夹砂质粉土。水温 17 ℃，出水量 5.498 m³/h，富水性 106.06 m³/d，水化学类型为 Cl-Na 型咸水。

9 号监测井：含水层顶面埋深为 6.70 m，底面埋深为 19.80 m，含水层厚度为 13.10 m，岩性为灰色黏质粉土、灰色砂质粉土及灰～青灰色砂质粉土夹黏质粉土。水温 17 ℃，出水量 4.198 m³/h，富水性 114.58 m³/d，水化学类型为 Cl-Na 型咸水。

2.2.2　现场观测方法与技术

近岸波流作用包括波浪、潮汐等，由于波浪周期很短且影响区域较小，其引起的地下水水动力特性及重金属运移变化较潮汐作用小很多[20]，因此考虑的近岸波流作用为潮汐。现场观测时段为 2014 年 3 月至 2015 年 2 月（不含 2014 年 11 月）。观测时间依据紧邻研究区域的崇明南堡镇潮位站潮汐表数据而定，具体观测时刻为潮汐表中大潮、中潮和小潮日的 9:00～16:00（水位每小时观测一次，考虑到取水样会干扰水位观测，因此取水样只在每天测完最后一次水位时进行）。同时，考虑到潮汐作用的滞后效应[21]，在大潮、中潮和小潮日后连续观测一天作为参考。崇明南堡镇 2014 年 3 月的潮汐图见图 2.3。

现场测定的水质参数主要有温度、盐度、pH 和溶解氧等。水质参数检测仪器见表 2.2。地下水水位标高由井顶高程减去水位计[22]测出的水面埋深获得。现场采集的地下水为潜水层地下水，通过水位计控制采集潜水面以下 1 m 深处的水。

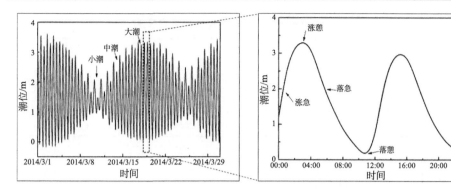

图 2.3　崇明南堡镇 2014 年 3 月潮汐图

表 2.2　水质参数检测仪器汇总表

水质参数	测量仪器名称	规格/型号	精度	生产(供应)厂家
温度	哈希水质分析仪	HQ40d	±0.1 ℃	美国哈希公司
盐度	电导率仪	Jenco 3010M	±2% FS	上海勇石电子有限公司
pH	笔式 pH 计	scan30S	±0.01	上海般特仪器有限公司
溶解氧	哈希水质分析仪	HQ40d	±0.01 mg/L	美国哈希公司

　　地下水利用水位计采集，而后转移至做好标记的采样瓶。采样瓶为 1 L 聚乙烯瓶，采样前先用采样点井水涮洗三遍。采集的地下水样品用酸预处理过的微孔 HA 过滤器(0.45 μm)过滤(过滤初始部分丢弃)，再用分析纯 HNO_3 将滤液酸化至 pH 小于 2，以减少重金属离子的吸附。将每个采样点过滤后的样品一式三份，储存在便携式冷藏箱中，而后转移至实验室保存到 4 ℃ 的冷藏箱中。

　　在实验室中，取 25 mL 样品(一式三份)，放入消解罐中，再加入 7 mL 浓 HNO_3 和 1 mL 浓 HCl 混合液，用微波消解仪(Digiblock S16)进行消解。消解结束后将消解罐冷却至室温，将消解剩余液过滤(0.22 μm 滤孔)后用去离子水定容至 25 mL。而后样品经离心机离心(n=3000 r/min，5 min)后取 10 mL 上清液至样品管中待测。采样、过滤、储存和消解过程中涉及的所有玻璃及塑料器材均按照国际标准方法[23]用稀 HNO_3(0.7%)清洗。

　　重金属含量测定采用安捷伦 7700 电感耦合等离子体质谱仪(ICP-MS)，测定的重金属为 Cr、Cu、Cd 和 Pb。样品基体为体积浓度 2% 的硝酸。采用内标法，在进样开始前和结束后均进行校准。整个实验过程使用的都是超纯水。测定过程中电感耦合等离子体质谱仪的设置条件见表 2.3。实验中每个样品三次重复测量的重金属含量标准差均小于 5%，测试结果可信，故取三次检测平均值作为重金属的浓度值。

表 2.3　电感耦合等离子体质谱仪的设置条件

参数	值	参数	值
氩气分压	0.6~0.7 MPa	雾化气	1 L/min
氦气分压	0.08 MPa	雾化气泵	0.1 r/s
等离子气	15 L/min	雾化器温度	2 ℃
载体气	1 L/min	氢气流量	5 mL/min

2.2.3　海滩地下水水动力特性

由图 2.2 可知,崇明区降雨量集中在 6~8 月,11 月~次年 1 月的降雨量很少。考虑到降雨量的变化会引起地下水水位变化,因此分别选取降雨量较大的 6 月和较小的 12 月进行分析。

图 2.4 是研究区域监测井 6 月和 12 月水位盒须图。此图表明研究区域监测井地下水水位 6 月要高于 12 月(2 号井除外),尤其是 6 号井。盒须图最大值和最小值之间的区域表明地下水水位正常值的分布区间。由图 2.4 可看出,6 月各井点的水位变动大于 12 月,在 6 号井和 7 号井尤为明显。根据研究区域地下水的补给、径流和排泄条件,出现上述情况的原因是:研究区 6 月较 12 月的降雨量大,对地下水的补给多,所以地下水平均水位在 6 月要高于 12 月;又因为降雨具有随机性,因此其引起的地下水位变化也较大,所以会出现 6 月的水位变动大于 12 月。

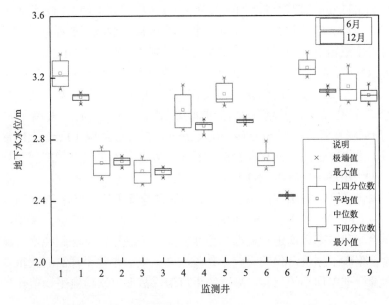

图 2.4　研究区域监测井 6 月和 12 月水位盒须图

　　研究区内降雨条件对于地下水位的变动造成了很大的影响。为了进一步分析潮汐作用的影响，选取 6 月和 12 月内两个没有发生降雨的大潮日作为研究时段，分别选取 6 月 18 日和 12 月 8 日。

　　各个井点水位的时间序列图能很好地反映潮汐周期内水位的响应过程，图 2.5 和图 2.6 分别为 6 月 18 日和 12 月 8 日各井点水位观测值和潮位值的时间序列图。

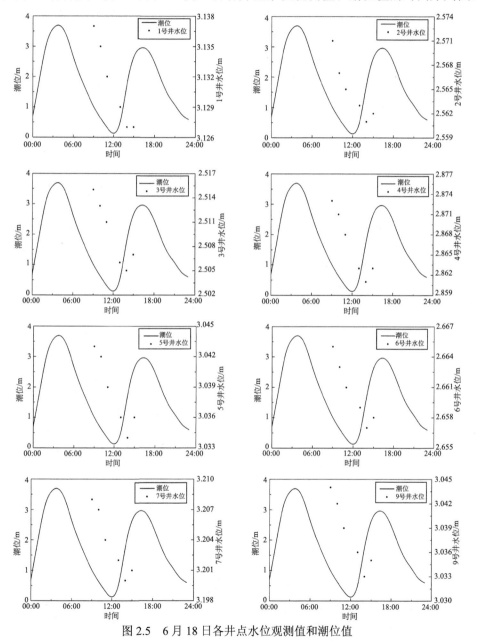

图 2.5　6 月 18 日各井点水位观测值和潮位值

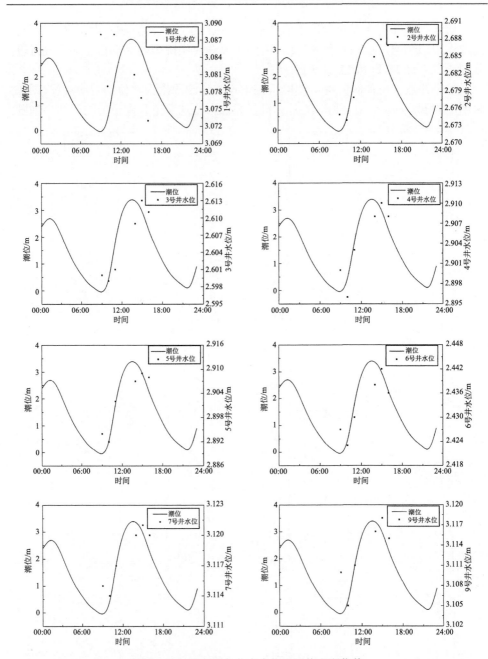

图 2.6　12 月 8 日各井点水位观测值和潮位值

　　图 2.5 和图 2.6 表明，该研究区域的潮汐条件为非正规半日潮。各井点的水位均发生一定的波动。在 6 月 18 日，1～7 及 9 号井水位均随着潮位的变化呈先下降后上升的趋势，各点的水位变幅差异不大，均在 0.01 m 左右。另外，各井点

水位到达最低点的时间均滞后于潮位到达最低点的时间,滞后约 2 h。从图 2.5 还可以看出,各井点地下水位在 11 时的值均大于 15 时的值,这与上面的结论相符。在 12 月 8 日,各井点的水位也出现一定的波动。除 1 号井外,各井点的水位均呈现先降低后升高再降低的趋势,与潮位的波动相似。各点的水位变动范围差异较大,最大的是 6 号井,变幅为 0.019 m,最小的为 7 号井,变幅为 0.007 m。各井点水位到达最高点和最低点的时间均滞后于潮位到达最高点和最低点的时间,滞后也约 2 h。1 号井水位在 9 时和 11 时异常高的原因可能是当天 1 号井附近的人为排水活动所致。

如前所述,6 号井、5 号井、3 号井和 2 号井的连线基本垂直于海岸线,其连线方向地下水水位随时间的变化可以反映潮汐作用向岸传播的特点。图 2.7 和图 2.8 分别表示 6 月 18 日和 12 月 8 日 6 号井、5 号井、3 号井和 2 号井的水位值和潮位值。

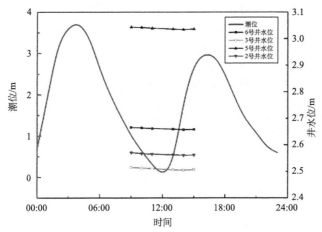

图 2.7 6 月 18 日 6 号井、5 号井、3 号井和 2 号井的水位值和潮位值

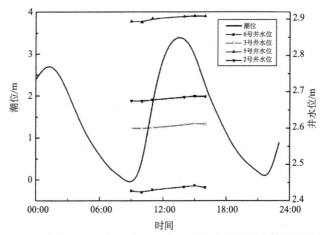

图 2.8 12 月 8 日 6 号井、5 号井、3 号井和 2 号井的水位值和潮位值

　　从图 2.7 可以看出，6 月 18 日各井点的水位波动很小，但基本还是随着潮汐的波动而波动，各井点之间水位波动幅度差异不大。地下水位的波动滞后于潮汐的波动，各井点之间基本无差异，滞后时间约 2 h。图 2.8 表明，12 月 8 日各井点的水位波动较 6 月 18 日大，且随着潮汐的波动而波动。各井点水位的变幅差异较大，主要表现为随着离岸距离增加，水位变幅减小，6 号井水位变幅最大，约 0.019 m，2 号井最小，约 0.01 m。地下水位的波动滞后于潮汐的波动，各井点之间基本无差异，滞后时间约 2 h。出现这种情况的原因是：6 月降雨量大且频率高，故对地下水的补给较多，地下水水位平均值较高，因此海相(潮汐)作用对地下水水位波动产生的影响较小；12 月降雨量小且频率低，因此海相(潮汐)作用对地下水水位波动产生的影响较大，所以会出现 12 月潮汐产生的地下水位波动较 6 月明显。另一方面，潮汐能向内陆地下水传播是通过孔隙水，孔隙水的流速没有海域中的水大，传播过程中还会出现波能衰减，因此随着离岸距离的增大，波动会出现滞后，地下水位的变幅会减小[24]。但由于研究区域各井点之间的距离较小，故各井点之间波动滞后的差异并不明显。

2.2.4　海滩地下水中重金属浓度的时空变异

　　图 2.9 表示各井点观测年内各月现场水质参数平均值的变化。从图 2.9 可以看出，地下水的温度基本呈"两端低、中间高"的趋势，即夏季(7～10 月)温度高，其他季节温度低，最高温度达 23.6 ℃，最低温度为 13.5 ℃。同时，温度还出现不规则的波动，这与年内气象条件变化有关。溶解氧(DO)表示地下水中分子态氧的溶解量，是衡量水体自净能力的一个指标。图 2.9 中各井的 DO 从 2014 年 3 月至 2015 年 2 月总体上呈现出逐渐上升的趋势，除 1 号井和 5 号井外，各井的 DO 值均出现周期 2 个月的波动。地下水 DO 值与水温有密切关系，一般来说，水温愈低，水中溶解氧的含量愈高。图 2.9 中各井的 DO 值均表现出与温度变化相反的趋势，尤其是 3 号井，7 月份 DO 低至 0.68 mg/L。1 号井的 DO 在夏季很高，因为 1 号井附近有人居住，因此可能与人为原因有关。pH 表示地下水中氢离子的总数和总物质的量的比，是地下水最重要的理化参数之一。除 4 号井外，各井地下水均为微碱性水，pH 在 7.10～11.93 之间变化。各井的 pH 基本维持相对稳定，除 1 号井有持续的下降。各井的 pH 均有周期性变化，变化周期也约为 2 个月。盐度表示地下水中的溶解的盐类物质的量，在这里指的是 NaCl。从图 2.9 也可以看出，盐度呈现周期约 2 个月的波动(4 号井和 5 号井除外)。通过对比图 2.2 和图 2.9 可以发现，在夏季(6～8 月)，地下水盐度较小；其他月份，地下水盐度均较高。分析其原因可能是：①夏季降雨量大，对地下水的补给量大，因此对地下水造成一定的淡化作用；②夏季地下水平均水位较高，因此盐水入侵相对减弱，盐水楔发生海相退缩[25]。

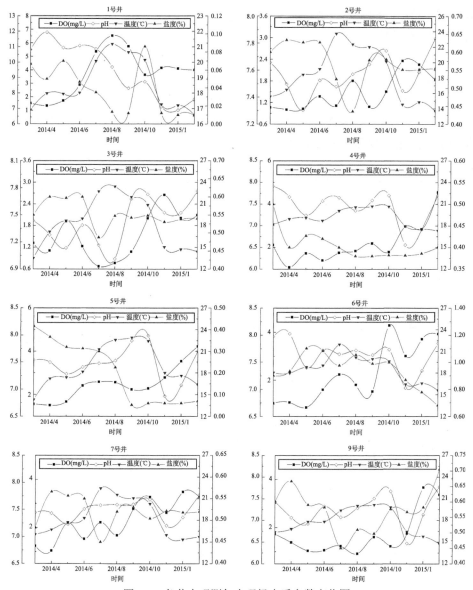

图 2.9　各井点观测年内现场水质参数变化图

从图 2.10 可以看出，四种重金属依据浓度变化特点可以为两类。第一类是 Cr 和 Cu，第二类是 Cd 和 Pb。对于第一类，Cr 的浓度变化范围为 3.03～53.93 mg/L，总体呈波动上升趋势；Cu 的浓度变化范围为 1.05～170.83 mg/L，总体呈波动稳定状态，但个别月份如 2014 年 8 月和 2015 年 2 月，Cu 的浓度较其他月份高很多。这可能与垃圾场的填埋作业造成的渗滤液渗漏相关。此外，Cr 和 Cu 的总体波动周期约为 3 个月，两者的波动行为几乎一致。在个别月份(如 2014 年 10 月)，两者波动会出现时间滞后，这可能与 Cr 和 Cu 在不同条件下地下水中运移时的吸附特性差异有关[26]。第二类中，Cd 的浓度变化范围为 0.05～7.01 mg/L，Pb 的浓度变化范围为 3.21～283.62 mg/L，除个别月份外，浓度整体保持在较低的水平，两种重金属均以约 2 个月的周期做微小波动。在 5～8 月，除 7 号井外，各井的重金属浓度值均相继出现了峰值，7 号井分别在 4 月和 7 月出现了两个峰值。从上述分析可以看出，部分重金属之间存在联系，为了确定重金属及水质参数之间的相关关系，做相关矩阵见表 2.4。

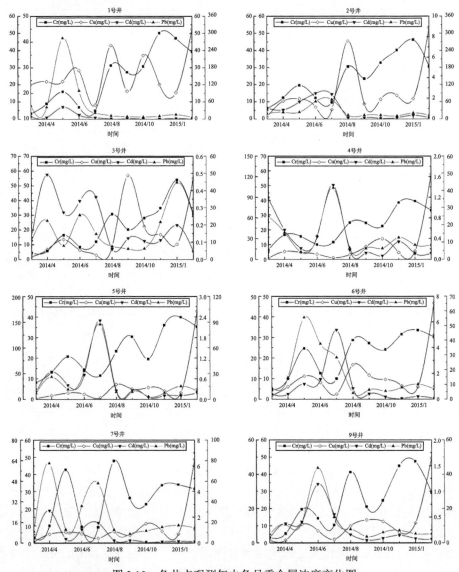

图 2.10　各井点观测年内各月重金属浓度变化图

表 2.4　重金属及水质参数相关矩阵表(n=88)

	Cr	Cu	Cd	Pb	DO	pH	温度	盐度
Cr	1							
Cu	0.290**	1						
Cd	−0.355**	−0.148	1					
Pb	−0.203	−0.077	0.845**	1				
DO	0.444**	0.409**	−0.177	−0.141	1			
pH	−0.194	0.148	0.374**	0.471**	0.192	1		
温度	−0.148	−0.131	0.124	0.005	−0.092	0.062	1	
盐度	−0.160	−0.266*	0.008	−0.150	−0.420**	−0.389**	−0.090	1

注：**表示相关性在 0.01 水平上显著；*表示相关性在 0.05 水平上显著（双尾）。

　　由表 2.4 可看出，Cr 和 Cu 存在弱的正相关性，Cr 和 Cd 存在弱的负相关性，这从图 2.10 中也可以看出来。Cd 和 Pb 存在很强的正相关，说明这两种重金属之间存在很强的共性。Cr、Cu 和 DO 存在中等正相关性，说明 Cr、Cu 在地下水中的赋存性在一定程度上与 DO 含量有关。Cd、Pb 均与 pH 有中等强度的正相关性，说明地下水的酸碱性能影响其中重金属的运移[26, 27]。此外，DO 和 pH 均表现出与盐度中等强度的负相关性，说明海水入侵会造成地下水水质条件的恶化。

　　为了分析重金属含量在一个月内的变化，分别选取降雨量大的 6 月和降雨量最小的 12 月作为研究月份。图 2.11 表示 2014 年 6 月各井重金属含量变化。

　　依据重金属浓度的变化特性可将其分为两类。第一类是 Cr 和 Cu。2014 年 6 月 Cr 在 1~7，9 号井的平均浓度依次为 14.55 mg/L、12.14 mg/L、8.40 mg/L、9.95 mg/L、14.46 mg/L、12.58 mg/L、9.36 mg/L 和 14.23 mg/L。各井中 Cr 浓度发生不同周期的波动。在 1 号井和 2 号井中，Cr 浓度的波动周期约为 7 天；在 5 号井、6 号井和 9 号井中，Cr 浓度的波动周期约为 4 天；7 号井中 Cr 浓度波动周期为 9 天，而 3 号井和 4 号井中波动周期并不明显。2014 年 6 月 Cu 在 1~7，9 号井的平均浓度依次为 28.40 mg/L、6.87 mg/L、6.34 mg/L、7.60 mg/L、9.90 mg/L、8.12 mg/L、7.11 mg/L 和 7.03 mg/L。Cu 与 Cr 发生相似的波动且各井的波动情况也极为接近，这与相关矩阵得出的结论是一致的。此外，还可以发现两种重金属在小潮时的浓度基本要大于大潮时的浓度，或者说浓度由小潮向大潮逐渐减少。出现这种情况的可能原因是，大潮时潮汐引起的地下水位波动要大于小潮时的波动，由此引起大潮情况下地下水紊动性更强，溶解于其中的重金属 Cr 和 Cu 更易发生运移和扩散。第二类是 Cd 和 Pb。2014 年 6 月 Cd 在 1~7，9 号井的平均浓度依次为 2.33 mg/L、2.48 mg/L、0.34 mg/L、0.44 mg/L、0.71 mg/L、1.55 mg/L、1.05 mg/L 和 1.1 mg/L。各井中 Cd 的浓度也发生不同周期的波动。在 1 号井、2

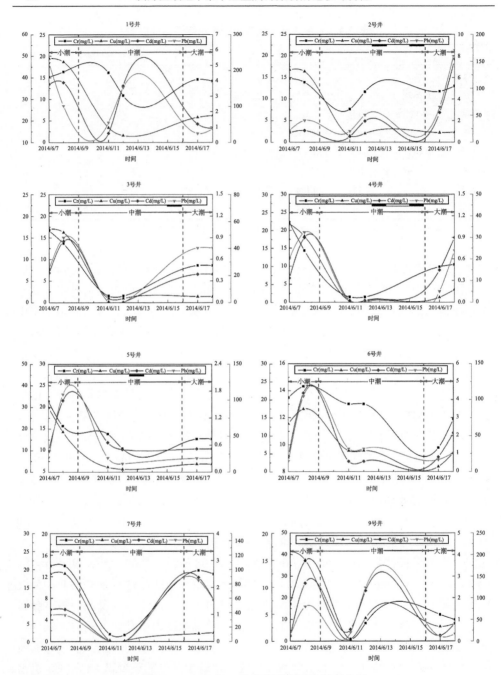

图2.11　2014年6月各井重金属含量变化图

号井和 9 号井中，Cd 浓度的波动周期约为 5 天；在 7 号井中，Cd 浓度的波动周期约为 9 天；3 号井和 4 号井中 Cd 浓度未出现明显的波动。此外，在 3 号井、4 号井、5 号井和 9 号井中，Cd 浓度值均在 6 月 8 号出现了峰值，这可能与垃圾场填埋作业时渗滤液发生泄漏有关。2014 年 6 月 Pb 在 1~7，9 号井的平均浓度依次为 98.63 mg/L、61.40 mg/L、25.71 mg/L、13.60 mg/L、32.90 mg/L、37.61 mg/L、35.83 mg/L 和 43.81 mg/L。Pb 与 Cd 发生相似的波动且各井的波动情况也极为接近，这与相关矩阵得出的结论是一致的。Cd 和 Pb 的浓度除个别日有突变外并没有出现大小潮差异明显的趋势，说明土壤和地下水中 Cd 和 Pb 的浓度达到了一种互相平衡的状态[28]。

　　图 2.12 表示 2014 年 12 月各井重金属含量变化。依据重金属浓度的变化特性可将其分为两类。第一类是 Cr 和 Cu。2014 年 12 月 Cr 在 1~7，9 号井的平均浓度依次为 43.48 mg/L、40.26 mg/L、34.78 mg/L、38.37 mg/L、36.10 mg/L、32.14 mg/L、33.72 mg/L 和 44.96 mg/L。各井中 Cr 浓度发生周期约为 7 天的波动，个别井(4~6 号井)波动不是很明显。值得注意的是，中潮期间各井 Cr 浓度出现了最大值，浓度过程线呈"单峰状"，而且两种重金属在小潮时的浓度基本要大于大潮时的浓度。2014 年 12 月 Cu 在 1~7，9 号井的平均浓度依次为 21.54 mg/L、13.67 mg/L、17.96 mg/L、10.02 mg/L、16.00 mg/L、6.45 mg/L、9.14 mg/L 和 6.12 mg/L。Cu 与 Cr 在 1 号井、2 号井、6 号井、7 号井和 9 号井发生相似的波动且各井的波动情况也极为接近，这与相关矩阵得出的结论是一致的；但在 3 号井、4 号井和 5 号井则发生完全相反的波动趋势，这可能与潮汐作用加强引起的地下水流速变化有关[27]。此外，通过与图 2.11 相比可以发现，2014 年 12 月两种重金属的平均浓度基本高于 2014 年 6 月，这是由于 6 月的降雨对地下水的补给较多而造成的稀释作用，而且浓度的变动幅度也要大于 6 月。第二类是 Cd 和 Pb。2014 年 12 月 Cd 在 1~7，9 号井的平均浓度依次为 0.11 mg/L、0.12 mg/L、0.11 mg/L、0.34 mg/L、0.10 mg/L、0.07 mg/L、0.09 mg/L 和 0.16 mg/L。各井中 Cd 的浓度也发生不同周期的波动。在 1 号井、2 号井、5 号井和 9 号井中，Cd 浓度的波动周期约为 8 天；在 3 号井、4 号井、6 号井和 7 号井中，Cd 浓度的波动周期约为 5 天。2014 年 12 月 Pb 在 1~7，9 号井的平均浓度依次为 10.58 mg/L、10.89 mg/L、22.70 mg/L、12.70 mg/L、7.99 mg/L、8.37 mg/L、15.40 mg/L 和 7.29 mg/L。Pb 与 Cd 在除 3 号井和 7 号井外的井点发生相似的波动且各井的波动情况也极为接近，这与相关矩阵得出的结论是一致的。3 号井和 7 号井中 Cd 与 Pb 浓度出现相反的波动趋势，可能的原因如前所述[27]。12 月的 Cd 和 Pb 浓度平均值和变幅都要小于 6 月的相应值。此外，大部分井点(4 号井除外)Cd 和 Pb 浓度在中潮时也出现了单峰，但并不是最大值。

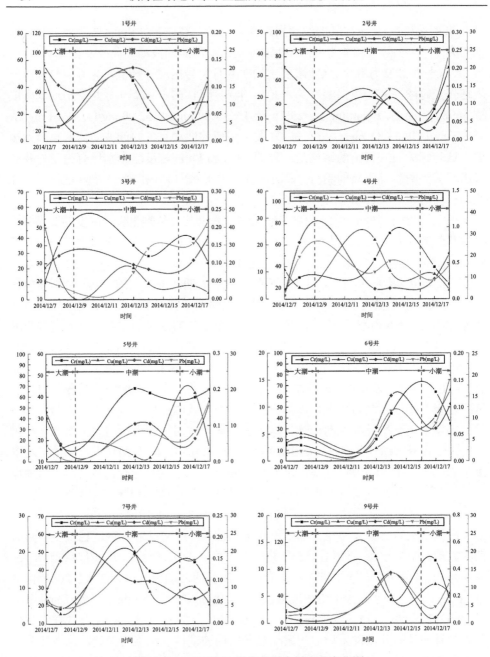

图 2.12　2014 年 12 月各井重金属含量变化图

月内分析表明各井中 Cr 浓度发生不同周期的波动，Cu 与 Cr 发生相似的波动且各井的波动情况也极为接近，两种重金属在小潮时的浓度基本要大于大潮时的浓度，这可能与大小潮时地下水紊动性强弱有关；各井中 Cd 的浓度也发生不同周期的波动，Pb 与 Cd 发生相似的波动且各井的波动情况也极为接近，但两种重金属并没有出现大小潮浓度差异明显的现象。

2.3　潮汐作用下地下水运动及污染物运移实验

本节构建了考虑咸淡水密度差及潮汐波动的二维砂槽重金属污染物运移实验模型。通过人为控制实验介质的属性及边界条件，产生咸淡水体和潮汐波动，考察潮汐引起的水位波动对地下水水动力特性、盐水入侵及污染物运移的影响。

2.3.1　材料与方法

本实验需要的仪器和用品主要分为两类，一类是已有的或可购买到的，另一类是需要根据要求试制加工制作的。本实验中涉及的主要仪器和用品见表 2.5。

表 2.5　实验主要仪器和用品

序号	名称	型号/规格	数量	备注
1	二维砂槽模型及模型支座	/	1 套	自制，已申请发明专利[29]
2	比色计	/	2 套	
3	电机支架	/	1	
4	排水漏斗	/	2 个	
5	污染物均匀注入接头	/	1 个	
6	金属滤网及支撑框	200 目	4 套	
7	供水箱	160L/40L	4 个	购买
8	去离子水	/	400 L	
9	玻璃微珠	30 目	100 kg	
10	步进电机系统	42BYGH	1 套	
11	胭脂红和亮蓝色素	纯度 99.5%	1 kg	
12	孔隙水压力测定系统	CYY2	1 套	
13	电导率测定系统	FJA-10	1 套	
14	NaCl 晶体	分析纯	20 kg	
15	单反相机及三脚架	Canon 600D	1 套	已有
16	电子天平	精度 0.0001 g	1 台	

实验装置示意图见图 2.13，主要包括二维砂槽系统和图像采集系统两部分。

二维砂槽长 121 cm、宽 8 cm、高 50 cm，由厚度为 1.8 cm 的透明有机玻璃制作而成，沿长度方向依次设置为淡水区、介质（玻璃微珠）区和咸水区。

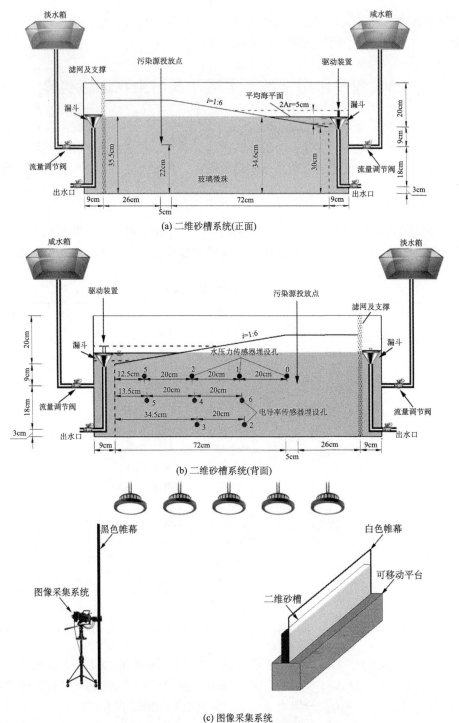

(a) 二维砂槽系统(正面)

(b) 二维砂槽系统(背面)

(c) 图像采集系统

图 2.13　实验装置示意图(Ar 为波浪高度)

淡水区长 9 cm、宽 8 cm、高 50 cm。淡水区下部管口通过乳胶管与淡水供水箱(160 L)相连,水箱置于高于模型的平台上,以造成压力水头,并通过流量调节阀将淡水按需要注入淡水区。淡水区中部管口通过乳胶管与排水漏斗相连,通过调节排水漏斗上缘的高度即可实现对淡水区水位的控制。淡水区背面贴有自粘透明刻度尺,用以验证水位是否等于所控制值。本实验中淡水区水位控制在 35.5 cm(从模型底部起算,下同)。

介质区长 103 cm、宽 8 cm、高 50 cm。介质区内填充 30 目的玻璃微珠,此介质被广泛用来进行相关实验[25, 30-33]。实验用玻璃微珠的粒径特性、孔隙度、给水度、弥散度和渗透系数等参数的测定在本实验开始前已进行。为模拟海滩面,将玻璃微珠填充成复式斜坡面,在淡水区高度为 42 cm,并向咸水区延伸 31 cm,在咸水区端高度为 30 cm,斜坡坡度为 1:6。砂槽背面布设有电导率传感器埋设孔和水压力传感器埋设孔[图 2.13 (b)],用于在实验过程中测定孔隙水氯离子浓度和地下水水头值,并实时传递到控制端计算机。砂槽底部设有刻度尺,用以实验过程中读取盐水楔趾的位置。在介质区两端与咸淡水区交界处设有 200 目的金属滤网和支撑框,既保证水流能顺利通过又保证介质不从介质区漏出。在砂槽上部和下部均设有螺母固定连接,防止结构因承重而变形甚至破坏。

咸水区长 9 cm、宽 8 cm、高 50 cm。咸水区中部管口通过乳胶管与咸水供水箱(160 L)相连,水箱置于高于模型的平台上,以造成压力水头,并通过流量调节阀将咸水按需要注入咸水区。咸水区需要模拟潮汐的水位波动变化,本实验是通过驱动装置带动排水漏斗来实现的。排水漏斗底部通过乳胶管与咸水区下部管口相连,当漏斗上缘的高度缓慢变化时,咸水区水位也会因溢流而随之变化。驱动装置为一带滑块和导轨的滚珠丝杆步进电机,通过传动装置将电机滑块与排水漏斗相连,通过滑块运动带动排水漏斗的运动。预先设定电机滑块的运动形式为所需要的周期性往复直线运动,就可以间接实现对咸水区水位周期性波动的控制。采用这种设置方法是因为实验过程中介质区的淡水会从斜坡上部流入咸水区,进而使咸水区的溶质浓度发生变化。因此需要将漏斗设置在咸水区上部以尽快排出上部被稀释的咸淡水,保证咸水边界的密度与浓度的稳定。咸水区背面贴有自粘透明刻度尺,用以验证水位是否满足所设的波动。三个区域连接处均设有止水橡胶,防止槽内水渗漏。

数字图像处理技术是一门新兴的技术,利用图像采集设备获取污染物运移的图像,把图像转换成数据矩阵存放于计算机中并对其进行滤波、增强、形态学操作等处理,再通过污染物浓度与灰度级曲线间接地将浓度通过灰度级求出。数字图像处理技术可以非侵入式地获得污染物运移的图像,对流场的影响小;同时也能避免需布设密集的采样点以刻画污染物运移的时空变异,在减少工作量的同时又能保证精度的要求,因此在室内实验中被广泛应用[25, 30, 31, 34, 35]。实验全程主要通过实时不间断地拍照，记录带颜色示踪剂的运移，来模拟盐水入侵及污染物的运移过程，故需要设计图像采集和照明系统。

图像采集系统用于拍摄实验过程和记录图像。高像素的单反相机(Canon 600D)由三脚架支撑，设置在二维砂槽正前方。同时，为避免相机在砂槽表面显现影子，影响图像采集效果，在相机放置处设置了黑色帷幕，并仅使相机镜头从黑色帷幕中探出。

照明系统用于提供稳定单一的光源。实验时需封闭实验室门窗，阻止室外光的照射。同时采用两个LED灯在实验过程中进行稳定不间断地照明，尽量减少杂光光线变化引起的图像色差。白色背景帷幕设置在二维砂槽的正后方作为拍摄环境背景色，目的在于避免拍摄到实验室中其他环境背景。

通过一些简单的基本实验可测出含水层介质的属性参数，见表2.6。

表 2.6　含水层介质属性参数

序号	名称	数值	单位
1	干密度	1.57	kg/m³
2	咸水密度	1022	kg/m³
3	淡水密度	1000	kg/m³
4	水温	25	℃
5	D_{50}	0.754	mm
6	有效(总)孔隙度	0.346	/
7	给水度	0.17	/
8	渗透系数(水平方向)	2.8	mm/s
9	渗透系数(竖直方向)	2.0	mm/s
10	纵向弥散度	2.2	mm
11	横向弥散度	0.22	mm

2.3.2　地下水水动力特性

图2.13中的2号、1号和0号水压力传感器埋设孔均设置在同一水平高度上，其中心离咸水边界的水平距离分别为32.5 cm、52.5 cm和72.5 cm。图2.14表示的是在咸水区水位静止条件下2号、1号和0号孔处所测的水位值及咸水区静水位值。

从图2.14可以看出，砂槽中水位呈现微小的震荡，这是由于仪器受环境条件的影响。2号、1号和0号孔处的水位平均值分别为34.90 cm、35.15 cm和 35.34 cm。水位由0号孔处向咸水区方向逐渐降低，说明水流向为由淡水区至咸水区。

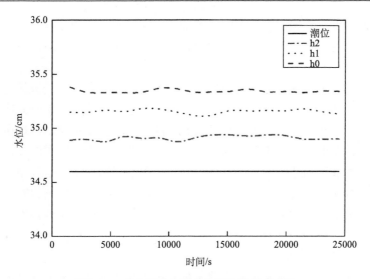

图 2.14 咸水区静水面条件下各监测点水位

图 2.15 表示的是在咸水区发生正弦的潮汐波动条件下 2 号、1 号和 0 号孔处所测的水位值及咸水区静水位值,该图利用了水位相对稳定后(从实验开始后的31320 s 起)的连续三个潮汐周期的数据。从图中可以看出,地下水位随着潮汐的波动也发生一定周期的波动,而且各监测点水位到达峰或者谷值的时间有一定差异。这与现场观测的结论相类似。但是水位的上升和下降段并没有出现太大的时间差异。

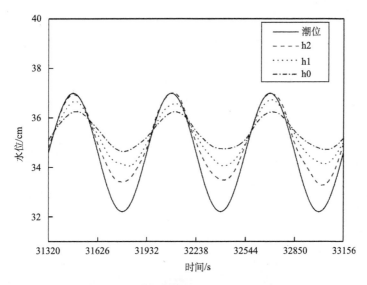

图 2.15 咸水区波动条件下各监测点水位

为了进一步研究地下水位的波动周期和相对于潮位的滞后时间,采用谱密度法和互相关系数法等国内外学者普遍用来进行时间序列分析的数学方法[36-38]。关于该方法的理论可参阅相关文献[39, 40],在这里只对其进行简单介绍。

谱密度法采用的数学方法是傅里叶变换法,通过对时间序列数据进行傅里叶变换,计算其功率谱,然后在频率域上绘出功率谱图,从而了解时间序列的周期性。从功率谱上看,分量大的意味着在原时间序列中为某种波形出现更多频谱,找出频率分量在平均功率中较多的频率,频率的倒数即为所要求的周期。

互相关系数法描述了两组时间序列之间的关系,所揭示的是其中一组时间序列对另一组时间序列的影响程度,表现为后一组时间序列对前一组时间序列的滞后关系。其采用的数学方法是傅里叶变换法,计算其互相关系数,然后在滞后域上绘出互相关系数图。互相关系数图第一个峰值所对应的横坐标即为一个序列滞后另一序列的时间[41]。

谱密度法和互相关系数法所用的水位数据为从咸水区波动的 25200 s 至实验结束的 38052 s。潮汐及其影响的地下水时间序列的周期频谱图见图 2.16。

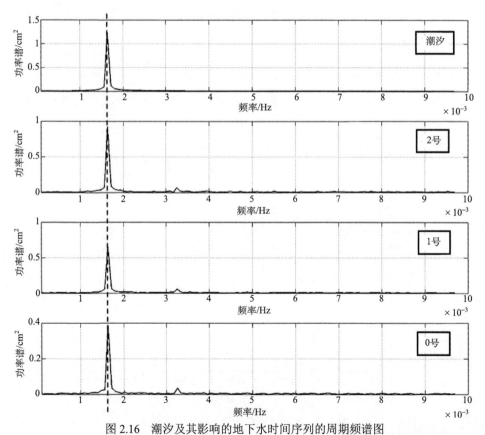

图 2.16 潮汐及其影响的地下水时间序列的周期频谱图

从图 2.16 可以看出，潮汐的功率谱在频率为 1.634×10⁻³Hz 处出现了极值，对应的周期近似值为 612 s。2 号、1 号和 0 号井的功率谱都在频率为 1.632×10⁻³Hz 处出现了极值，对应的周期近似值也为 612 s。这表明潮汐作用引起的地下水水位波动的周期与潮汐的周期相同，即潮汐作用在含水层中传递时频率保持不变。

潮位与监测孔水位互相关系数图见图 2.17。互相关系数图第一个峰值所对应的横坐标为监测孔处地下水位滞后于潮位的时间。通过 Matlab 编程计算可知，2 号、1 号和 0 号孔处的地下水位滞后于潮位的时间分别为 6 s、15 s 和 19 s。

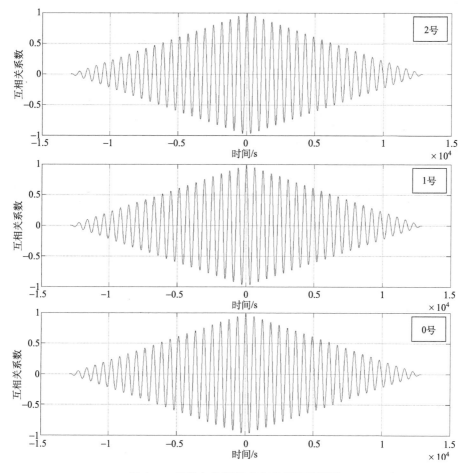

图 2.17　潮位与监测孔水位互相关系数图

从图 2.18 可以看出，各监测孔处地下水水位波动滞后潮汐的时间随离咸水区距离的增加近似呈线性增加，说明潮汐作用引起的地下水水位波动存在滞后性。这主要是因为波能在含水层中传递的比水中要慢。这与先前学者的研究结果基本一致[21, 37, 38, 42]。但是根据此方程,现场观测时,6 号和 3 号井距离达到 200 m 时,两井间的滞后时间应为 90 min 左右,但现实情况是滞后时间差异不大,这可能与当地的地质条件有关。

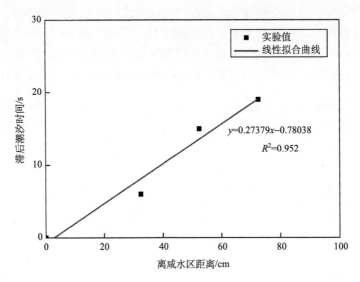

图 2.18　监测孔离咸水区的垂直距离与滞后潮汐的时间关系图

　　另一个明显的特点就是各监测孔处的振幅变化。图 2.19 表示的是监测孔离咸水区的垂直距离与振幅的关系。

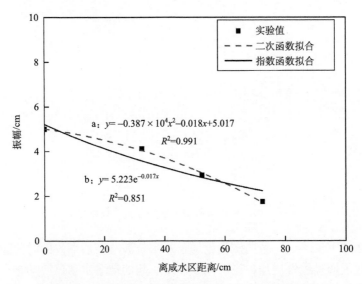

图 2.19　监测孔离咸水区的垂直距离与振幅的关系图

从图 2.19 可以看出，随着离咸水区距离的增加，地下水位的波动振幅呈现减小的趋势。这很容易理解，因为潮汐在传输过程中会发生能量的消耗，所以振幅会越来越小。先前有学者通过边界元法数值模拟得到振幅随着离岸距离增加近似呈负指数衰减[43, 44, 45]。负指数函数(图 2.19 中 b 式)也能较好地描述振幅与离岸距离的关系。同时，通过多项式拟合，二次函数(图 2.19 中 a 式)也能很好地描述两者的关系，而且确定系数(R^2)更大。

2.3.3　盐水入侵模拟

实验中通过深色素来表现无法看到的 NaCl 溶液在淡水区的侵入情况。图 2.20 表示的是在咸水区水位静止的条件下盐水楔在实验开始后 1 h、2 h、4 h 和 7 h 的发展情况。

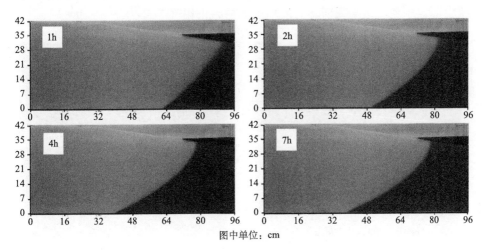

图中单位：cm

图 2.20　咸水区水位静止的条件下盐水楔发展情况

图中横坐标为实际模型的一段，实际长度为 103 cm，剔除两端各 3.5 cm，下同

从图 2.20 可以看出，在咸水区水位静止的条件下，砂槽中出现了典型的盐水楔。在实验开始后 1 h，由于咸水密度大，淡水密度小，咸水迅速侵入淡水区；咸淡水交界面几乎呈一直线，且交界面较模糊，弥散带较宽，尤其在盐水楔上部；咸水下部入侵比上部多，盐水楔趾位置在 63 cm 处附近。在实验开始 2 h 后，咸水进一步向淡水区入侵。与 1 h 相比，此时的咸淡水交界面接近呈一曲线，且交界面变得清晰，弥散带变窄；盐水楔上下部入侵均增大，且下部的增大值要大于上部，盐水楔趾位置在 51 cm 处附近。在实验开始 4 h 后，咸水进一步向淡水区入侵，但入侵速度明显减慢。与 2 h 相比，此时的咸淡水交界面已呈一曲线，且交界面清晰，弥散带窄；盐水楔下部入侵的增大值仍要大于上部，咸淡水交界面

变得平缓,盐水楔趾位置在 41 cm 处附近。在实验开始 7 h 后,咸水入侵速度非常缓慢,与 4 h 的盐水楔差异不大。咸淡水交界面更加平缓,盐水楔趾位置在 39 cm 处附近。在咸水区水位静止条件下 7 h 后,咸淡水已达到动态平衡。淡水出流的范围为从平均海平面以上海滩面出流点至盐水楔上部与斜坡交界处。上述分析表明,在实验前期咸水入侵速度较快,咸淡水交界面弥散带较大,坡度较陡;随着咸水入侵范围的扩大,咸淡水体达到动态平衡,咸水入侵速度减小,咸淡水交界面弥散带变窄,坡度变缓。

如图 2.21 所示的是一个完整潮汐周期内盐水楔的变化情况。本节选用了波动达到稳态时的一个周期,开始时间为 28872 s,结束时间为 29484 s。图中深色为模拟污染物的亮蓝色素,四幅图分别表示涨急、涨憩、落急和落憩四个特征时刻。从图中可以看出,在潮汐作用下,除了典型的下部盐水楔外,还会在潮间带形成一个上部盐水羽,这与先前学者的现场观测结果相符[44, 46, 47]。

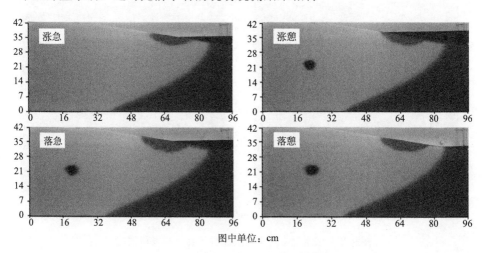

图中单位:cm

图 2.21　一个潮汐周期内盐水楔变化情况

与图 2.20 中的无潮汐情况相比,发生潮汐波动后,咸淡水交界面与斜坡的交点位置明显发生后退,即向咸水区侧移动;而咸淡水交界面与底边界的交点位置并未发生太大的变化,故使咸淡水交界面变得更加平缓。另外,潮汐产生后咸淡水交界面变得更加模糊,弥散带变宽。潮汐波动的作用使潮间带下的含水层产生了上部盐水羽,由于流态比较复杂,因此上部盐水羽的弥散也很明显。同时,咸淡水交界面与斜坡交点的后退使得在上下两个咸水体之间出现了一条“淡水带”,这与没有潮汐作用的情况是完全不同的。

为了能更加清晰地认识盐水楔在一个潮汐周期内的变化情况,采用数字图像处理技术将上述图像转化为灰度图像,再将灰度值转化为相应的浓度值。以

0.1 倍初始浓度值(即 3000 mg/L)作为盐水入侵的前沿,转化后的浓度等值图见图 2.22。

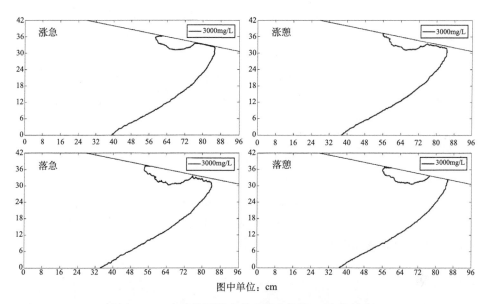

图中单位:cm

图 2.22　一个潮汐周期内盐水楔变化情况(灰度转化)

由图 2.22 可以看出,看到四个特征时刻盐水楔存在明显的差异。在涨急时,下部盐水楔趾的位置在 39 cm 附近,咸淡水交界面与斜坡的交点位置在 85.3 cm 附近;上部盐水羽的横向范围在 58.6~76.5 cm 之间,最大纵向入侵深度为 3.9 cm;淡水带的宽度为 8.8 cm。在涨憩时,下部盐水楔趾的位置在 37.3 cm 附近,咸淡水交界面与斜坡的交点位置在 84.6 cm 附近;上部盐水羽的横向范围在 56.0~76.0 cm 之间,最大纵向入侵深度为 4.1 cm;淡水带的宽度为 8.6 cm。在落急时,下部盐水楔趾的位置在 34.7 cm 附近,咸淡水交界面与斜坡的交点位置在 84.0 cm 附近;上部盐水羽的横向范围在 53.3~75.4 cm 之间,最大纵向入侵深度为 5.0 cm;淡水带的宽度为 8.6 cm。在落憩时,下部盐水楔趾的位置在 36.8 cm 附近,咸淡水交界面与斜坡的交点位置在 85.3 cm 附近;上部盐水羽的横向范围在 56.0~77.0 cm 之间,最大纵向入侵深度为 4.4 cm;淡水带的宽度为 8.3 cm。随着潮水位的增加,上部盐水羽的纵横向扩展范围随之增加,下部盐水楔的入侵范围也随之增加;随着潮水位的减小,上部盐水羽的纵横向扩展范围随之减小,下部盐水楔的入侵范围也随之减小。但是两个盐水体的入侵范围在落急时刻均为最大,落后于潮水位最高的涨憩时刻,这说明盐水楔对于潮汐波动存在响应,但有滞后。另外,在涨憩和落急时刻,还出现了咸水向淡水带的入侵,但是淡水带的宽度在潮汐周期内并未发生明显变化。

2.3.4 污染物运移模拟

实验中通过亮深色色素来表现重金属污染物在受潮汐影响的含水层中的运移情况。图 2.23 表示的是在实验开始后 30 min、60 min、90 min、120 min 和 150 min 污染物的运移及扩散情况。

从图 2.23 可以看出，污染物的形状在含水层的运移过程中发生了明显的变化。实验开始后的 30 min，污染物从注入点的位置发生了一段运移；在含水层中，污染物轮廓基本呈一椭球形，沿横向为长轴，纵向为短轴，两轴的长度差异不大，但横向的弥散带要大于纵向。实验开始后的 60 min，污染物又向咸水区运移了一段距离，其轮廓仍呈一椭球形，但长轴比短轴要大得多，椭圆变扁。与 30 min 时相比，此时污染物轮廓整体出现向低潮位处旋转一个小的角度，横向的弥散带更大，但纵向弥散带变化不大。实验开始后的 90 min，污染物的轮廓已呈一梭形，轮廓前缘变得很窄且指向低潮位处，轮廓后缘相对较宽且弥散带很大；相比于 60 min，此时污染物轮廓向低潮位处旋转的角度更加明显。

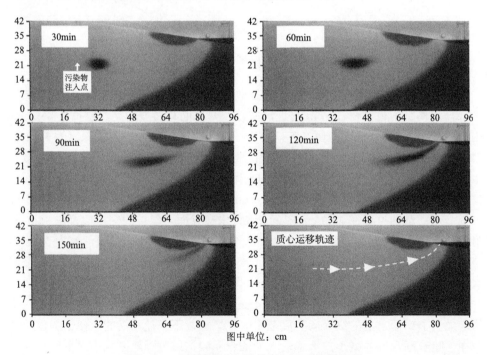

图 2.23   实验过程中污染物的运移及扩散情况

实验开始后的 120 min，污染物的轮廓已呈条带形，部分污染物已进入咸水区；轮廓前缘仍很窄，轮廓后缘与 90 min 时相比也变得较窄，但弥散带变得更大；

污染物整体轮廓沿着上部盐水羽的边缘发生弯曲并进入咸水区，且不与上下部盐水体发生混合或交换。实验开始后的 150 min，污染物沿着上部盐水羽的边缘已基本进入咸水区弥散，此时污染物轮廓也不与上下部盐水体发生混合或交换。污染物质心运移轨迹也表明其运动的趋势。上述分析表明，在实验前期，污染物远离盐水体，其轮廓基本呈一椭圆形，沿着水平方向向咸水区运动，横向弥散略大于纵向弥散；在实验后期，随着污染物靠近两个盐水体，其轮廓逐渐发展为梭形直至条带形，横向弥散远大于纵向弥散，且出现沿着上部盐水羽边缘弯曲进入咸水体的现象；整个过程中污染物与盐水体不发生混合或交换。

　　如图 2.24 所示的是一个完整潮汐周期内污染物运移的变化情况。本节选用了波动达到稳态时的一个周期，开始时间为 34992 s，结束时间为 35604 s。图中深色即为模拟重金属污染物的深色色素，四幅图分别表示涨急、涨憩、落急和落憩四个特征时刻。

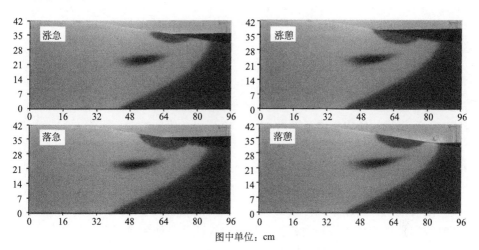

图中单位：cm

图 2.24　一个潮汐周期内污染物变化情况

　　相比于图 2.21 所示的一个潮汐周期内盐水楔的变化情况，污染物的变化情况并不那么明显。在该周期内，污染物轮廓基本呈一梭形，且向低潮位处逆时针旋转一定角度。污染物前缘较窄，后缘较宽，横向弥散大于纵向弥散。

　　为了能更加清晰地认识污染物在一个潮汐周期内的变化情况，采用数字图像处理技术将上述图像转化为灰度图像，再将灰度值转化为相应的浓度值。以 0.01 倍初始浓度值（即 10 mg/L）作为污染物轮廓的边缘，转化后的浓度等值图见图 2.25。

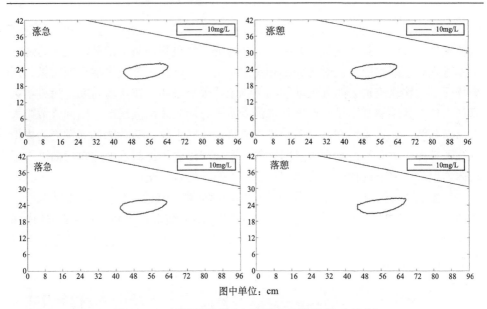

图中单位：cm

图 2.25　一个潮汐周期内污染物变化情况（灰度转化）

图 2.25 中，可以看到四个特征时刻污染物浓度轮廓的差异。在涨急时，污染物的横向扩展范围为 45.0～65.0 cm，纵向扩展范围为 5.0 cm，纵横比为 4.0。在涨憩时，污染物的横向扩展范围为 43.0～63.5 cm，纵向扩展范围为 5.0 cm，纵横比为 4.1。在落急时，污染物的横向扩展范围为 41.7～63.0 cm，纵向扩展范围为 4.6 cm，纵横比为 4.6。在落憩时，污染物的横向扩展范围为 45.0～66.8 cm，纵向扩展范围为 4.5 cm，纵横比为 4.8。随着潮水位的增加，污染物纵向扩展范围基本不变；随着潮水位的减小，污染物纵向扩展范围随之减小。污染物的横向扩展范围在潮汐周期内均出现增长的趋势，故污染物轮廓呈现由梭形向细长的条带形发展，纵横比不断增加。另外，经过一个潮汐周期，污染物轮廓转向海滩处的角度变得更大。

2.4　潮汐作用下地下水运动及污染物运移的模拟

本节基于 2.3 节的物理模型实验建立了二维砂槽污染物运移的 SEAWAT 数值模型，并将数值模型结果与物理模型实验和现场观测的数据进行对比分析。在确定污染物运移过程的影响因子和模型建立的基础上，进行了污染物运移评价指标的敏感性分析研究，以揭示近岸地下水中污染物的运移机理。

2.4.1　SEAWAT 模型简介

SEAWAT 是由美国地质调查局(USGS)开发的用于模拟三维瞬态变密度饱和地下水流及溶质运移的有限差分数值模型。SEAWAT 的源代码是结合 MODFLOW(地下水流模型)[48]和 MT3DMS(溶质运移模型)[49]发展而来的[50]。其对于 MODFLOW 做的主要修改就是：考虑流体密度的影响，将体积守恒改为质量守恒，以等价淡水水头作为主要因变量。SEAWAT 模型采用模块化结构，所以新的功能通过少量修改就能添加进源代码。

MODFLOW 水流方程和 MT3DMS 溶质运移方程的耦合过程如下：在 MODFLOW 中，单元格间流速通过淡水水力梯度和相对密度差计算，得到的流场传递给 MT3DMS 进行溶质运移计算；通过溶质浓度计算新的密度场而后又返回给 MODFLOW 作为相对密度差计算。SEAWAT 模型的概化计算流程见图2.26。

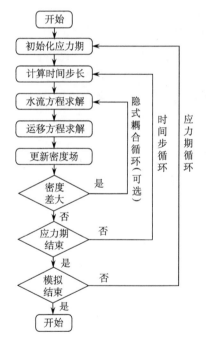

图 2.26　SEAWAT 模型的概化计算流程图[51]

SEAWAT 模型中变密度水流的控制方程为：

$$\nabla \cdot \left[\rho K_f \left(\nabla \cdot h_f + \frac{\rho - \rho_f}{\rho_f} \cdot \nabla z \right) \right] = \rho S_f \frac{\partial h_f}{\partial t} + n_e \frac{\partial \rho}{\partial t} - \rho_s q_s \tag{2.7}$$

式中：z 是纵坐标，向上为正(L)；K_f 是等价淡水渗透系数(L/T)；h_f 是等价淡水水头(L)；ρ 是流体密度(M/L^3)；ρ_f 是淡水密度(M/L^3)；S_f 是等价淡水储水系数，对于潜水含水层为给水度；t 是时间(T)；n_e 是有效孔隙度；ρ_s 是含水层源汇项单位体积的密度(M/L^3)；q_s 是含水层源汇项单位体积的流量(1/T)。

SEAWAT 模型中多种保守性溶质运移的控制方程为：

$$\frac{\partial\left(n_e C^k\right)}{\partial t} = \nabla \cdot \left(n_e D \nabla C^k\right) - \nabla \cdot \left(n_e \vec{v} C^k\right) - q_s C_s^k \qquad (2.8)$$

式中：C^k 是溶质 k 的浓度(M/L^3)；D 是水动力弥散系数张量(L^2/T)；$\vec{v}$ 是孔隙水流速(L/T)；C_s^k 是源汇项溶质 k 的浓度(M/L^3)。

SEAWAT 模型中流体密度是溶质浓度的函数，流体密度与浓度的关系函数为：

$$\rho = \rho_f + \frac{\partial\rho}{\partial C} C \qquad (2.9)$$

式中：$\frac{\partial\rho}{\partial C}$ =0.7143。

SEAWAT 内置了水头变化函数，对于随时间变化的水头边界条件尤为适用。SEAWAT 已经通过多个变密度地下水流基准问题的测试和证明，包括 Box 问题、Henry 问题、Elder 问题[51-53]和 Saltpool 问题[54, 55]等，其准确性和实用性有很好地保证。模型中需要考虑咸淡水密度差、污染物运移及潮汐波动，因此选用 SEAWAT 模型。

2.4.2　模型建立

本节中数值模型是基于 2.3 节中的物理模型实验建立的，数值模型的尺寸与物理模型一致，坐标原点定在模型的左下角，示意图见图 2.27(图中横坐标为实际模型的一段，实际长度为 103 cm，剔除两端各 3.5 cm，下同)。该模型为二维断面模型，模型分为两个区域：A 区域代表海洋，有潮汐作用；B 区域为实验中的填充砂，代表含水层(下文为了方便，统一将填充砂称为含水层，咸水区称为海洋，其波动称为潮汐波动，斜坡称为海滩)。污染物的注入位置坐标为(22.5, 22.0)，注入时间和流量同物理模型实验。

数值模型先在平均海平面条件下运行 25200 s(7 h)，而后在潮汐波动条件下运行 12852 s。潮汐波动的周期和振幅同物理模型实验。数值模型在与实验相同的位置处设置水头观测井和浓度观测井，用以对数值模型进行率定和验证。

有研究表明：在变密度流模拟中，网格尺寸的大小对于模拟结果的影响很大[55, 56]。由于系统的高度非线性，即使在对流弥散方程中是很小的误差，其对于最后的浓度场影响也很大，因为在过程中误差会被不断放大。网格太大，会造成计算误差和数值弥散；网格太小，则会花费较多的计算资源和时间，有时还会造成

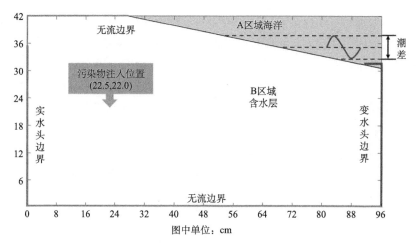

图 2.27　数值模型的示意图

计算不收敛。为了获得较合适的网格尺寸，本模型采用了普遍的网格设计标准[57]，即网格 P_e 数，见式(2.10)。

$$P_e = \frac{v\Delta L}{D_m + \alpha_L v} \approx \frac{\Delta L}{\alpha_L} \leqslant 4 \qquad (2.10)$$

式中：v 是流速(L/T)；ΔL 是网格尺寸(L)；D_m 是分子扩散系数(L^2/T)；α_L 是纵向弥散度(L)；

上述不等式成立的条件是当机械弥散远大于分子弥散时。在实际情况中，该条件基本都能成立。

本数值模型共分 108 行，71 列，形成 7668 个不均匀的矩形网格，在海滩处对网格进行加密。由于模型采用的是矩形网格，因此无法直接生成海滩斜面，模型采用的是阶梯状网格分布近似代替海滩斜坡。模型范围内网格长度 Δx 为 15 mm，宽度 Δy 为 2.5～5 mm。实验测得的弥散度为 2.2 mm，P_x=6.8，P_z=1.1～2.3。虽然 P_x 略微超过标准建议值，但对比研究发现将网格长度方向进一步加密后，其计算结果(监测井的水位值，NaCl 浓度)与未加密的差异小于 5%，而计算时间和占用空间却明显增加。因此，在不影响计算精度的前提下，该模型仍采用上述网格尺寸。

在 SEAWAT 模型中，可根据需要分成多个应力期来计算，在每个应力期内，模型的边界条件及物理属性等均保持恒定。每个应力期又可按需要分为多个时间步，时间步长可设置；每个时间步可以根据克朗数自动分成多个运移步。

本模型总共运行时间为 38052 s，其中第一阶段为前 25200 s(7 h)，海平面静止；第二阶段为后 12852 s，潮汐波动产生。第一阶段因边界条件恒定，故设为 1 个应力期，分成 100 个时间步，步间乘数为 1.2。潮汐波动产生后，需要将时间步细分。因潮汐周期为 612 s，故第二阶段分为 252 个应力期，每个应力期为 51 s；在每个应力期内，设置 51 个时间步，步间乘数为 1，即每个时间步长为 1 s。事实上可将第二阶段应力期和每个应力期内的时间步数细分更多，但是经过对比研究发现，再细分后模型计算结果与未细分的差异相差小于 5%，而计算时间和占用空间却明显增加。因此，在不影响计算精度的前提下，该模型仍采用上述应力期和时间步数划分。

本模型有多个边界条件，见图 2.27。在模型左侧有恒定水头，水头值为 35.5 cm，模型采用 CHD 来模拟，开始水头和结束水头值均为 35.5 cm，设为一个应力期，分成 100 个时间步，步间乘数为 1.2。该边界的 NaCl 浓度设为恒定的 0。模型底部和顶部设为无流边界，即在该边界处，水流速方向平行于边界。因为模型历时较短且蒸发面积很小，故不考虑蒸发。潮汐边界的模拟是本模型的一个关键点。有学者对于 SEAWAT 模型中潮汐边界的模拟方法做过研究[58]，主要比较了高渗透系数法、一般水头边界法和新开发的周期边界法三种方法。结合已有学者的研究和本模型的实际情况，本潮汐边界的模拟选择高渗透系数法。

高渗透系数法将模型分为 A、B 两个区域。A 区域代表海洋水体，B 区域代表含水层。A 区域渗透系数设为 10 m/s，孔隙度设为 1，NaCl 浓度设为恒定的 30000 mg/L。模型右侧倒"L"形的变水头边界，采用 CHD 来模拟。如前所述的应力期设置，CHD 共分 253 个应力期，第一个应力期代表静止海平面，共 25200 s（7 h），分成 100 个时间步，步间乘数为 1.2；后面的 252 个应力期代表潮汐波动，每个应力期为 51 s，分成 51 个时间步，步间乘数为 1。在应力期开始和结束时分别设定水头值，模型就能在两个水头值之间线性插值，而后赋值给应力期内的每个时间步，每个时间步内水头是恒定的。A 区域高的渗透系数和孔隙度可以实现水位和 NaCl 由 CHD 边界的变化通过水流方程和运移方程向海洋其他区域几乎同时传递的效果，本模型正是通过这种分段步进的方法来模拟潮汐的。需要注意的是，靠近潮位的单元格在退潮时一旦失水疏干，就变成非活动单元格退出计算；而 SEAWAT 中的 CHD 边界只能赋给一直处于活动状态的单元格，因此 CHD 边界需设置在低潮位以下的单元格。

由于使用 CHD 边界会使海洋的水位发生变化，当一个单元格在退潮时的计算水头低于其底高程时，该单元格便疏干成为不活动单元格而退出计算。但模拟潮汐边界时需要该单元格在涨潮时能再次变成活动单元格。SEAWAT 中新增的干湿交替函数可以用来实现对上述情况的模拟。在涨潮时，当毗邻疏干单元格的水头值高于疏干单元格底高程加上一个设定的阈值后，疏干单元格就会重新变为活动单元格参与计算。

SEAWAT 是基于 MODFLOW 发展而来的，因此其流量边界需通过井来实现。实验中污染物是在注入点以 40 mL/min 的流量以 1 g/L 的浓度连续注入 30 s。模型在污染物注入点设置入流井,井流量为 40 mL/min,井流时间为 30 s;同时在该处设置点源污染物边界,浓度为 1 g/L,持续时间为 30 s。

模型的初始条件主要包括水头初始条件、NaCl 初始条件和污染物初始条件。实验开始时,整个系统污染物和 NaCl 的浓度为 0,故污染物和 NaCl 的初始浓度为 0;整个系统的流场是在淡水区水位 35.5 cm 和咸水区水位 34.6 cm 条件下稳定的,故模拟开始前先按此边界条件运行 2 h,而后输出水头场作为模型开始运行的初始水头场。

数值模型的尺度同物理模型实验,此处不再赘述。表 2.7 是模型中含水层和海洋属性参数表。

表 2.7 模型中含水层和海洋属性参数表

序号	名称	含水层	海洋	单位
1	干密度	1.57		kg/m^3
2	咸水密度	——	1022	kg/m^3
3	淡水密度	1000	——	kg/m^3
4	水温	25		℃
5	D_{50}	0.754		mm
6	有效(总)孔隙度	0.346	1	/
7	给水度	0.17	1	/
8	渗透系数(水平方向)	2.8	10000	mm/s
9	渗透系数(竖直方向)	2.0	10000	mm/s
10	纵向弥散度	2.2	0	mm
11	横向弥散度	0.22	0	mm

结合数值试验的分析结果和先前学者的研究[59, 60],模型中克朗数设为 0.75,变密度水流方程采用预定义共轭梯度解算器(PCG)求解,溶质运移方程用广义共轭梯度包(GCG)和混合特征线法(HMOC)求解,两个方程的求解结果显示耦合。模型不考虑污染物吸附解吸、生物降解和衰变等物理化学反应,也不考虑温度和黏度对流体密度的影响。

2.4.3 模型识别与验证

模型的识别与验证过程是整个模拟过程的重要内容,是模型具有准确性和可靠性的保证。通常要进行反复修改模型参数和调整某些源汇项才能使数值模型和实验结果达到较为理想的拟合效果。模型的识别和验证要遵循以下 3 个原则:①模拟的地下水系统要与实际地下水系统基本一致;②模拟地下水的动态过程要与实测动态过程基本相似;③识别的水文地质参数要符合实际水文地质条件。

　　根据实验数据的情况，模型识别期选择从实验开始至潮汐波动发生的第一个周期止(即从 0～25812 s)。模型识别主要考虑调整含水层的渗透系数、给水度、孔隙度和弥散度等参数。识别指标主要为监测点的地下水水位及盐度过程。

　　通过试参法反复计算，优化调整后的模型参数见表 2.8。

表 2.8　试参法调整后的模型参数

序号	名称	含水层	海洋	单位
1	干密度		1.57	kg/m³
2	咸水密度	—	1022	kg/m³
3	淡水密度	1000	—	kg/m³
4	水温		25	℃
5	D_{50}		0.754	mm
6	有效(总)孔隙度	0.36	1	/
7	给水度	0.20	1	/
8	渗透系数(水平方向)	3.0	10000	mm/s
9	渗透系数(竖直方向)	2.1	10000	mm/s
10	纵向弥散度	3.0	0	mm
11	横向弥散度	0.3	0	mm

　　识别期计算和实验的水位及盐度拟合图见图 2.28 和图 2.29。

　　图 2.28 表明 3 个监测井水位的计算值和实验值整体上拟合得很好，在静止海平面的条件下，模型计算值稳定，而实验值由于仪器原因和环境干扰，存在微小波动；在潮汐产生后，两者也拟合得很好，除了个别点有微小差异。

　　图 2.29 中的井可分为两类：1 号、3 号和 5 号井为一类，其盐度开始为 0，而后突然骤升至 30000 mg/L，之后保持稳定；2 号井为一类，其盐度开始为 0，而后出现微小波动，但仍维持在 0 附近，之后骤升至 30000 mg/L 又骤降，是因为受到了潮汐波动的影响。1 号、3 号和 5 号井的实验值和计算值在盐度未达到 30000 mg/L 时拟合得很好；盐度达到 30000 mg/L 后，计算值保持不变而实验值仍有微小波动。2 号井开始阶段实验值的波动大于计算值，而后实验值与计算值趋势基本一致，但计算值略大于实验值。

　　总体上来讲，各监测点的水头及盐度计算和实验值都拟合得很好。

　　模型验证期选用潮汐波动稳定后的连续三个周期，即从实验开始后的 36216 s 至 38052 s。验证期计算和实验的水位及盐度拟合图见图 2.30 和图 2.31。

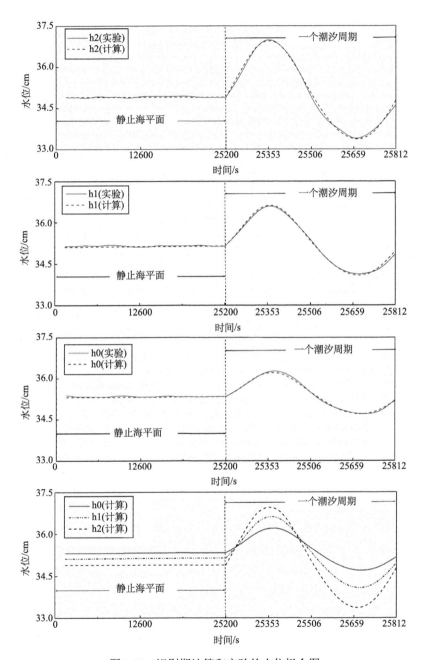

图 2.28　识别期计算和实验的水位拟合图

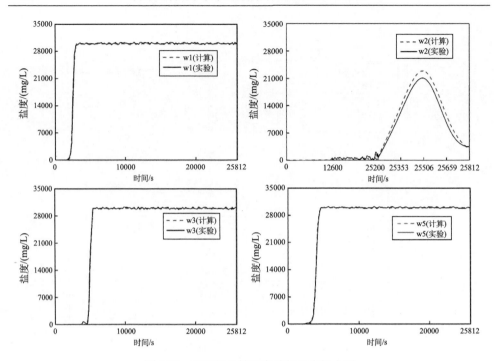

图 2.29 识别期计算和实验的盐度拟合图

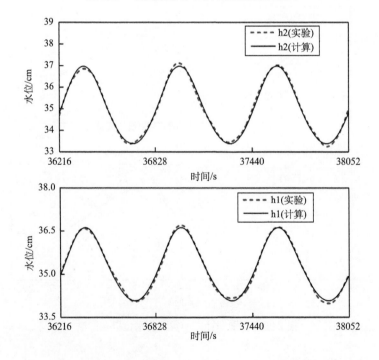

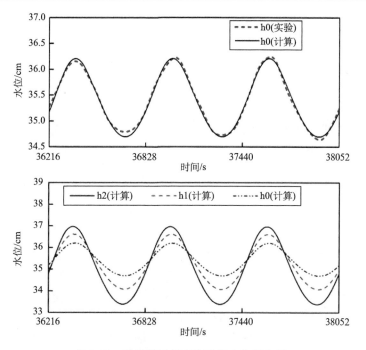

图 2.30　验证期计算和实验的水位拟合图

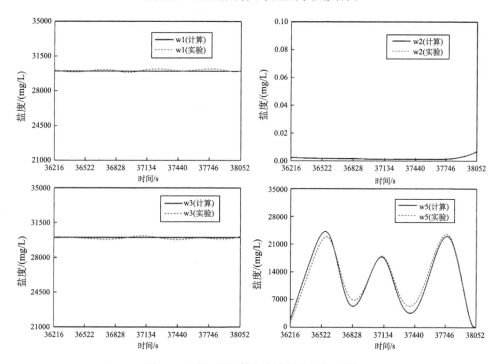

图 2.31　验证期计算和实验的盐度拟合图

从图 2.30 和图 2.31 可以看出，通过试参法识别的模型在验证期各监测点的水位及盐度计算和实验值拟合得都很好，说明该模型具有准确性和可靠性，可为后续模拟结果分析和影响因子的敏感性分析研究奠定基础。

2.4.4　模拟结果分析

图 2.28 表明，在海平面静止时，随着离岸距离的增加，3 个监测井（从 2 号至 0 号）的计算水位逐渐增高，这说明地下水的流向总体也是从淡水区至咸水区。

图 2.30 表明，在潮汐作用下，垂岸方向监测井的地下水水位会出现相应的波动。随着离岸距离的增加，各井之间的波动出现相位差，波动振幅也逐渐减小。这些都与物理模型实验和现场观测得出的结论一致。

图 2.32 表示的是海平面静止条件下数值计算和图像处理技术得到的盐度等值线对比图。图像处理技术是对物理模型实验中盐水入侵的数字化处理，因此反映的是物理模型实验的结果。从图中可以看出，数值模拟和物理模型实验的盐水楔过程曲线基本一致。数值模拟得到的咸淡水交界面较为震荡，其原因是咸淡水交界面的数值计算稳定性较差。此外还可以发现，除第 4 h 外，其余时间数值计算得到的盐水楔趾的位置都要比物理模型实验的位置超前，尤其是在稳定后的第 7 h。其原因是：数值计算时潮汐边界设置为恒定浓度边界，其浓度和密度值为定值，并不会随着淡水出流而发生改变；在物理模型中，从淡水区入海的淡水因为

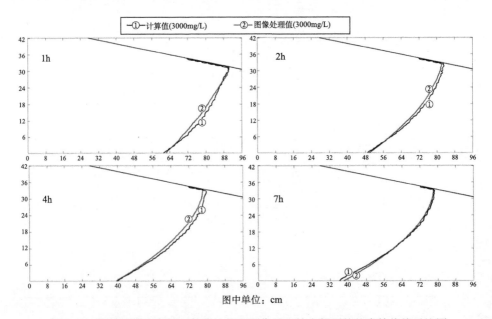

图 2.32　海平面静止条件下数值计算和图像处理技术得到的盐度等值线对比图

密度较小而在咸水区上部，虽然通过溢流漏斗可以实现将该部分水及时排出，但很难做到完全排净，浓度较低的淡水与海水混合，使海水密度、盐度和色素浓度都会降低；由于在物理模型实验进行中难以实现实时测定海水密度、浓度和色素浓度，数值模型还是采用了定浓度边界条件，这也是数值模型对潮汐边界设置的一个不足。

图 2.33 表示的是潮汐周期内数值计算和图像处理技术得到的盐度等值线对比图。图中四个特征时刻，数值计算值和物理模型实验值拟合的结果也较为满意，但有一些差异还是值得注意。两者差异较大的主要是下部盐水楔咸淡水交界面的上下端点位置，对于盐水楔趾的位置差异，上文已阐述原因，而且可以看出潮汐波动后的差异要大于水位静止时。SEAWAT 只能模拟饱和流，因此模型中的淡水出流只能发生在海面下；物理模型实验中观察发现，部分淡水还会从海滩面流出，形成渗流面，由此造成了数值模型中咸淡水交界面上端位置的后退以保证同样体积的淡水的能顺利流出。

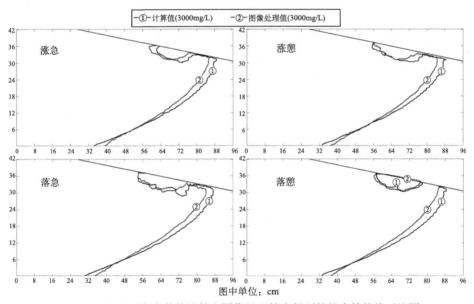

图 2.33　潮汐周期内数值计算和图像处理技术得到的盐度等值线对比图

图 2.34 表示的是海平面静止条件下数值计算和图像处理技术得到的污染物浓度等值线对比图。

从图 2.34 可以看出，数值模拟和物理模型实验的污染物运移过程基本一致，除在开始阶段数值计算值的横向扩散范围略大于物理模型实验值。污染物开始的纵横比较小，扩散面积也较小，基本沿水平方向运移；随着污染物靠近海滩，其纵横比迅速增大，扩散面积也逐渐增大，运移方向发生向海滩处的偏转。

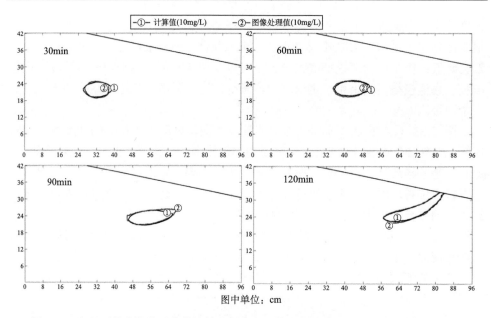

图 2.34　海平面静止条件下数值计算和图像处理技术得到的污染物浓度等值线对比图

　　图 2.35 表示的是潮汐周期内数值计算和图像处理技术得到的污染物浓度等值线对比图。可以看出，物理模型实验得到的污染物浓度值基本与数值模拟的一致。在四个特征时刻，污染羽短轴方向的拟合效果均要好于长轴方向。

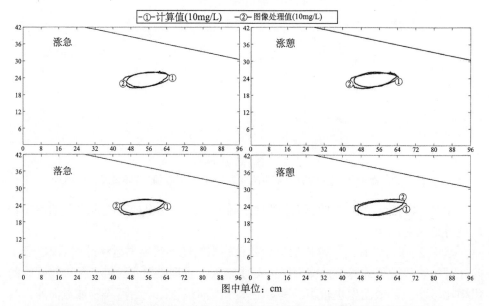

图 2.35　潮汐周期内数值计算和图像处理技术得到的污染物浓度等值线对比图

2.4.5　污染物运移过程的敏感性分析

数值模拟可以很方便地实现对污染物运移过程中影响因子的敏感性分析。该模型考虑的是波流作用(主要是潮汐)下污染物的对流弥散运移,不考虑吸附解吸、生物降解和衰变等物理化学变化,影响其运移的主要因子为水头和渗透系数。该模型中主要考虑的水头因子包括海相水头和陆相水头,海相水头指潮差的大小变化,实际对应为各区域沿海潮差大小的差异;陆相水头指陆相水头值的变化,实际对应为内陆地下水位的季节性变化和过度开采地下水的情况;渗透系数主要考虑离含水层距离变化造成的渗透系数的变化,实际对应为冲积平原海岸带含水层的渗透系数随着离岸距离的增加会增大。

为了判断影响因子对地下水中污染物运移的影响差异,需要建立相应的评价指标以描述污染物的运移情况。结合国内外学者的研究,该模型需要重点考虑的指标有:①污染物在地下水中的运移路径及入海点的位置;②污染物在地下水中的滞留时间及平均运移速度;③污染物浓度羽的纵横比及方向角;④地下水中污染物羽浓度的方差值及扩散面积。其中:污染物运移路径采用污染物的质心路径来表达,质心计算公式见式(2.11):

$$X_c = \frac{\sum_{i=1}^m x_i C_i}{\sum_{i=1}^m C_i}; \quad Y_c = \frac{\sum_{i=1}^m y_i C_i}{\sum_{i=1}^m C_i} \tag{2.11}$$

式中:x_i、y_i 是第 i 个网格点中心的横、纵坐标(L);X_c、Y_c 是污染物质心的横、纵坐标(L);C_i 是第 i 个网格点的污染物浓度(M/L^3);m 是网格总数。

污染物羽浓度的方差计算公式见式(2.12)。

$$S^2 = \frac{\sum_{i=1}^m \left(C_i - \frac{\sum_{i=1}^m C_i}{m} \right)}{m} \tag{2.12}$$

式中:S^2 是污染物羽浓度的方差(M^2/L^6);C_i 是第 i 个网格点的污染物浓度(M/L^3);m 是网格总数。

下文主要是在已经率定验证的数学模型的基础上,进行污染物运移评价指标对于潮差、陆相水头及渗透系数变化的敏感性分析研究。研究中为了方便,计算污染物的评价指标时均以 0.01 倍的原始浓度作为浓度截断值,即模型中污染物浓度小于 10 mg/L 的单元格不再纳入评价指标的计算。

为了研究污染物运移评价指标对于潮差大小变化的敏感性,模型通过改变海相潮汐边界的潮差,即将潮差分别设为 0 cm、1 cm、3 cm 和 5 cm 来对比分析污染物运移评价指标的差异。此时陆相水头值为 35.5 cm。

图 2.36 表示的是不同潮差时污染物的运移路径及入海点位置。

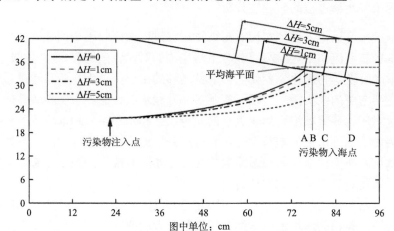

图2.36　不同潮差时污染物的运移路径及入海点位置

从图 2.36 可以看出，污染物在有无潮汐作用时的质心运移轨迹是明显不同的。当无潮汐作用时，污染物质心的运移轨迹较弯曲；当有潮汐作用时，其运移轨迹变得平缓，且随着潮汐振幅的增大，平缓越明显。在无潮汐作用时，污染物的入海点位置在平均海平面附近的 A 点；当有潮汐作用时，污染物的入海点位置发生了明显的向海侧偏移，且随着潮汐振幅的加大，其偏向海侧的距离增大，见 B 点至 D 点。另外，在有潮汐的情况下，污染物的入海点位置均在低潮位以下，而不考虑潮汐作用时污染物的入海点位置在潮间带，这是两者的明显差异。

图 2.37 表示的是不同潮差时污染物运移路径长度、滞留时间及平均运移速度情况。

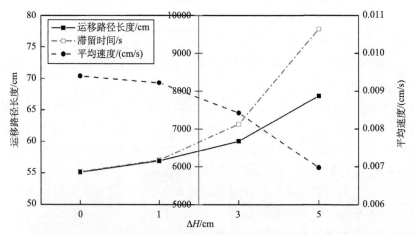

图 2.37　不同潮差时污染物运移路径长度、滞留时间及平均运移速度

图 2.37 表明，对于运移路径的长度而言，随着潮汐振幅的增大，污染物的运移路径长度也随之增大，这点在图 2.36 也可以看出，这是因为潮汐作用产生的盐水体形态变化改变了污染物的运移路径，使污染物的入海点在低潮位以下；对于污染物在地下水中的滞留时间而言，随着潮汐振幅的增大，污染物的滞留时间也随之增大；另外，可以看出污染物运移的平均速度随着潮汐振幅的增大而减小，这是因为潮汐作用产生的往复流使污染物的运移减缓。

方位角表示的是污染羽的整体运动方向。从图 2.36 可以看出，方位角随时间的变化可以分为两个阶段（分别由 A、B、C、D 断开）：第一阶段，方位角增加较缓；第二阶段，方位角迅速增加。这是因为在第二阶段，污染物靠近海岸，海岸处流场方向的改变引起方位角的增大，污染羽整体转向海滩处。

图 2.38 表示的是不同潮差时污染羽的方位角与纵横比情况。

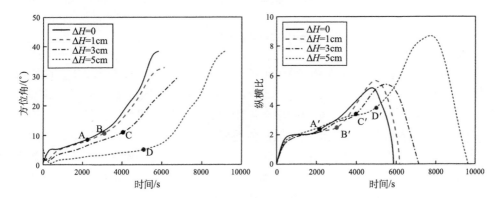

图 2.38　不同潮差时污染羽的方位角与纵横比

同时可以看到，随着潮汐振幅的增大，方位角变化过程两个阶段分隔点的产生时间逐渐推后（见图 2.38 的 A、B、C、D 对应的横坐标）。潮汐振幅的增大使第一阶段的方位角增速变缓，分隔点处方位角的值减小，而方位角的最大值则出现先减小后增加的变化，这与污染物的运移路径及盐水体的形态有关。

纵横比可以反映污染羽在两个方向上的扩散差异。从图 2.38 可以看出，纵横比随时间的变化可以分为三个阶段（前两个阶段由 A′、B′、C′、D′ 断开）：第一阶段，纵横比增加较缓；第二阶段，纵横比迅速增加；第三阶段，纵横比又迅速减小。从时间上可以对比，纵横比变化前两个阶段的分隔点正是方位角的两个阶段的分隔点。因此，第一阶段纵横比增加缓慢是因为污染物远离海岸，流场比较稳定；第二阶段污染物靠近海岸，流场的变化使污染物的横向扩散明显大于纵向，故出现纵横比迅速增大的情况；第三阶段污染物入海，横向尺度减小，故纵横比也迅速减小。同时，随着潮汐振幅的增加，纵横比在各阶段的增加速度差异并不大，但纵横比峰值基本随着潮汐振幅增大而逐渐增加，峰值出现的时间也逐渐推后，这说明潮汐振幅的增大使污染物的横向扩散增大。

图 2.39 表示的是不同潮差时污染羽的扩散面积与浓度方差。

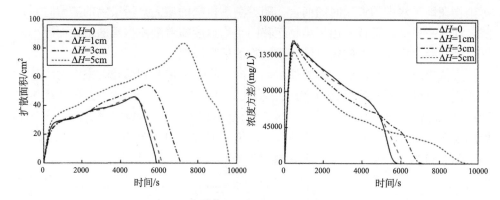

图 2.39　不同潮差时污染羽的扩散面积与浓度方差

扩散面积可以反映污染羽的整体扩散范围。从图 2.39 可以看出，扩散面积随时间的变化可以分为三个阶段：第一阶段，污染羽扩散面积迅速增大；第二阶段，污染羽扩散面积缓慢增大；第三阶段，污染羽扩散面积迅速减小。第一、二阶段污染物在水动力作用下发生对流弥散，故面积增大；而第三阶段，污染物已逐渐入海，故扩散面积迅速减小。在第一阶段，随着潮汐振幅的增大，污染羽扩散面积的增速基本一致；第二阶段，随着潮汐振幅的增大，污染羽扩散面积的增速变大，扩散面积峰值也增大，扩散面积的峰现时间逐渐推后；第三阶段，随着潮汐振幅的增大，污染羽扩散面积的减速基本一致。同时可以看到，在不同潮差下，污染羽扩散面积的峰现时间基本与纵横比的峰现时间一致。

浓度方差表示的是污染羽浓度均匀分布的情况。从图 2.39 可以看出，浓度方差随时间的变化可以分为三个阶段：第一阶段，浓度方差迅速增加；第二阶段，浓度方差逐渐减少；第三阶段，浓度方差继续减少。在第一阶段，随着潮汐振幅的增大，浓度方差增速基本一致且峰值基本相同；第二阶段，随着潮汐振幅的增大，浓度方差减速基本相同，二、三阶段分隔点的浓度方差值逐渐减小，出现的时间也逐渐推后；第三阶段，随着潮汐振幅的增大，浓度方差减速减小。同时可以看到，污染羽浓度方差变化过程的分隔点时间与污染羽扩散面积变化过程的分隔点时间基本一致。

上述分析的实际意义在于：以往未考虑潮差作用的研究会对污染物运移轨迹和入海点位置估计造成偏差，当其他条件不变时，潮差越大的海岸带，污染物在含水层的运移路径越长，入海点位置越向海侧偏移；潮差越大的海岸带，污染物在含水层的滞留时间越长，运移速度越慢；潮差越大的海岸带，污染羽的纵横比和扩散面积峰值越大，峰现时间越滞后，污染物的浓度分布越均匀，含水层受其影响也越大。

为了研究污染物运移评价指标对于陆相水头大小变化的敏感性，模型通过改变陆相水头值的大小，即将模型左侧的定水头值分别设为 35.3 cm、35.5 cm、36.0 cm 和 36.5 cm，来对比分析污染物运移评价指标的差异。此时潮差为 5 cm。

图 2.40 表示的是陆相水头变化时污染物的运移路径及入海点位置。

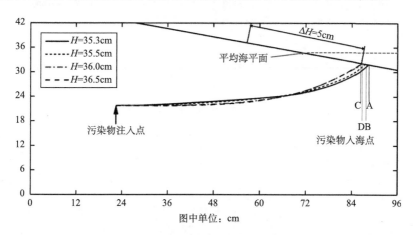

图 2.40　陆相水头变化时污染物的运移路径及入海点位置

从图 2.40 可以看出，污染物在陆相水头变化时的质心运移轨迹变化不大。随着陆相水头从 35.3 cm 增加到 36.0 cm，质心运移轨迹变得略为弯曲，而后陆相水头从 36.0 cm 变化至 36.5 cm 时，质心运移轨迹几乎不变。在不同的陆相水头下，污染物运移轨迹在平均海平面以下位置相交于一点。在交点之前，随着陆相水头值的增大，质心运移轨迹变得平缓；在交点之后，随着陆相水头值的增大，质心运移轨迹变得向上弯曲。另外，随着陆相水头值的增大，污染物的入海点位置稍向陆侧偏移，但均仍在低潮位以下。

图 2.41 表示的是陆相水头变化时污染物运移路径长度、滞留时间及平均运移速度情况。

图 2.41 表明，对于运移路径的长度而言，随着陆相水头值的增大，污染物的运移路径长度稍有减少但基本不变，这一点在图 2.40 也可以看出；但对于污染物在地下水中的滞留时间而言，随着陆相水头值的增大，污染物的滞留时间明显减少；另外，可以看出污染物运移的平均速度随着陆相水头值的增大而增大，这是因为陆相水头值增大使潮汐作用产生的往复流的影响减弱。

图 2.42 表示的是陆相水头变化时污染羽的方位角与纵横比情况。

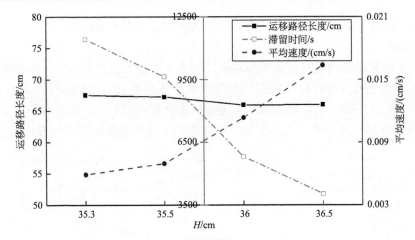

图 2.41　陆相水头变化时污染物运移路径长度、滞留时间及平均运移速度

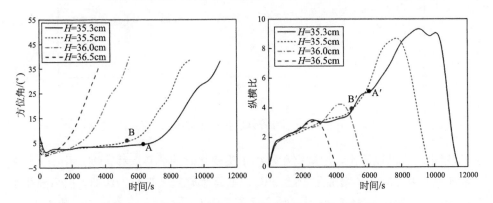

图 2.42　陆相水头变化时污染羽的方位角与纵横比

从图 2.42 可以看出，当陆相水头值较小，即为 35.3 cm 和 35.5 cm 时，方位角随时间的变化可以分为两个阶段（分别由 A、B 断开）：第一阶段，方位角增加较缓；第二阶段，方位角迅速增加。当陆相水头值较大，即为 36.0 cm 和 36.5 cm 时，除起始阶段外，方位角随时间的变化一直保持恒定的增速。两者的差异是由陆相水头值变化造成的上、下部盐水体形态改变及近岸流场变化引起的。同时可以看到，随着陆相水头值的减小，方位角的最大值基本不变，但出现时间逐渐推后。

从图 2.42 可以看出，当陆相水头值较小，即为 35.3 cm 和 35.5 cm 时，纵横比随时间的变化可以分为三个阶段（前两个阶段由 A'、B'断开）：第一阶段，纵横比增加较缓；第二阶段，纵横比迅速增加；第三阶段，纵横比又迅速减小。从时间上可以对比，纵横比变化前两个阶段的分隔点正是方位角的两个阶段的分隔点。当陆相水头值较大，即为 36.0 cm 和 36.5 cm 时，纵横比随时间的变化可以分为两个阶段：第一阶段，纵横比增加较缓；第二阶段，纵横比迅速减小。不同陆相水头值对应的纵横比变化的第一阶段的增速基本不变。同时，随着陆相水头值的减小，纵横比峰值逐渐增加，峰现时间也逐渐推后。

图 2.43 表示的是陆相水头变化时污染羽的扩散面积与浓度方差。

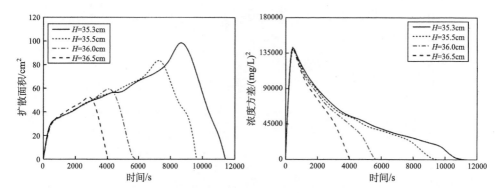

图 2.43　陆相水头变化时污染羽的扩散面积与浓度方差

从图 2.43 可以看出，扩散面积随时间的变化可以分为三个阶段：第一阶段，污染羽扩散面积迅速增大；第二阶段，污染羽扩散面积缓慢增大；第三阶段，污染羽扩散面积迅速减小。第一、二阶段污染物在水动力作用下发生对流弥散，故面积增大；而第三阶段，污染物已逐渐入海，故扩散面积迅速减小。在第一、二阶段，随着陆相水头值的减小，污染羽扩散面积的增速基本一致，但在第二阶段，污染羽扩散面积峰值逐渐增大且峰现时间逐渐推后；第三阶段，随着陆相水头值的减小，污染羽扩散面积的减速基本一致。同时可以看到，在不同潮差下，污染羽扩散面积的峰现时间基本与纵横比的峰现时间一致。

从图 2.43 可以看出，浓度方差随时间的变化可以分为两个阶段：第一阶段，浓度方差迅速增加；第二阶段，浓度方差逐渐减少。在第一阶段，随着陆相水头值的减小，浓度方差增速基本一致且峰值也基本相同；第二阶段，随着陆相水头值的减小，浓度方差减速减小。而且对于陆相水头值较小的情况，即为 35.3 cm 和 35.5 cm 时，第二阶段浓度方差减速随时间出现减小的趋势。

上述分析的实际意义在于：陆相地下水位的变化对污染物在含水层中的运移路径影响不大，入海点位置基本不变，都在低潮位以下；由于季节性变化或过度开采地下水导致陆相水位较低时，污染物在含水层中的滞留时间明显延长，运移速度明显减慢；陆相水位越低，污染羽的纵横比和扩散面积峰值越大，峰现时间越滞后，污染物的浓度分布越不均匀，含水层受其影响也越大。

在模型中含水层介质为均值，即各处的渗透系数设为相同。而在实际的冲积平原，细颗粒泥沙通常沉积在海岸带附近，实际含水层的渗透系数并不是相同的。因此需要基于线性关系研究垂岸方向渗透系数的变化对于污染物运移评价指标的影响。模型中设置的渗透系数变化见图 2.44。

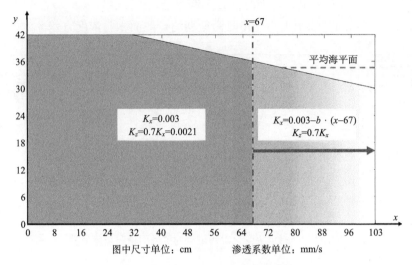

图 2.44　模型渗透系数变化示意图

模型中渗透系数可分三个区域：第一个为海洋区域，渗透系数值同率定验证的模型中 A 区域的值；第二个为含水层 $x=67$ 左侧区域，渗透系数值同率定验证的模型中 B 区域的值；第三个为含水层 $x=67$ 右侧区域，该区域水平向渗透系数 K_x 为横坐标的函数(图 2.44)，垂直向渗透系数 K_z 为 0.7 倍 K_x，$x=67$ 为斜坡中点的横坐标。

为了研究污染物运移评价指标对于渗透系数变化的敏感性，该模型通过改变 b 值的大小(b 值越大表示渗透系数沿横轴方向减小得越快，$0 \leqslant b < 1/12000$)，即将 b 值分别设为 0、1/30000、1/15000 和 3/40000，来对比分析污染物运移评价指标的差异。此时潮差为 5 cm。

图 2.45 表示的是 b 值变化时污染物的运移路径及入海点位置。

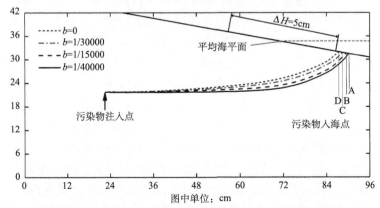

图 2.45　b 值变化时污染物的运移路径及入海点位置

从图 2.45 可以看出，污染物在 b 值变化时的质心运移轨迹有差异。随着 b 值的增大，质心运移轨迹逐渐向下发展。b 值增大时，污染物质心运移轨迹在远离海岸阶段逐渐变得平直，而在靠近海岸阶段逐渐变得弯曲。随着 b 值的增大，污染物的入海点位置发生了向海侧的偏移，见 D 点至 A 点，但均仍在低潮位以下。

图 2.46 表示的是 b 值变化时污染物运移路径长度、滞留时间及平均运移速度情况。

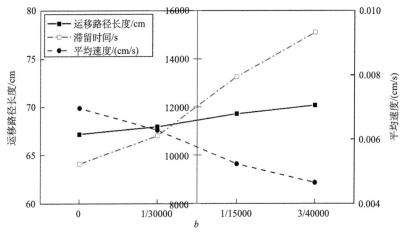

图 2.46　b 值变化时污染物运移路径长度、滞留时间及平均运移速度

图 2.46 表明，对于运移路径的长度而言，随着 b 值的增大，污染物的运移路径长度稍有增加，这点在图 2.45 也可以看出；但对于污染物在地下水中的滞留时间而言，随着 b 值的增大，污染物的滞留时间明显增加；另外，可以看出污染物运移的平均速度随着 b 值的增大而减小，这是因为 b 值增大使近岸处渗透系数减小，地下水流速减小，进而导致污染物运移减速。

图 2.47 表示的是 b 值变化时污染羽的方位角与纵横比情况。

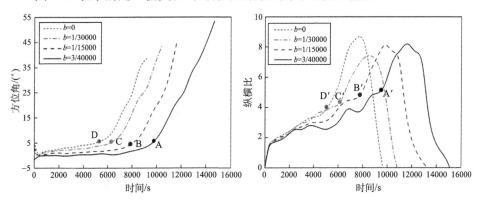

图 2.47　b 值变化时污染羽的方位角与纵横比

　　从图 2.47 可以看出，方位角随时间的变化可以分为两个阶段（分别由 A、B、C、D 断开）：第一阶段，方位角增加较缓；第二阶段，方位角迅速增加。在第一阶段，随着 b 值的增大，方位角的增速逐渐减小；第二阶段，随着 b 值的增大，方位角的增速基本相同。同时可以看到，随着 b 值的增大，方位角两个阶段分隔点出现的时间逐渐推后，方位角最大值逐渐增大，但出现时间也逐渐推后。

　　从图 2.47 可以看出，纵横比随时间的变化可以分为三个阶段（前两个阶段由 A′、B′、C′、D′断开）：第一阶段，纵横比增加较缓；第二阶段，纵横比迅速增加；第三阶段，纵横比又迅速减小。从时间上可以对比，纵横比变化前两个阶段的分隔点正是方位角的两个阶段的分隔点。第一阶段，随着 b 值的增大，纵横比的增速减小，在 $b=3/40000$ 时，纵横比还出现了波动；第二、三阶段，随着 b 值的增大，纵横比的增减速基本相同。第一、二阶段的分隔点出现时间随着 b 值增大而逐渐推后。同时，随着 b 值的增加，纵横比峰值变化不大，但峰现时间逐渐推后。

　　图 2.48 表示的是 b 值变化时污染羽的扩散面积与浓度方差。

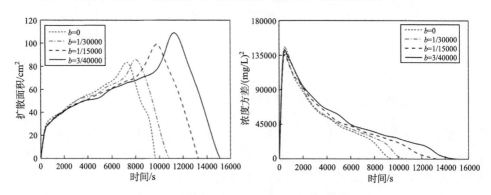

图 2.48　b 值变化时污染羽的扩散面积与浓度方差

　　从图 2.48 可以看出，扩散面积随时间的变化可以分为三个阶段：第一阶段，污染羽扩散面积迅速增大；第二阶段，污染羽扩散面积缓慢增大；第三阶段，污染羽扩散面积迅速减小。第一、二阶段污染物在水动力作用下发生对流弥散，故面积增大；而第三阶段，污染物已逐渐入海，故扩散面积迅速减小。在第一阶段，随着 b 值的增大，污染羽扩散面积的增速基本一致；但在第二阶段，随着 b 值的增大，污染羽扩散面积的增速稍有减少，污染羽扩散面积峰值逐渐增大且峰现时间逐渐推后；第三阶段，随着 b 值的增大，污染羽扩散面积的减速基本一致。同时可以看到，污染羽扩散面积的峰现时间与纵横比的峰现时间基本一致。

　　从图 2.48 可以看出，浓度方差随时间的变化可以分为两个阶段：第一阶段，浓度方差迅速增加；第二阶段，浓度方差逐渐减少且浓度方差的减速随时间的增加也减小。在第一阶段，随着 b 值增大，浓度方差增速基本一致且峰值也基本相同；第二阶段，随着 b 值的增大，浓度方差减速减小。

上述分析的实际意义在于：近岸处细颗粒泥沙沉积导致含水层渗透系数的减小使污染物的运移路径向下发展且长度稍有增加，入海点位置稍向海侧偏移，但仍在低潮位以下；含水层沿岸方向渗透系数减小得越快，污染物在含水层中的滞留时间越长，平均运移速度越慢；含水层沿岸方向渗透系数减小得越快，污染羽纵横比的峰值基本不变，扩散面积峰值越大，两者的峰现时间越滞后，污染物的浓度分布越不均匀，含水层受其影响也越大。

2.5 小 结

本章主要针对潮汐作用下海岸带地下水中重金属污染物的运移规律进行阐述，主要有以下三个方面：

（1）现场观测

地下水水位随潮汐波动均呈现一定周期的波动，垂岸方向上随着离岸距离的增加，水位波动的幅度减小，但波动滞后时间差别不大；现场水质参数在年内呈现一定的变化趋势，主要与气象条件、海水入侵情况和人类活动等有关；重金属污染物之间具有相关性，且 DO 与 pH 会对地下水中污染物运移产生影响。

（2）物理模型实验

地下水流向由淡水区至咸水区，地下水水位随潮汐波动也发生相同周期的波动，波动的滞后时间与离咸水区的距离呈线性增加关系，地下水位的波动振幅随离咸水区距离的增加而减小；潮汐作用使咸淡水交界面变得平缓，弥散带变大，潮间带以下产生了上部盐水羽，在上下两个咸水体之间出现了淡水带，同时盐水楔对于潮汐波动存在响应关系，但有滞后；污染物进入咸水区之前形状会发生改变，污染物入海点位置在低潮位以下，整个过程中污染物与盐水体不发生混合。

（3）数值模型模拟

对于污染物运移轨迹和入海点位置而言，潮差和渗透系数的变化对其的影响较大，潮差越大或含水层沿岸方向渗透系数减小得越快，污染物在含水层的运移路径越长，入海点位置越向海侧偏移；潮差越大、陆相水位越低或者含水层沿岸方向渗透系数减小得越快，污染物在含水层的滞留时间越长，运移速度越慢，污染羽的扩散面积峰值越大，峰现时间越滞后，浓度分布出现变化，含水层受其影响也越大。

参 考 文 献

[1] Robinson M, Gallagher D, Reay W. Field observations of tidal and seasonal variations in ground water discharge to tidal estuarine surface water[J]. Ground Water Monitoring & Remediation,

1998, 18(1):83-92.

[2] Khondaker A, Al-Suwaiyan M, Mohammed N, et al. Tidal effects on transport of contaminants in a coastal shallow aquifer[J]. Arabian Journal for Science and Engineering, 1997, 22(1):65-80.

[3] Li L, Barry D A, Stagnitti F, et al. Submarine groundwater discharge and associated chemical input to a coastal sea[J]. Water Resources Research, 1999, 35(11):3253-3259.

[4] Zhang Q, Volker R, Lockington D. Influence of seaward boundary condition on contaminant transport in unconfined coastal aquifers[J]. Journal of Contaminant Hydrology, 2001, 49(3):201-215.

[5] Robinson C, Brovelli A, Barry D A, et al. Tidal influence on BTEX biodegradation in sandy coastal aquifers[J]. Advances in Water Resources, 2009, 32(1): 16-28.

[6] Boufadel M C, Xia Y, Li H. Modeling solute transport and transient seepage in a laboratory beach under tidal influence[J]. Environmental Modelling & Software, 2011, 26(7):899-912.

[7] Chen H, Pinder G. Investigation of groundwater contaminant discharge into tidally influenced surface-water bodies: theoretical analysis[J]. Transport in Porous Media, 2011, 89(3):289-306.

[8] Bakhtyar R, Brovelli A, Barry D A, et al. Transport of variable-density solute plumes in beach aquifers in response to oceanic forcing[J]. Advances in Water Resources, 2013, 53(0):208-224.

[9] Lapidus L, Amundson N R. Mathematics of adsorption in beds, VI. the effects of longitudinal diffusion in ion exchange and chromatographic columns[J]. Physchem, 1952, 56:984-988.

[10] Nielsen D, Biggar J. Miscible displacement in soils: I. experimental information[J]. Soil Science Society of America Journal, 1961, 25(1):1-5.

[11] Nielsen D, Biggar J. Miscible displacement: III. theoretical considerations[J]. Soil Science Society of America Journal, 1962, 26(3):216-221.

[12] Rowe R K, Booker J R. A finite layer technique for modeling complex landfill history[J]. Canadian Geotechnical Journal, 1995, 32(4):660-676.

[13] Beyer C, Altfelder S, Duijnisveld W H M, et al. Modelling spatial variability and uncertainty of cadmium leaching to groundwater in an urban region[J]. Journal of Hydrology, 2009, 369(3-4):274-283.

[14] 钱天伟, 陈繁荣, 武贵斌, 等. 一种耦合表面络合吸附作用的地下水溶质迁移模型初探[J]. 辐射防护通讯, 2003, (03):14-18.

[15] 覃荣高, 曹广祝, 仵彦卿. 非均质含水层中渗流与溶质运移研究进展[J]. 地球科学进展, 2014, (01):30-41.

[16] 常福宣, 吴吉春, 薛禹群, 等. 考虑时空相关的分数阶对流-弥散方程及其解[J]. 水动力学研究与进展(A辑), 2005, (02):233-240.

[17] 王俊, 张津涛, 王莉静. 地下水污染数学模型综述[J]. 天津城市建设学院学报, 2006, (04):273-277.

[18] Acar O, Klammler H, Hatfield K, et al. A stochastic model for estimating groundwater and contaminant discharges from fractured rock passive flux meter measurements[J]. Water Resources Research, 2013, 49(3):1277-1291.

[19] Coppola A, Comegna A, Dragonetti G, et al. A stochastic texture-based approach for evaluating solute travel times to groundwater at regional scale by coupling GIS and transfer function[J]. Four Decades of Progress in Monitoring and Modeling of Processes in the Soil-Plant-Atmosphere System: Applications and Challenges, 2013, 19:711-722.

[20] Bakhtyar R, Brovelli A, Barry D A, et al. Wave-induced water table fluctuations, sediment transport and beach profile change: modeling and comparison with large-scale laboratory experiments[J]. Coastal Engineering, 2011, 58(1):103-118.

[21] 陈娟, 庄水英, 李凌. 潮汐对地下水波动影响的数值模拟[J]. 水利学报, 2006, (05):630-633.

[22] 刘曙光, 代朝猛, 陶安, 等. 一种可测量水位、原位溶解氧及采集不同深度地下水的方法及装置[P]. CN103926112A,2014-07-16.

[23] Association APH. Water Environment Federation(1998)standard methods for the examination of water and wastewater[S]. Washington, DC: 1994.

[24] Luan Z, Deng W. Tidal and fluvial influence on shallow groundwater fluctuation in coastal wetlands in yellow river delta, China[J]. Clean-Soil Air Water, 2013, 41(6):534-538.

[25] Kuan W K, Jin G Q, Xin P, et al. Tidal influence on seawater intrusion in unconfined coastal aquifers[J]. Water Resources Research, 2012, 48(2): doi. 10. 1029/2011 WR010678.

[26] Elzahabi M, Yong R. pH influence on sorption characteristics of heavy metal in the vadose zone[J]. Engineering Geology, 2001, 60(1):61-68.

[27] Altin O, Ozbelge O H, Dogu T. Effect of pH, flow rate and concentration on the sorption of Pb and Cd on montmorillonite: I. experimental[J]. Journal of chemical technology and biotechnology, 1999, 74(12):1131-1138.

[28] Qin Z M, Fang S Y, Helmers M J. Modeling cadmium transport in neutral and alkaline soil columns at various depths[J]. Pedosphere, 2012, 22(3):273-282.

[29] 刘曙光, 代朝猛, 谭博, 等. 一种平板式二维地下水水动力及水质模型装置[P]. CN104713806A,2015-06-17.

[30] Zhang Q, Volker R E, Lockington D A. Influence of seaward boundary condition on contaminant transport in unconfined coastal aquifers[J]. Journal of Contaminant Hydrology, 2001, 49(3-4):201-215.

[31] Zhang Q, Volker R E, Lockington D A. Experimental investigation of contaminant transport in coastal groundwater[J]. Advances in Environmental Research, 2002, 6(3):229-237.

[32] Goswami R R, Clement T P. Laboratory-scale investigation of saltwater intrusion dynamics[J]. Water Resources Research, 2007, 43(4).

[33] Luyun R, Momii K, Nakagawa K. Laboratory-scale saltwater behavior due to subsurface cutoff wall[J]. Journal of Hydrology, 2009, 377(3-4):227-236.

[34] 沈良朵, 邹志利. 基于 MATLAB 的海岸污染物浓度扩散实验分析[J]. 海洋环境科学, 2011, (06):862-865.

[35] 李文杰, 杨胜发, 张帅帅, 等. 基于图像灰度的非均匀粉砂沉速试验研究[J]. 水动力学研究与进展 A 辑, 2012, (06):696-703.

[36] Lee J Y, Lee K K. Use of hydrologic time series data for identification of recharge mechanism in a fractured bedrock aquifer system[J]. Journal of Hydrology, 2000, 229(3-4):190-201.

[37] Kim J-H, Lee J, Cheong T-J, et al. Use of time series analysis for the identification of tidal effect on groundwater in the coastal area of Kimje, Korea[J]. Journal of Hydrology, 2005, 300(1):188-198.

[38] 张欢. 海岸带咸淡水界面和地下水位动态研究[D]. 北京: 中国地质大学, 2014.

[39] Shumway R H, Stoffer D S. Time series analysis and its applications[M]. New York: Springer Science & Business Media, 2013.

[40] 周训. 降雨量、泉流量时间序列的谱分析[J]. 勘察科学技术, 1990,(02):11-16.

[41] Larocque M, Mangin A, Razack M, et al. Contribution of correlation and spectral analyses to the regional study of a large karst aquifer(Charente, France)[J]. Journal of Hydrology, 1998, 205(3):217-231.

[42] 吴龙华, 庄水英, 李凌, 等. 潮汐对近岸地下水水位波动影响的试验研究[J]. 河海大学学报(自然科学版), 2009,(02):228-231.

[43] Li L, Barry D, Pattiaratchi C. Numerical modelling of tide-induced beach water table fluctuations[J]. Coastal Engineering, 1997, 30(1):105-123.

[44] Mao X, Enot P, Barry D A, et al. Tidal influence on behaviour of a coastal aquifer adjacent to a low-relief estuary[J]. Journal of Hydrology, 2006, 327(1-2):110-127.

[45] Liu Y, Shang S, Mao X. Tidal effects on groundwater dynamics in coastal aquifer under different beach slopes[J]. Journal of Hydrodynamics, 2012, 24(1):97-106.

[46] Turner I L, Acworth R I. Field measurements of beachface salinity structure using cross-borehole resistivity imaging[J]. Journal of Coastal Research, 2004:753-760.

[47] Vandenbohede A, Lebbe L. Occurrence of salt water above fresh water in dynamic equilibrium in a coastal groundwater flow system near De Panne, Belgium[J]. Hydrogeology Journal, 2006, 14(4):462-472.

[48] Harbaugh A, Banta E, Hill M, et al. The US geological survey modular ground water models: user guide to modulization concepts and the groundwater flow process[J]. US Geological Survey, 2000: 121.

[49] Zheng C, Wang P P. MT3DMS: a modular three-dimensional multispecies transport model for simulation of advection, dispersion, and chemical reactions of contaminants in groundwater systems; documentation and user's guide [R]. Alabama University, 1999.

[50] Simpson M J. SEAWAT-2000: variable-density flow processes and integrated MT3DMS transport processes[J]. Ground Water, 2004, 42(5): 642-645.

[51] Guo W, Langevin C D. User's guide to SEAWAT: a computer program for simulation of three-dimensional variable-density ground-water flow[R]. 2002.

[52] Langevin C D, Shoemaker W B, Guo W. MODFLOW-2000, the US geological survey modular groundwater model-documentation of the SEAWAT-2000 version with the variable-density flow process(VDF) and the integrated MT3DMS transport process(IMT)[R]. 2003.

[53] Bakker M, Essink G H O, Langevin C D. The rotating movement of three immiscible fluids——a benchmark problem[J]. Journal of Hydrology, 2004, 287(1):270-278.

[54] Oswald S, Kinzelbach W. Three-dimensional physical benchmark experiments to test variable-density flow models[J]. Journal of Hydrology, 2004, 290(1):22-42.

[55] Johannsen K, Kinzelbach W, Oswald S, et al. The saltpool benchmark problem–numerical simulation of saltwater upconing in a porous medium[J]. Advances in Water Resources, 2002, 25(3):335-348.

[56] Diersch H-J, Kolditz O. Variable-density flow and transport in porous media: approaches and challenges[J]. Advances in Water Resources, 2002, 25(8):899-944.

[57] Voss C I, Souza W R. Variable density flow and solute transport simulation of regional aquifers containing a narrow freshwater-saltwater transition zone[J]. Water Resources Research, 1987, 23(10):1851-1866.

[58] Mulligan A E, Langevin C, Post V E A. Tidal boundary conditions in SEAWAT[J]. Ground Water, 2011, 49(6):866-879.

[59] Robinson C, Li L, Barry D A. Effect of tidal forcing on a subterranean estuary[J]. Advances in Water Resources, 2007, 30(4):851-865.

[60] 刘苑, 武晓峰. 地下水中污染物运移过程数值模拟算法的比较[J]. 环境工程学报, 2008, (02):229-234.

第3章 胶体对重金属污染物迁移的影响

在滨海过程中,胶体是海陆物质通量中重要的物质,是两相水体物质交换的重要纽带。滨海地下水环境中胶体运移受多方因子综合影响,存在海相作用和陆相作用,其中分别包括对胶体的水动力作用和水化学作用。因为胶体对水动力条件和水化学条件都十分敏感,胶体在滨海过程中的运移行为在海陆物质输运(mass transfer)过程中占据重要地位。胶体协同的物质运移在滨海地下水中十分可观,其贡献可占 19%~41%[1, 2]。因此,研究滨海过程中胶体的行为规律是掌握污染物运移规律的关键所在。

3.1 概　　述

3.1.1　土壤及地下水胶体基本特征

在土壤形成过程中,矿物和有机质逐渐分解成细微的颗粒,这种风化过程使得物质的尺度逐渐缩小、细化,进而形成了肉眼不可见的胶体颗粒。另一方面,一些硅酸盐、铁铝三氧化物、有机大分子、细菌和病毒[3]也属于胶体尺度的物质。它们共同存在于地表之下,或为固相与土壤基质紧密结合,或在一定条件下脱离固相进入液相,从而形成溶胶,也即本章所探讨的地下水胶体相。因为本章主要研究地下水水文学中的胶体-重金属运移问题,为了便于理解,本章所涉及的"胶体"主要指土壤胶体颗粒,而所涉及的"胶体相",主要指土壤胶体与土壤水分或地下水体结合而成的溶胶体系。

土壤及地下水胶体具有复杂性,归根结底是尺寸效应引起的。由尺寸的变化而引发性质的变化,在胶体科学中尤为明显。当物质尺寸缩小到胶体尺寸,电荷作用力对其行为的影响就更加凸显。胶体尺度特指 10 nm 到 10 μm,在这样尺度下的物质,其运移行为同时受到宏观力(重力、水流拖曳力等)和微观力(范德瓦耳斯力、双电层作用力等)的多重影响,其运动特征十分复杂。另一方面,土壤胶体的比表面积非常大,通常 1 g 土壤胶体的比表面积可达 200~300 m^2,巨大的比表面积使土壤胶体拥有很强的反应活性和吸附性,正是由于巨大的比表面积,其表面电荷又赋予其较强的离子交换性,土壤中 80%以上的电荷都是胶体表面电荷,这也是土壤具有一系列表面化学性质的根本原因。因此,熊毅等[4]指出,土壤胶体是土壤中细小而活跃的组成,可类比于细胞之于生命体。

3.1.2　土壤及地下水胶体运移基本特征

典型的滨海过程包括①滨海区域的波浪、潮汐和洋流过程；②海岸的风化和侵蚀过程；③滨海水体交互过程；④沉积物的运移过程；⑤海平面变化过程等。其中海岸线的风化和侵蚀过程是造就胶体组分的主要过程[5]，而在滨海水体交互中，海水入侵和海底地下水排泄过程是引起滨海区域地下水中物质运移的主要动力[6]。针对其对胶体运移的影响因素而言，这种动力主要是水体交互引起的 pH 和离子强度波动和水流拖曳作用。

1. 海水入侵对胶体运移的影响

海水入侵过程中，离子浓度和 pH 的变化与含水层胶体的运移行为关系密切，它们是影响胶体颗粒物之间作用能的关键因子。总体上，离子浓度和 pH 在海水入侵过程中是升高的，但其中的阳离子交换和矿物反应将对入侵过程产生影响，直接影响胶体间的交互作用能，进而在水动力作用下影响胶体的迁移行为，不过总体上，海水入侵过程中地下水离子浓度升高，并不利于胶体运移。

海水入侵发生时，在滨海含水层中有一系列化学反应受多组分影响，其研究的困难在于理论上难以全面描述入侵的微观过程。总体上，在海水对淡水的驱替过程中，Na^+-Ca^{2+}、Na^+-Mg^{2+} 发生离子交换。以前者为例，存在释放 Ca^{2+} 并吸附 Na^+ 的置换反应[7]，吸附在含水层黏粒 (R) 上的 Ca^{2+} 与溶液中的 Na^+ 比例 (Ca-R/Na^+) 较低，高浓度的 Na^+ 驱使含水层中吸附的 Ca^{2+} 与之发生置换。当含有盐水的含水层重新被地下水淡化时[7]，其中，Na-R/Ca^{2+} 较高，从而发生新的置换反应。值得注意的是，在这个盐水楔推进的驱替过程中，升高的 Ca^{2+} 浓度可引起矿物沉淀，如石膏、方解石等，由此在海水入侵发生的近岸处，可检测到水体中硫酸盐成分下降。以上构成了海侵和海退过程中最主要溶质反应。学者通过定量研究发现在初期入侵阶段，Ca^{2+} 从黏粒表面释放，与海水接触形成硫酸钙沉淀后造成了硫酸根离子浓度下降，而后期阶段的溶解过程可使硫酸根离子浓度超过了海水原有的浓度，从而形成典型的海水入侵的参数化特征[8]，而且离子在胶体表面的置换过程将有助于胶体释放污染物，这在咸淡水混合的过程中非常重要[9]。与之同时，pH 在海水入侵的过程中逐渐升高，虽然含水层介质存在一定的缓冲作用，但在驱替过程中，在离子交换的驱使下，矿物的沉淀与溶解可能使地下水 pH 到达海水 pH 后继续升高[10]。上述过程根据含水层性质不同而有所差异，其中化学组分变化是水体交互中的重要指标，有利于研究咸淡水界面时空形态和移动路径，从而形成联系微观尺度和宏观尺度研究的纽带。

2. 海底地下水排泄对胶体运移的影响

海水和内陆水在滨海含水层中相互作用的过程时刻伴随着不同体量的水体和物质交换,为了研究需要,研究人员人为地将海水向内陆推进的过程总结为海水入侵,反之总结为海底地下水排泄,因此可以说海底地下水排泄是海水入侵的逆过程。因为含水层被淡化,总体上 pH 和离子浓度下降,并伴随着陆相物质往海相输送。如图 3.1 所示,广义上讲,任何种类的驱动力引起的任何组分流体从海床向海水中排泄的过程被称为海底地下水排泄,这个过程既包含了近岸尺度的水体交换,也包含了它在大陆架上的延伸[11],因此海底地下水排泄和海水入侵可能并存于同一滨海含水层,从而构成较为复杂的咸淡水交互。

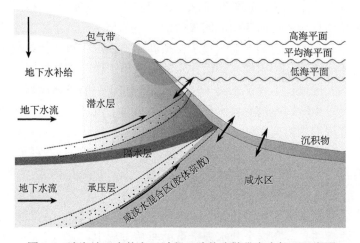

图 3.1   滨海地下水体交互过程及胶体弥散带产生机理示意图

在含水层被淡化的过程中,内陆的淡水逐渐驱替原先被海水所占据的含水层,总体上造成 pH 和离子浓度下降。如图 3.1 所示,该过程中,胶体与基质间的双电层斥力逐渐增强,在咸淡水交互的对流作用下,水流拖曳力使胶体更容易脱离基质表面而随水流运移,为胶体颗粒物脱离含水层基质表面提供了有利的条件,进而在咸淡水混合区域则容易出现胶体的弥散地带[12],为陆相物质往海相输送提供了途径。海底地下水排泄中胶体组分体量大,群体运移特征明显,是联系海陆两相物质能量交换的重要纽带。

3. 咸淡水交互带中胶体运移行为规律

在地下水环境领域中,胶体因大量存在,迁移能力强,且对水环境敏感等原因而受到广泛关注。研究表明每升地下水中胶体颗粒物数量可达 $4×10^{11}$,物占比可达 6 mg/L[13]。通常把胶体定义为粒径 10 nm 到 10 μm 的微粒，这一组分既受宏观力作用（重力、流体拖曳力等）也受微观力作用（范德瓦耳斯力、静电排斥力等）[14]，因此影响胶体运移的物理因素主要是流场[15]，而化学因素主要是滨海水体交互中的化学成分交换[10]，从而在滨海水环境下具有了多参数影响的运移特征。

通常人们研究具体问题时考虑含水层的性质在时间上不变，但在滨海含水层中，由于水化学环境的剧烈变化，渗透介质的表面性质和微观结构发生改变，导致滨海含水层性质在长期咸淡水交互过程中演化。这些改变是基于滨海水体运动的，而且是在驱替过程中可逆的，主要包括以下原因：①离子强度的波动导致含水层中胶体组分表面双电层厚度变化，容易在离子强度下降的过程中从基质释放，反之吸附，从而改变地下水的密度和黏滞系数[16]；②含水层介质的孔隙可能因其连通性不佳或胶体尺寸过大而捕获胶体颗粒物，一般以多种微观形式来削弱含水层的渗透能力，包括表面沉积（surface deposition）、多粒子架桥（multiparticle bridging）和空间堵塞（size exclusion）[17]，进而改变水流路径；③水体携带胶体颗粒物在咸淡水交界面附近形成弥散带，并随之运动，进而改变水体和溶质交互特征。这些滨海特有的溶质运移现象和含水层性质演变特征受诸多因素控制，如前文所述，包括 pH 和离子强度的波动、阳离子交换、矿物的沉淀和溶解等。在滨海地下水的相关研究中，有必要从宏观尺度聚焦到微观机理，更有利于形成对海岸带水化学行为特征的精确描述和科学评估。

3.1.3　DLVO 理论

地下水胶体颗粒状态决定了胶体的运移行为，在复杂的地下水运动过程中，胶体的稳定状态时刻发生变化。为了探究胶体在地下水中的行为规律，经典的 DLVO（Derjaguin-Landau-Verwey-Overbeek）理论始终是解释地下水中胶体运移行为最为可靠的理论基础。

该理论分析的基础是范德瓦耳斯力和双电层斥力（double layer repulsion）在胶体颗粒之间的消长关系，这两种作用力的相对大小决定了胶体体系的稳定性：当范德瓦耳斯力占优，胶体相互吸引，整体发生凝聚，而当双电层斥力占优，胶体之间保持一定的距离，整体保持稳定状态。而直接影响胶体间作用力的因素，在于表面电荷的数量和分布。

如图 3.2 所示，胶体的表面电荷一般为平行的双层结构，第一层电荷，亦即斯特恩层（Stern layer），通过与胶体的化学作用，直接吸附在其表面所形成的；而第二层电荷，亦即扩散层（diffuse layer），是因为库仑力（Coulomb force）与斯特恩层电荷发生吸引而形成的，如此形成胶体表面的双电层。扩散层电荷并不能紧密包裹胶体，一方面，扩散层电荷来自于液相的自由离子，与斯特恩层电荷相结合仅靠较弱的库仑力，另一方面，热运动会对其结合程度造成影响，很难牢固地、长期地与斯特恩层电荷结合。由于这种电荷作用关系，胶体表面的液体具有一个特殊的界面，称为滑动层(slipping plane)，位于扩散层某处，滑动层之下的液体紧密依附于胶体表面并可随之运动，类似于在此处形成了一个"剪切面"，因而形成了胶体颗粒与液体的独特界面。Zeta 电位是滑动面对远处液相中某点的电位，即液相整体与胶体滑动面之间的电势差。因为滑动层内部存在的净电荷，胶体与外部液相存在电势差，因此用 Zeta 电位来表示该电势差的大小，也用来表征胶体因电荷相互作用的程度。

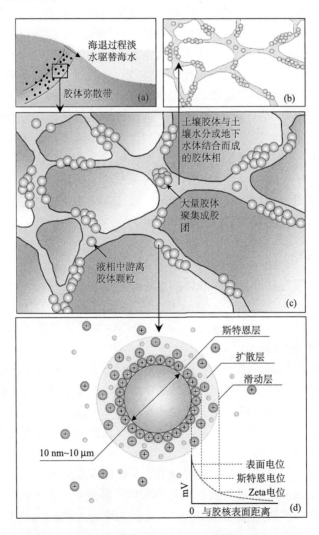

图 3.2 滨海地下咸淡水交互带中胶体基本特征示意图

DLVO 理论分析的基础在于范德瓦耳斯力和双电层斥力，讨论其在胶体颗粒之间的消长关系。对于推导，胶体间相互作用的条件十分复杂，因此必须基于一些有用的假设才可以有效地简化这个过程，使之适用于一般情况。

首先假设两个单纯胶体之间的引力为 $-C/r^{n_i}$，其中 C 是由分子性质决定的作用能常数，考虑计算范德瓦耳斯力使参数 $n=6$；另外假设胶体与基质表面的净交互作用能大小等效相当于胶体与密布在这个平面所有胶体交互作用能的总和。因此胶体与固体基质表面的范德瓦耳斯力为：

$$\Delta G_{vdW1} = -2\pi C\rho_1 \int_{y=h}^{y=\infty} dz \int_{x=0}^{x=\infty} \frac{x dx}{\left(y^2 + x^2\right)^3} = \frac{2\pi C\rho_1}{4} \int_{h}^{\infty} \frac{dy}{y^4} = -\frac{\pi C\rho_1}{6h^3} \quad (3.1)$$

$$\Delta G_{vdW2} = -\frac{2\pi C\rho_1\rho_2}{12} \int_{y=0}^{y=2r} \frac{(2r-y)y dy}{(h+y)^3} \approx -\frac{\pi^2 C\rho_1\rho_2 r}{6h} \quad (3.2)$$

式中：ΔG_{vdW1} 是单个球形胶体颗粒与基质平面的范德瓦耳斯力；ΔG_{vdW2} 是大量胶体聚集成胶团后与基质平面的范德瓦耳斯力；ρ_1 是基于假设的基质表面胶体的数密度；ρ_2 是胶团中胶体的数密度；r 为胶体半径；y 指通过计算位置垂直于该平面的轴，$y=0$ 表示胶体落在平面上，$y=h$ 表示胶体距平面距离为 h；x 指垂直于 y 的轴，$x=0$ 表示计算点位于 x-y 交点上；z 指垂直于 x、y 的轴。为了计算方便，定义哈马克常数(Hamaker constant) $A = \pi^2 C\rho_1\rho_2$，则

$$\Delta G_{vdW2} = -\frac{Ar}{6h} \quad (3.3)$$

由于胶体双电层的存在，胶体之间存在双电层力，大小随表面电荷密度或表面电势的增大而增大。两个带相同电荷的胶体之间的双电层力为排斥力，并随间距呈指数衰减。而两胶体所带电荷不同且间距较小时，双电层力有可能是吸引力。双电层力的力程与德拜长度(Debye length) $1/\kappa$ 大约同量级，即纳米或比纳米小一个量级：

$$\kappa = \sqrt{\sum_i \frac{\rho_{\infty i} e^2 z_i^2}{\varepsilon_0 \varepsilon_r k_B T}} \quad (3.4)$$

对于不同的作用形式，双电层斥力的表达有所不同。对于基质平面之间的接触，接触面单位面积上的双电层斥力为

$$\Delta G_{el} = \frac{64 k_B T \rho_\infty \gamma^2}{\kappa} e^{-\kappa h} \quad (3.5)$$

而两个球状胶体之间的双电层斥力为

$$\Delta G_{el} = \frac{64\pi k_B T r \rho_\infty \gamma^2}{\kappa^2} e^{-\kappa h} \quad (3.6)$$

式中：i 表示液相中的离子，$\rho_{\infty i}$ 是液相中离子的数密度；z 是离子价位；ε_0 是真空介电常数；ε_r 是相对介电常数；k_B 是玻尔兹曼常数（Boltzmann constant）；γ 是相互接触表面的 Zeta 电位。因此，胶体之间的总作用能为

$$\Delta G_{TOT} = \Delta G_{el} + \Delta G_{vdW} \tag{3.7}$$

总作用能决定了胶体的稳定性。当胶体扩散层之间未发生重叠时，胶体之间只存在引力作用，总作用能为负值；随着胶体之间相对距离的缩小，扩散层发生重叠，扩散层形态发生变化，其中的反离子开始堆积到未重叠区域内，使扩散层的对称性遭到破坏，此时，因为静电平衡被打破，胶体之间出现了斥力，随着距离继续缩短，双电层斥力和范德瓦耳斯力同时增加，但双电层斥力可能会大于范德瓦耳斯力，总作用能出现正值；当距离进一步缩小，范德瓦耳斯力急剧增加，总位能下降为负值，胶体发生显著的聚沉。

地下水中胶体的行为受多因素影响，包括水化学因素、水动力因素等，往往使胶体处于不同的稳定状态。如图 3.3 所示，胶体的交互作用能具有几个特征值，极小值包括初级势阱（primary energy minimum）和次级势阱（secondary energy minimum），在两个极小值之间，具有一个极大值，是胶体作用能的排斥势垒（energy barrier）。势垒有效地阻止了胶体在初级势阱作用范围内发生聚沉[18]，因此，即便胶体在水化学条件改变时发生聚沉，也是在次级势阱作用范围内的可逆聚沉，胶体仍然保持着运移的潜能。

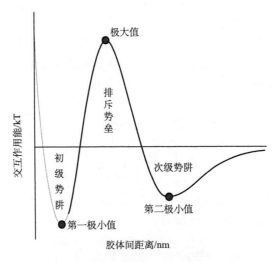

图 3.3　胶体间交互作用能与间距关系

3.2　滨海地下水交互过程中胶体运移行为机理

在滨海含水层两相水体交互的地带，水动力条件和水化学条件变化剧烈，具有显著的边缘效应，特别地，胶体对水动力条件和水化学条件都十分敏感，咸淡水交互过程中，水化学条件的改变，水流的拖曳，都会对含水层胶体带来状态的改变，影响其运移行为。因此本节通过对滨海交互带中水动力、水化学条件的介绍，以及用 DLVO 理论对胶体的动力学特征进行表征来对滨海交互带中地下水胶体相运移行为的机理进行阐述。

3.2.1　材料与方法

1. 咸淡水交互带特征水化学参数取值

滨海地下水交互带中水化学条件变化剧烈，其中影响胶体行为的关键因子为 pH 和离子强度[18]。在不同咸淡水交互的阶段，两种水体交互过程将引起参数波动[19]。海水由于弱酸性阴离子的水解作用，一般呈弱碱性，pH 约为 7.9～8.5；另外因海水含有多种盐离子，其平均盐浓度约为 3.5%。但是内陆的淡水受人为影响较大，其水化学条件变化比较剧烈。一般来说，因为酸雨补给地下水并将其酸化，内陆地下水可能偏酸性，使其 pH 约为 4.0～7.2；另外，除了特殊地区具有矿化度较高的地下水，内陆地下水的矿化度整体较低，其盐度与海水相比，是非常低的。因此，考虑滨海地下水交互带的特殊性，结合现场调研的资料（后面章节将加以展开）[20, 21]，将研究的关键参数进行设定，以海水 pH 为 8.26，盐度为 2.8%（对应离子强度为 487.72 mmol/L），水化学类型为氯化物-钠水-C；淡水 pH 为 5.50，盐度为较低值（对应离子强度为 2.02 mmol/L），水化学类型为氯化物-钠水-A，来开展研究[22]。由此可见，在滨海地下水交互带中，这两种水体相互混合，其离子强度和 pH 将在这两组取值中波动，胶体所处的水化学条件应介于这两组取值之间。交互带中地下水离子强度约为 50～350 mmol/L，根据现场资料，取平均值 113.41 mmol/L 参与计算，表 3.1 总结了本实验所用关键参数。基于 DLVO 理论计算胶体间的交互作用能，以分析胶体在当前水化学状态下所呈现规律的微观机理。

表 3.1　咸淡水交互带关键水化学参数取值

	盐度/%	离子强度/(mmol/L)	pH
海水	2.8	487.72	8.26
淡水	0	2.02	5.50
交互带	0.65	113.41	7.23

2. Zeta 电位的测定

Zeta 电位是滑动面对远处液相中某点的电位,即液相整体与胶体滑动面之间的电势差,用来表征胶体因电荷相互作用的程度,与胶体的整体稳定性关系密切,是 DLVO 计算中的重要参数。然而 Zeta 电位对水化学条件十分敏感,除了前文所述咸淡水交互带特征水化学参数的变化会引起 Zeta 电位改变外,重金属污染物的存在也将对其产生巨大影响,甚至有可能使胶体产生不可逆的聚沉。因此,为了探究在不同水化学条件和重金属污染条件下胶体的 Zeta 电位情况,需要通过实验对其进行测定。

研究选取典型滨海咸淡水交互带(31°39'31.62" N, 121°42'8.23" E[20]),挖取浅部冲积含水层介质,进行处理并测试不同水化学条件和重金属污染条件下胶体的 Zeta 电位。为避免完全干燥条件下,因操作损耗细颗粒及胶体组分,先将采集的样品烘至半干后,使用 IKA® RW47 电动搅拌机进行混合,以使样品均匀,而后在 80 °C 条件下加热 48 h 至完全干燥。将重金属在介质中的浓度设定为 0.5 g/kg 和 0.1 g/kg,包含的元素为 Cd、Cu、Ni、Pb 和 Zn。在配制重金属污染的含水层介质时,将完全干燥的介质准确称量,并将预先计算好的重金属溶液,混合后将按照上述同样的程序对介质进行干燥,其结果应保证重金属在介质中的浓度为 0.5 g/kg 和 0.1 g/kg。将介质与超纯水混合,提取胶体悬浊液,并用 Malvern® Zetasizer Nano ZS 90 测试其 Zeta 电位。

3. 滨海地下水交互带中胶体的 DLVO 计算方法

为了尽可能研究胶体在真实滨海水体交互条件下的动力学特征,一方面考虑滨海含水层主要为砂质含水层,其成分主要为石英;另一方面考虑滨海砂质含水层基质微观表面较为平整,胶体形状比较规整,为了计算需要,将基质或大颗粒与胶体的微观接触面简化为平面,将复杂胶体颗粒简化为球形颗粒,经过推导,基于 DLVO 理论的球体-平面模型的双电层的交互作用能表达为[23, 24]:

$$\Delta G_{el} = 64\pi r \varepsilon \left(\frac{kT}{ez}\right)^2 \gamma_1 \gamma_2 \exp(-\kappa h) \tag{3.8}$$

范德瓦耳斯作用能表达为[23, 25]:

$$\Delta G_{vdW} = -\frac{Ar}{6h}\left[1 - \left(\frac{5.32h}{\lambda}\right)\ln\left(1 + \frac{\lambda}{5.23h}\right)\right] \tag{3.9}$$

德拜长度(Debye length)为:

$$\kappa^{-1} = \sqrt{\frac{\varepsilon k_B T}{2N_A e^2 I}} \tag{3.10}$$

由此，总交互作用能为：

$$\Delta G_{TOT} = \Delta G_{el} + \Delta G_{vdW} \tag{3.11}$$

式中：r 为胶体半径(L)；ε 是水环境的介电常数，取为 $\varepsilon = 70$[26]；k_B 是玻尔兹曼常数；T 是绝对温度(K)；e 是电子电荷量(IT)；z 是离子价位；γ_1 和 γ_2 分别是相互接触表面的 Zeta 电位[ML^2/(T^3·I)]；κ 是德拜长度的倒数(1/L)；h 是相互作用胶体之间的距离(L)；A 是哈马克常数，本实验中土壤石英胶体之间取 $A_{132} = 7.59 \times 10^{-20}$[27]；$\lambda$ 是作用的长度范围(L)；I 是水环境的离子强度(n/L^3)；N_A 是阿伏伽德罗常量。同时，双电层厚度约为 $1.5\kappa^{-1}$[28]。

3.2.2　咸淡水交互的水化学参数区间及特征

本节中，咸淡水交互过程的水化学参数波动是影响胶体稳定性的关键。在自然条件下，影响这种运移形式的关键因子主要包括水体的离子强度、pH、胶体的 Zeta 电位等，这些参数的变化是一个有限的区间，在这个区间内，一旦满足胶体释放的条件，即胶体可以越过势垒并从次级势阱释放，则地下水中就会检测到显著的浑浊现象。

图 3.4 展示了在咸淡水交互条件下，胶体在不同 pH、离子强度、重金属浓度下的 Zeta 电位。胶体的 Zeta 电位主要受控于介质的重金属污染浓度、所在水环境的离子强度(淡水相 2.02 mmol/L 与海水相 487.72 mmol/L)和 pH。

图 3.4(a) 所展示的是胶体在离子强度 2.02 mmol/L 的淡水中时，各重金属污染浓度条件下，胶体的 Zeta 电位和 pH 的变化规律：在 pH 小于 4.54 时，各重金属污染浓度条件下的胶体 Zeta 电位均在–3 mV 左右；在 pH 大于 4.54 时，无重金属污染条件下的胶体 Zeta 电位持续下降，在咸淡水交互带的 pH 波动范围内 Zeta 电位约为–4.0～–5.2 mV；在 pH 大于 4.54 时，重金属污染浓度 0.1 g/kg 条件下的胶体 Zeta 电位略有升高，并伴随轻微波动，在咸淡水交互带的 pH 波动范围内 Zeta 电位约为–2.5～–1.2 mV；在 pH 大于 4.54 时，重金属污染浓度 0.5 g/kg 条件下的胶体 Zeta 电位快速升高，并在 pH 为 5.86 时到达一个平台值 0.40 mV，然后持续波动，在咸淡水交互带的 pH 波动范围内 Zeta 电位约为–0.5～0.5 mV。

图 3.4(b) 展示的是胶体在离子强度 487.72 mmol/L 的海水中时，各重金属污染浓度条件下，胶体的 Zeta 电位和 pH 的变化规律：在 pH 为 3 左右时，各重金属污染浓度条件下的胶体 Zeta 电位均在–12 mV 左右，而后，在 3 种重金属污染浓度条件下的胶体 Zeta 电位立即发生了分异；无重金属污染条件下的胶体 Zeta 电位呈现先减小后增大的趋势，并在咸淡水交互带的 pH 波动范围内具有较低的水平，约为–23.5 mV；重金属污染浓度 0.1 g/kg 条件下的胶体 Zeta 电位亦是先减小后增大，规律与前者一致，但幅度十分小，在咸淡水交互带的 pH 波动范围内

Zeta 电位约为–14 mV；重金属污染浓度 0.5 g/kg 条件下的胶体 Zeta 电位快速升高，在咸淡水交互带的 pH 波动范围内 Zeta 电位约为–4～3 mV。

　　由此可见，在不同重金属污染浓度条件下，酸性水环境中胶体的 Zeta 电位差别不大，当 pH 为 2.90～4.54 时的淡水相中时，无论污染浓度，胶体的 Zeta 电位均约为–3 mV，而在海水相中时，均约为–12 mV。但这是极端情况，随着 pH 升高，胶体的 Zeta 电位对重金属浓度更为敏感。研究所模拟的咸淡水交互带中 pH 波动区间为 5.50～8.23，在该区间内，介质在不同重金属污染浓度水平下，胶体的 Zeta 电位整体水平差异明显，总体上重金属浓度越高，胶体的 Zeta 电位值越高，而当重金属浓度下降时，离子强度对 Zeta 电位的影响更为显著。

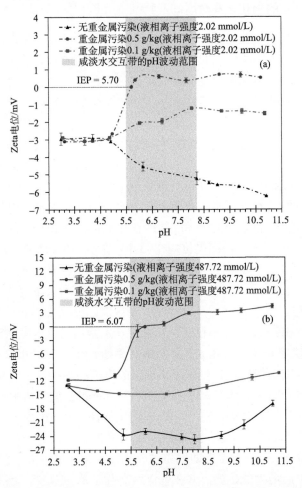

图 3.4　溶液 pH 对不同离子强度条件下悬浮胶体 Zeta 电位的影响

具体而言，0.5 g/kg 重金属污染水平下，两种离子强度时的胶体 Zeta 电位均在等电点 (isoelectric point，IEP) 附近波动；当重金属污染水平下降至 0.1 g/kg，低离子强度中的 Zeta 电位降至–2 mV，高离子强度中的 Zeta 电位降至–14 mV；对于无重金属污染条件，低离子强度中的 Zeta 电位降至–5 mV，高离子强度中的 Zeta 电位降至–24 mV。可见重金属浓度和离子强度对 Zeta 电位的影响是相互拮抗的，它们在自然条件下只在特定区间有显著差异，因此图 3.4 描述了在滨海砂质含水层中，咸淡水交互时重金属与胶体协同运移的电化学参数区间，是这种地下水文过程的重要参数背景。

值得注意的是，当 pH>4.90 后，0.5 g/kg 重金属污染条件下的胶体 Zeta 电位快速升高，在达到等电点 IEP=5.70 后保持小幅波动。而 0.1 g/kg 重金属污染条件下的胶体 Zeta 电位处于无重金属污染介质和 0.5 g/kg 重金属污染介质之间，不具有 IEP。在咸淡水交互过程中必定经过 IEP，此时胶体表面带电荷量为 0，颗粒之间不具有静电斥力，可以最大程度地团聚，并产生聚沉[29]。因此，在自然水文过程中，若经历了 IEP，原本运移中的胶体因其自身尺寸的变化而发生不同程度的堵塞，进而导致迁移受阻和含水层孔隙结构改变，产生较大的不确定性[1]。

3.2.3　咸淡水交互带中胶体间交互作用能

在咸淡水交互带中，影响胶体稳定性的关键的水化学参数包括盐度、离子强度、pH。在交互过程中，海相水体和陆相水体相互混合、驱替，其水化学参数的大小也会相应改变。为了研究咸淡水交互带中胶体间交互作用能变化规律，需要探究在不同相水体分别占主导时，胶体间交互作用能演变规律，分析在咸淡水混合、驱替过程中，交互作用能值的分布区间，进而讨论胶体在何种条件下存在释放潜能，在何种条件下能促进污染物运移，在何种条件下可能抑制污染物运移。

因此，基于前文设定的关键水化学参数波动区间，通过 DLVO 理论计算，得到咸淡水交互带中胶体间交互作用能极值关系。这里重点分析了介质在 0.1 g/kg 重金属污染条件下和 0.5 g/kg 重金属污染条件下，胶体间交互作用能极值和双电层厚度的变化趋势。由图 3.5 可见，在离子强度较低的状况下，双电层厚度可达 3 nm 以上，在离子强度升高的过程中，胶体的双电层厚度呈指数下降，当离子强度较高的海水驱替了原有离子强度较低的淡水后，快速压缩了双电层厚度，致使其厚度下降到 1 nm 以下。同时，交互作用能的极值在总体上是减小的，随着离子强度增加，对于介质在 0.1 g/kg 重金属污染条件下的胶体，其交互作用能极值从约 2300 kT 下降到约 1000 kT；而对于介质在 0.5 g/kg 重金属污染条件下的胶体，其交互作用能极值始终为负，且保持较低水平，变化范围为–42.92～–7.63 kT。

通过对比介质在 0.1 g/kg 和 0.5 g/kg 重金属污染条件下的胶体间交互作用能极值，前者在研究的离子强度区间内始终为正值，而后者始终为负值。表明介质在 0.1 g/kg 重金属污染条件下，胶体间交互作用能具有排斥势垒，意味着其可能还具有次级势阱。若是如此，则胶体在滨海水体交互过程中，有机会越过排斥势垒，并从次级势阱中释放，进而打破胶体的聚沉，引起胶体的运移；若不具有次级势阱，或者次级势阱极小，则胶体只需要在水动力条件变化时，通过水流拖曳力即可将胶体从基质上剥离，打破胶体的聚沉，引起胶体的运移。然而，在 0.5 g/kg 重金属污染条件下，并没有排斥势垒，胶体间的总交互作用能的状态始终是负值，即表现出相互吸引的状态，这种条件下，通过水动力作用就很难将胶体从基质上剥离，因为相比于微观胶体间强大的吸引力，宏观的水流拖曳力几乎可忽略不计。在 0.5 g/kg 重金属污染条件下，因为没有排斥势垒，胶体间的总交互作用能亦无次级势阱可言，因此认为其总交互作用能都表现为初级势阱，而初级势阱状态下胶体发生的聚沉一般是不可逆的，所以可以推断，当重金属污染浓度达到这个水平时，胶体可能已经发生了不可逆的聚沉，可能已经完全丧失了活化运移的能力。

　　总的来说，随着离子强度的增加，双电层被压缩，无论何种状况，胶体间的排斥势能总是会下降，进而折损胶体运移的潜能。因此，在较高离子强度条件下，胶体运移的条件将更为严苛，运移更为困难。而介质中重金属污染浓度也是影响胶体运移的关键因子，由于足量的重金属污染物加入，引起了体系中电荷性质及分布的改变，胶体的 Zeta 电位随之升高。在研究的 pH 波动范围内，Zeta 电位穿越了 IEP，胶体表面的电荷被中和，使其表面净电荷为 0，胶体之间失去静电斥力，可以最大程度地团聚，并产生聚沉[29]。而且，团聚的胶体因其自身尺寸的逐渐增加，容易在介质孔隙中发生不同程度地堵塞，进一步阻碍了胶体的运移。

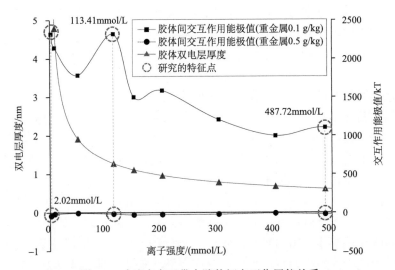

图 3.5　咸淡水交互带中胶体间交互作用能关系

3.2.4　胶体在咸淡水交互中行为的 DLVO 解释

　　为了阐明咸淡水交互作用对胶体运移行为的影响机制，选取了 3 个典型水化学状态，分别代表了：①较高浓度重金属污染的含水层在淡水饱和时；②较低浓度重金属污染的含水层在海水饱和时；③较低浓度重金属污染的含水层在淡水饱和时。与前文所述咸淡水交互过程中的三个典型的水化学参数配置相对应，它们的参数分别是：①介质在 0.5 g/kg 重金属污染条件下，液相离子强度为 2.02 mmol/L，pH 为 5.50；②介质在 0.1 g/kg 重金属污染条件下，液相离子强度为 487.72 mmol/L，pH 为 8.26；③介质在 0.1 g/kg 重金属污染条件下，液相离子强度为 2.02 mmol/L，pH 为 5.50。通过分析这三种条件下的固-水界面的胶体相互作用，可以展现咸淡水交互过程中最为极端条件下胶体的相互作用能，而在交互过程中，条件则处于这三种状况其中的某值。

　　图 3.6 为 DLVO 交互作用能在三种状况下的固-水界面的胶体相互作用，(a)、(b)、(c) 分别对应以上三种水化学条件。由图 3.6(a) 可见，在 0.5 g/kg 重金属污染，液相离子强度为 2.02 mmol/L，pH 为 5.50 条件下，胶体间的总相互作用能表现为负值，在 0.7 nm 附近存在波动。胶体间距离小于 0.7 nm 时，胶体间的总相互作用能快速下降，可见此区间为胶体的初级势阱；而胶体间距离大于 0.7 nm 时，胶体间的总相互作用能缓慢上升并趋近于 0，可见此区间为胶体的次级势阱，次级势阱中交互作用能的第二极小值为 1.2 nm 处的-54 kT，整个区间不存在排斥势垒。由图 3.6(b) 可见，在 0.1 g/kg 重金属污染，液相离子强度为 487.72 mmol/L，pH 为 8.26 条件下，胶体间的总相互作用能具有完整的初级势阱、排斥势垒、次级势阱。在胶体间距离为 0～0.08 nm 范围内为初级势阱；在胶体间距离为 0.08～1.6 nm 范围内为排斥势垒，其极大值为 0.18 nm 处的 1100 kT；在胶体间距离大于

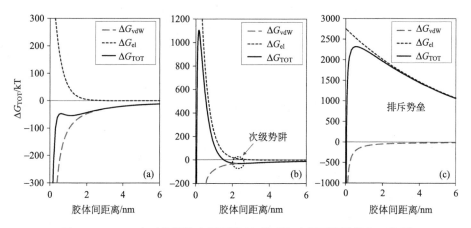

图 3.6　DLVO 交互作用能在不同情况下与固-水界面的胶体相互作用

1.6 nm 时为次级势阱，次级势阱中交互作用能的第二极小值为 2.5 nm 处的–30 kT。由图 3.6(c) 可见，在 0.1 g/kg 重金属污染，液相离子强度为 2.02 mmol/L，pH 为 5.50 条件下，胶体间的总相互作用能基本表现为正值。胶体间距离小于 0.05 nm 时，为初级势阱；胶体间距离大于 0.05 nm 时，为排斥势垒，其极大值为 0.6 nm 处的 2320 kT，而后交互作用能缓慢下降并趋近于 0。根据计算结果，整个区间不存在次级势阱，即便理论上存在，其作用范围也较远，作用能极小，已超出了有效的作用程，因此可忽略不计。

　　由此可见，在 0.5 g/kg 重金属污染条件下，胶体运移受到抑制，因为胶体不论在哪个距离范围内，总是表现为吸引的作用能，此时胶体容易聚沉和吸附在土壤基质上。通过 DLVO 计算，此时双电层厚度为 1.27 nm，与之对应的 Zeta 电位约增至 3 mV，悬浮胶体变为不稳定状态。其带来的结果即是运移能力的下降，是 0.5 g/kg 的重金属污染的存在改变了溶液整体电化学状态，压缩了双电层厚度，将引起了胶体的相互团聚出现聚沉，胶体在孔隙通道中出现空间堵塞，进而会影响胶体的自由移动。而在 0.1 g/kg 重金属污染条件下，胶体具有运移的潜能。在液相离子强度为 487.72 mmol/L，pH 为 8.26 条件下，胶体间存在排斥势垒，而且次级势阱的第二极小值的绝对值也不太大，胶体在其他条件允许的情况下，是较容易突破第二极小值并发生运移的。而在液相离子强度为 2.02 mmol/L，pH 为 5.50 条件下，计算表明，此时双电层厚度为 9.53 nm，胶体间具有排斥性，液相在此时易于形成溶胶，具有较好的稳定性，在水流拖曳力作用下易于发生运移。

　　通过图 3.6(a) 与图 3.6(b)、(c) 的对比，可见重金属的存在对胶体运移能力的影响更大，而离子强度和 pH 次之。但是对于自然条件而言，重金属自身的运移能力较弱，在一定地区、一定时间内，重金属的浓度相对固定，而水动力、水化学条件波动较大，特别是对于滨海含水层。因此不能说重金属浓度是影响胶体运移的主要因素，而离子强度和 pH 是次要因素，因为它们并存，且不具有可比性。进一步讲，含水层是一个连续的系统，随着水流的运动，水化学参数发生波动，重金属浓度也受到流场影响，它们之间存在相互作用。因此，与其单纯谈孰轻孰重，不如从滨海含水层实际的水体交互规律出发，探究交互过程中呈现的规律性、周期性，研究咸淡水驱替作用下胶体与重金属的协同运移机理，从微观推及宏观，以呈现的实际现象为导向，再去剖析其内在机理。

3.3　滨海地下水交互过程模拟及胶体-重金属协同运移规律

　　在滨海过程中，咸淡水交互作用在滨海含水层内部时刻进行，两相水体不断驱替、混合，其体量大，规律复杂，又难以观测。为了揭示两相水体作用对滨海过程中物质输送的影响机理，需要取滨海含水层一个典型单元的多孔介质，用以进行相关性质测试，以及建立一维土柱模型，加以深入研究。但是该过程中，水动力、水化学条件都十分复杂，它们对其中的溶质运移的影响都相互联系。这些影响因素都直接或间接地影响了重金属运移过程和总量，参数间又相互影响，十分敏感，可谓牵一发而动全身。

因此本节通过甄别影响胶体-重金属协同运移的关键因子，描述交互周期中的运移规律，揭示影响运移现象的内在机理。

3.3.1 材料与方法

1. 土柱实验的介质制备与处理

在介质的选择上，本实验不采用人造介质，而采用崇明岛北部研究区的河口浅部冲积含水层天然介质作为研究对象，其采样位置为 31°39'31.62" N、121°42'8.23" E[20]。选择天然含水层介质有利于更好地研究交互过程中存在的现象，以分析背后的机理。否则，一些重要的规律和机理将无法在实验中展现出来。

为保证后续实验的一致性，样品在采集后经过均一性处理，即样品烘至半干后使用 IKA® RW47 电动搅拌机进行混合，避免完全干燥条件下因操作损耗细颗粒及胶体组分，而后在 80 ℃ 条件下加热 48 h 至完全干燥，最后封存以备装填。其间，取少量处理完毕的介质样品，使用 Malvern® Mastersizer 3000 分析其粒径分布。

抽取 6 组实验介质测定其重金属含量背景值，分别在聚四氟乙烯消解管中加入样品，并加入混合酸液(60%高氯酸和 40%氢氟酸)10 mL[30]，使用 LabTech® digiblock S16 电热消解仪对样品进行消解。若按照上述消解步骤对介质处理后还未能完全消解的，则继续增加酸消解，直至样品清澈。消解后样品重新定容至 20 mL，在 3000 r/min 条件下离心处理 5 min，取上清液 10 mL 保存，并准备上机测试。样品的重金属浓度使用 Agilent Technologies® 720ES 电感耦合等离子体发射光谱仪(inductively coupled plasma optical emission，ICP-OES)，测试元素包括 Cd、Cu、Ni、Pb 和 Zn。

另外，后文将涉及咸淡水交互的物理模型实验，需要制备重金属污染的含水层介质。因此，需要将上述完全干燥的介质准确称量，并根据每次需要处理的介质质量，计算好对应重金属溶液量(包括 Cd、Cu、Ni、Pb 和 Zn 元素)，将介质与重金属溶液进行混合，混合后将按照上述同样的程序对介质进行干燥，其结果应保证重金属在介质中的浓度为 0.1 g/kg 和 0.5 g/kg。因此该研究使用的含水层介质主要为 0.1 g/kg 重金属污染水平和 0.5 g/kg 重金属污染水平。

2. 含水层介质的重金属吸附试验

将处理好的介质（不含人工添加的重金属）过 2 mm×2 mm 筛网，去除与实验无关的杂质。将其等分成若干组，密封保存，完成重金属吸附实验介质的制备。

由于 Cd 和 Pb 两种元素的吸附特征有所不同，具有代表性，同时，这两种元素是地下水环境中毒性较强且较为常见的元素，因此本实验选取 Cd 和 Pb 两种元素进行吸附特性研究。在地下水环境中，对于 Cd^{2+} 而言，它在介质上的吸附主要为专性吸附，而随着浓度增加，达到一定饱和度后，专性吸附点位逐渐减少，Cd^{2+} 从专性吸附转变为以非专性吸附为主，因此被介质吸附的 Cd^{2+} 稳定性降低，运移能力增强[31]。而对于 Pb^{2+} 而言，它的运移能力较弱，环境中大量稳定的矿物质都能够使 Pb^{2+} 发生沉淀且降低其移动性，由于 Pb^{2+} 具有高电负性，高负电性可使 Pb^{2+} 与矿物表面和有机物官能团的氧原子结合形成强共价键，因此即使在相对酸性的环境中，Pb^{2+} 与介质产生强烈的结合，也难以发生运移[32]。

采用间歇法进行实验。以 0.01 mol/L 的 $NaNO_3$ 溶液为背景溶液，分别以 $Cd(NO_3)_2$、$Pb(NO_3)_2$ 作为溶质，配制一批不同浓度的 Cd^{2+} 和 Pb^{2+} 溶液，作为重金属原溶液。配制过程经过仔细计算，使配制好的溶液 Cd^{2+}、Pb^{2+} 离子浓度分别为 0.1 mg/L、1 mg/L、5 mg/L、10 mg/L、20 mg/L、50 mg/L、100 mg/L、200 mg/L、300 mg/L。将制备好的介质精确称取 5.000 g 置于锥形烧瓶中，分别加入 50 mL 上述不同浓度的重金属原溶液，盖紧瓶塞，将锥形烧瓶放入恒温振荡器中 25 ℃ 恒温振荡 2 h，将溶液混合均匀，而后在恒温箱内保持 25 ℃ 静置 24 h，使实验介质在不同重金属浓度条件下达到吸附平衡。取各锥形烧瓶中的上清液，作为介质充分吸附重金属后的平衡液，将之转移至 CORNING® 聚丙烯离心管中，并将离心管置于离心机中，以 5000 r/min 转速进行离心处理，再取其上清液，使用电感耦合等离子体发射光谱仪对其进行重金属离子浓度测试。

对于测试所得的 Cd^{2+} 和 Pb^{2+} 浓度，使用下式计算重金属的平衡吸附量，以分析含水层介质对重金属元素的吸附能力：

$$S = \frac{W(C_0 - C)}{m} \tag{3.12}$$

式中：S 为含水层介质对重金属的吸附量(mg/kg)；C 为溶液中 Cd^{2+} 或 Pb^{2+} 的平衡浓度(mg/L)；C_0 为原配置的 Cd^{2+} 或 Pb^{2+} 溶液的浓度(mg/L)；W 为原配置的 Cd^{2+} 或 Pb^{2+} 溶液的质量(g)；m 为使用的含水层介质质量(g)。

3. 物理模型设置

实验所用的土柱结构如图 3.7 所示。土柱柱身为一支长度 16.7 cm、内径 5.0 cm 的有机玻璃柱，为减小边壁优先流的产生，对其内壁进行打磨处理，形成磨砂内壁；振动马达为柱身外嵌入的两部微型电机(Kailida KFE-130-2270-38)，并在转子上安装偏心轮；柱两端为土柱的上下盖，其中具有喇叭形进水口，为了使注入水流在柱内截面上均匀分布，其内部设置若干匀水通道；在上下盖中安装直径 5.0 cm、厚度 1 cm 透水石；在上下盖和土柱柱身之间，垫有 1 mm 厚硅胶密封环；柱身与上下盖之间用蝴蝶螺栓拉紧密封，螺栓数量 4×2。

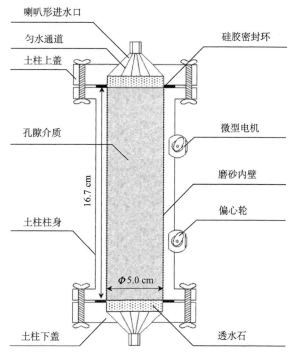

图 3.7　实验土柱结构图

　　土柱与附属装置的组装如图 3.8 所示。连接上下盖的硅胶软管上安装排气阀，用来在首次通水后排除多余气泡；硅胶软管一端通过蠕动泵连接淡水和海水水箱，为了方便切换两相水体，在管路上安装转换阀；硅胶软管另一端通过 pH 仪和电导率仪连接部分收集器。

　　运用该装置装填含水层介质时，为了更好的均匀性，采用湿法装填。组装好装置后，在柱内预先装入厚度为 2 cm 的超纯水，再交替向柱内加入干燥的介质和超纯水，交替频率控制在每次加入介质累积厚度 0.5 cm 之内，以最大程度减小介质在下落过程中粒径重分布。装填过程中开启振动马达，以排除气泡，并促进介质充分饱和，保证装填质量。

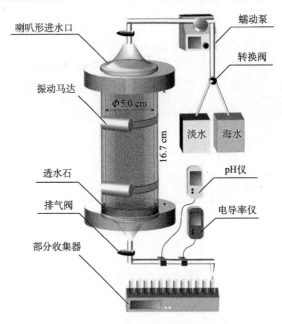

喇叭形进水口

振动马达

$\Phi 5.0\ cm$

透水石

排气阀

部分收集器

蠕动泵

转换阀

淡水　海水

16.7 cm

pH仪

电导率仪

图 3.8　模型设置及检测装置组装示意图

　　模型装置在运行过程中，注入的水流无可避免地会因为蠕动泵泵头转动而产生小幅脉动，但经过测试，水流通过喇叭形进水口，液体均匀分布在柱内，液柱截面增大，并且通过透水石，水流的脉动现象可以忽略。而且运行测试表明，该装置不同部分对胶体的运移没有影响，胶体既不会附着在柱内壁，也不会残留在透水石内，该装置可对运移的胶体进行充分采集。

　　4. 咸淡水驱替程序配置

　　为了深入理解影响多种重金属元素与胶体协同运移的特定变量，特别是在不同咸淡水交互的阶段，实验所用的淡水和海水为实验室人工配制，以控制成分和水化学参数。考虑到自然条件下，两种水体交互过程将引起参数波动[19]，为了准确把握波动规律，并结合滨海条件的实际情况制备海水，通过滴定法将海水的 pH 调整为 8.26，盐度调整为 2.8%[21]（即为后文所述的高离子强度水体，离子强度为 487.72 mmol/L），同时，淡水 pH 滴定到 5.50，盐度保持较低状态（即为后文所述的低离子强度水体，离子强度为 2.02 mmol/L）。溶液配制中所用的药品皆为分析纯级，所用的超纯水来自 Milli-Q® Reference 系统，所有容器皆在使用前清洁完毕，用超纯水润洗并烘干。

　　如表 3.2 所示，实验总体的程序是在获取基础参数后进行咸淡水交互环境下的重金属运移研究，按照同样的方法对两根土柱依次进行装填，分别编号为 A 与

B，通过实验来揭示滨海区域地下水中重金属与胶体的协同运移规律。

使用土柱 A 进行重金属的洗脱实验，装填土柱选用 0.5 g/kg 重金属污染水平的预制介质，注入 22.5 孔隙体积数的淡水进行洗脱，通过部分收集器采样，并按照前文所述方法检测滤出液中的重金属浓度。

使用土柱 B 进行咸淡水交互条件下的重金属与胶体协同运移实验。装填土柱选用 0.1 g/kg 重金属污染水平的预制介质，注入程序为两次咸淡水交互的循环，即包括 4 个过程，分别为第 1 次海水入侵过程(intrusion stage 1，I1)；第 1 次淡化过程(refreshing stage 1，R1)；第 2 次海水入侵过程(intrusion stage 2，I2)；第 2 次淡化过程(refreshing stage 2，R2)。特别地，R2 结束后进行一次保守溶质的穿透实验，以检测经过咸淡水交互后土柱运移参数的变化。

以上各次实验所注入溶液的具体参数如表 3.2 所示。为模拟自然条件下滨海地下水体交互过程，注入溶液的速率为 2.676 g/min，对应达西流速为 8.18 cm/h[8]。胶体粒径尺度定义为 10 nm～10 μm，是受控于电化学作用力与重力的活性组分[17, 33]，不仅受水化学状态的影响，也极大程度地受到流场和重力的影响。因此，研究中若达到胶体运移状态，胶体从交互作用能的次级势阱释放，为了尽可能收集运移的胶体组分，避免胶体在运移过程中因为模型摆放的原因出现沉降，实验注入溶液的方向始终为自上而下，因此在入侵和淡化过程切换时，需转置土柱方向，由此，一旦胶体释放，即可在出口处顺利收集胶体，否则将沉积在柱内无法采集。

表 3.2　试验中溶液注入程序及溶液配制参数

过程	柱号	注入溶液的孔隙体积数	描述
1	A	22.5	淡水(2.02 mmol/L NaCl，pH=5.50)，重金属污染的含水层洗脱
I1	B	2.25	海水(487.72 mmol/L NaCl，pH=8.26)，重金属污染的含水层洗脱，土柱盐化
R1	B	9.73	淡水(2.02 mmol/L NaCl，pH=5.50)，胶体与重金属的协同运移
I2	B	2.25	海水(487.72 mmol/L NaCl，pH=8.26)，孔隙中水相内游离胶体洗脱，土柱再盐化
R2	B	9.88	淡水(2.02 mmol/L NaCl，pH=5.50)，胶体与重金属的协同运移
4	B	2.25	1 mmol/L NaNO₃，保守溶质的穿透，检测 R2 后土柱运移参数的变化

5. 胶体的检测与分析

将 pH 和电导率仪探头(Rex® PHS-3C，上海仪电科学仪器股份有限公司)安装在土柱出水口的软管上，用以实时测量滤出液的 pH 和电导率波动。根据所测电导率计算滤出液的离子强度，并通过回归方程率定[34]，其方程为：

$$\log I = 1.0067 + 1.0063 \log EC \tag{3.13}$$

式中：I 是离子强度(mmol/L)；EC 是滤出液的电导率(mS/cm)。其确定性系数 R^2=0.9999，标准差为 0.0012。

实验中的滤出液在特定过程将含有大量天然土壤胶体组分，个别时段可能浓度相当高，且胶体粒径分布范围广泛。分光光度测定法在这种复杂条件下无法准确率定消光系数(extinction coefficient)，且其并不是直接测定胶体浓度，而是通过换算所得，因此所得结果与真实值差异较大，不具有参考价值。该实验中，获取胶体浓度数据要求快速且直接，因此采用称重计算的方法。即通过配制多组胶体悬浊液的标准样品，使用 HACH$^{®}$ 2100AN 浊度仪测定浊度，并用 METTLER TOLEDO$^{®}$ XP56 微量天平称其湿重和干重，并拟合浊度-胶体浓度方程：

$$C_{CO} = \begin{cases} 6.75 \times 10^{-6} TU^2 + 6.24 \times 10^{-4} TU, & (0 < TU \leq 158) \\ 1.02 \times 10^{-6} TU^2 - 2.37 \times 10^{-4} TU + 0.3752, & (158 < TU \leq 424) \\ -4.41 \times 10^{-7} TU^2 - 9.98 \times 10^{-4} TU + 0.1069, & (424 < TU) \end{cases} \quad (3.14)$$

式中：C_{CO} 是胶体浓度(mg/g)；TU 是浊度(NTU)。当 $0 < TU \leq 158$，确定性系数 R^2=0.9990，标准差为 0.0094；当 $158 < TU \leq 424$，确定性系数 R^2=0.9882，标准差为 0.0049；当 $TU > 424$，确定性系数 R^2=0.8444，标准差为 0.0368。

对于实测胶体浓度和计算值，拟合中自由度 df=15，皮尔逊相关系数 $r(15)$=0.9929，同时 $P<0.001$。率定参数如表 3.3 所示，回归方程的拟合与结果验证如图 3.9 所示。图 3.9(a)为样品浊度与其胶体浓度的分段二次多项式关系。图 3.9(b)为模型验证。以上验证表明该回归方程可以通过样品浊度推算胶体浓度。

表 3.3 浊度与胶体浓度率定方程的回归分析

测定胶体浊度(NTU)					标准差	平均浊度 (NTU)	实测胶体浓度 /(mg/g)	计算胶体浓度 /(mg/g)
47.5	46.8	46.3	45.2	49.8	1.72	47.12	0.0514	0.0444
94.2	83.3	92.2	91.3	91.2	4.17	90.44	0.1056	0.1116
161	163	153	152	159	4.88	157.60	0.2672	0.2659
164	159	155	154	158	3.94	158.00	0.3632	0.3632
202	200	203	203	204	1.52	202.40	0.3662	0.3690
244	247	250	250	250	2.68	248.20	0.3855	0.3792
323	319	319	318	318	2.07	319.40	0.3987	0.4036
376	364	368	372	374	4.82	370.80	0.4286	0.4276
408	412	413	413	412	2.07	411.60	0.4511	0.4505
427	434	438	440	441	5.70	436.00	0.4372	0.4582
508	509	496	499	502	5.63	502.80	0.5173	0.4972
564	564	565	555	561	4.09	561.80	0.5172	0.5283

续表

测定胶体浊度(NTU)					标准差	平均浊度 (NTU)	实测胶体浓度 /(mg/g)	计算胶体浓度 /(mg/g)
626	636	638	637	638	5.10	635.00	0.5930	0.5628
723	730	731	731	721	4.82	727.20	0.6327	0.5994
790	791	791	791	788	1.30	790.20	0.5659	0.6201
877	878	878	871	875	2.95	875.80	0.6236	0.6426
987	986	985	986	986	0.71	986.00	0.6837	0.6621

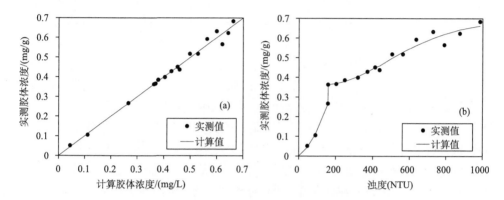

图 3.9　浊度与胶体浓度回归方程的拟合与结果验证

对于每一个滤出液样品，取其中 1 mL 稀释至 20 mL，用浓硫酸、浓硝酸和高氯酸酸化[35]，使用 LabTech® digiblock S16 电热消解仪对样品进行消解，对于处理后并未完全消解样品，则继续增加酸直至样品清澈，消解后样品重新定容至 20 mL，在 3000 r/min 条件下离心处理 5 min，取上清液 10 mL 保存并准备上机测试。样品的重金属浓度使用 Agilent Technologies® 720ES 电感耦合等离子体发射光谱仪，测试元素包括 Cd、Cu、Ni、Pb 和 Zn。使用 Malvern® Mastersizer 3000 激光粒度分析仪测定剩余样品中胶体的粒径组成，以分析在运移过程中胶体经过多次咸淡水交互后组分的演化规律。实验中所用的药品皆为分析纯级，所用的超纯水来自 Milli-Q® Reference 系统，所有容器皆在使用前清洁完毕，用超纯水润洗并烘干。实验过程中保持温度为 21℃。

3.3.2　重金属在非胶体协同下的洗脱特征

通过使用土柱 A 进行 0.5 g/kg 重金属污染条件下土柱的洗脱实验来探究重金属在非胶体协同下的洗脱特征。如图 3.10 所示，0.5 g/kg 重金属污染水平下的运移参数通过 (a)、(b)、(c) 三张图在统一的孔隙体积数坐标下描绘所得。图 3.10(a)

是穿透过程的电导率变化,其电导率在初期 1 孔隙体积数内快速下降,而后平稳下降直至未被介质吸附的重金属被洗脱。图 3.10(b)是穿透过程中 pH 的变化,其趋势与电导率变化趋势大致相反,呈现先减小后回升的规律。图 3.10(c)是 5 种重金属浓度的变化规律,由于穿透使用的液体为淡水,因此电导率变化主要反映了重金属离子的浓度,因此图 3.10(a)与图 3.10(c)趋势相似,只是因为介质对不同元素的吸附性有所差异,浓度在下降过程中的值不尽相同。

值得注意的是,图 3.10(b)中,初始 0.3 孔隙体积数内 pH 有所升高,这可能是因为装填土柱过程中有所扰动,且柱内溶质在溶液注入初期有所积累导致的,但总趋势是随水环境酸性的下降,重金属的洗脱过程逐渐放缓。检测到淡水相的 pH 低于 5.5,这是由于柱内重金属离子的水解作用导致的[36]。但又见图 3.10(b)末端出现小幅增长,在 23 孔隙体积数后,其值逐渐逼近 6.3,这是因为重金属离子在洗脱过程中浓度下降,同时阳离子交换(cation exchange capacity,CEC)对 pH 变化产生缓冲效应所引起的[37]。图 3.10(c)描述了 0.5 g/kg 的重金属污染条件下,重金属离子的洗脱过程。当重金属溶解在地下水中,其离子与土壤基质相互作用,其中 Pb 相较于其他元素更易被基质吸附,因其具有多种价态,与基质大量活性位点和可变电荷之间可以更容易地形成复合物、络合物等[38],也就是越灵活的可变电荷带来越强的可吸附性和稳定性。另外,在这种情况下,它的释放过程也就越持久,从图 3.10(c)的尾端可见,Pb 的释放比较稳定,甚至在 1.3 孔隙体积数后出现了 3.5 mg/L 的小幅上升。与之相反,Cd 和 Ni 在运移初期释放较快,水体中浓度较高,但后续过程就快速下降。总的来说,具有较高初始释放率的元素因其与基质较弱的吸附关系,不能在洗脱过程中持续释放,这是显而易见的,且在场地尺度的研究中,这种规律也存在[39]。在多种元素竞争吸附和解吸的过程中,水体和基质的相关性质可对重金属离子的运移行为产生影响,这些因素包括水体中的离子浓度和价态、有机质含量、基质中不同的胶体量和胶体组分等[40]。

相比之下,重金属浓度升高后,土柱内水体的离子强度也有所升高,但对整体离子强度影响最大的仍然是注入水体的盐浓度。虽然悬浮胶体的稳定性增加是由离子强度的增加引起的,在此过程中,胶体表面电荷密度增加,胶体团聚体出现解离[41]。但即便是这种情况下,重金属离子运移能力的提升却有限[图 3.10(a)],DLVO 计算表明,特别是在土柱 B 的 0.5 g/kg 重金属污染条件下,胶体运移反而受到抑制。低离子强度时的双电层厚度为 9.53 nm,然而 0.5 g/kg 的重金属污染使得双电层厚度减小到 1.27 nm,与之对应的 Zeta 电位约增至 3 mV,悬浮胶体变为不稳定状态。带来的结果是运移能力下降,是 0.5 g/kg 的重金属污染改变了溶液整体电化学状态,压缩了双电层厚度,引起了胶体的相互团聚出现聚沉,胶体在孔隙通道中出现空间堵塞[42]。

另一方面,通过对图 3.4 分析可知高离子强度溶液的总体 Zeta 电位趋势与低离子强度溶液相似,但变化范围从 4.42 mV 到–24.70 mV。对比高低离子强度状况,单看实验条件下的 Zeta 电位,低离子强度下 Zeta 电位约在–1～1 mV 区间内,而高离子强度下 Zeta 电位约在–1～3 mV 区间内,同样穿越了 IEP,且区间范围并不大。由此可知,在重金属本身浓度较高的条件下,离子强度和 pH 对其运移的影响已降为次要因素,因为重金属离子的大量存在影响了胶体表面电荷分布,抑制了胶体的自由移动。因此,在土柱 A 实验中,胶体的运移始终未被检测到。

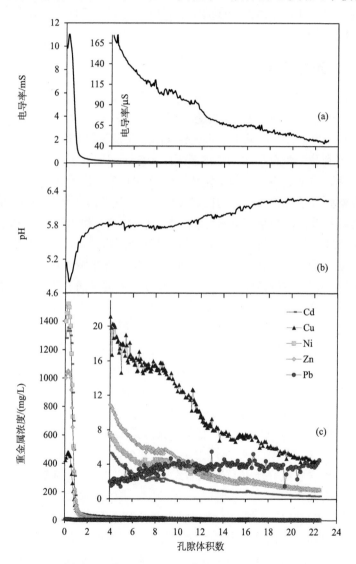

图 3.10　在 0.5 g/kg 重金属污染水平下的运移

综上所述，在实验设定的水化学参数范围内，胶体能够发生自由运移区间有限，在许多条件下胶体皆难以移动，包括基质在 0.5 g/kg 的重金属污染条件下、水体在高离子强度的条件下、胶体团聚后发生空间堵塞的情况下等。由此推测，在场地尺度下，滨海含水层在受到高浓度重金属污染时，污染源处重金属在一定时期内的运移难以受到胶体的协同运移，但随着扩散和对流弥散的作用，浓度下降到一定范围内，在咸淡水交换区中，胶体能在适当的水化学条件下挣脱交互作用能的次级势阱，则可作为重金属的良好载体，协同其运移，此时重金属的运移能力将大幅提高[23]。

3.3.3　胶体-重金属协同运移规律

为了研究典型的海水-淡水界面的空间交互问题，本实验采用了 0.1 g/kg 的重金属浓度，分析了土柱 B 的胶体共迁移现象。如图 3.11 所示，实验中使用了 2 个海水入侵和淡化周期，其中胶体和重金属浓度普遍下降，但其行为呈现周期性。I1 中没有检测到胶体组分，因为高离子强度降低了双层厚度，增加了二次能的最小值，从而使固体基质中的胶体固定化[42]。在 R1 中，由于离子强度降低，在淡化的过程观察到胶质释放，同样的在 I2 和 R2 中，这些过程重复出现。具体来说，在淡化过程，胶体浓度峰值出现在不同的时间：在 R1 和 R2 分别开始后的 1.57 和 2.99 的孔隙体积数位置处。然后，浓度呈逐渐下降趋势，在 R1 和 R2 中均达到约 0.4 mg/g 的稳定值。在 I2 海水入侵过程，胶体浓度显著升高，然而，这一增加在大约 1.20 个孔隙体积数内停止，这个部分发生运移的胶体是先前 R1 悬浮在水相中的残余部分，在 I2 过程中因为咸淡水混合不够充分，高离子强度的海水没能在水体穿透土柱时充分地让胶体聚沉，在 I2 过程聚沉之前随水流洗脱。体现在场地尺度下，就是该处的咸淡水具有突变界面，随着盐水楔的推进，原有淡水被海水驱替，然而胶体对离子强度的反应需要一定时间，聚沉需要在运移过程中寻找合适的位点，因此仍有小部分胶体可以发生运移。

此外，在 I2 中，洗脱胶体的质量为 31.01 mg，在 R1 末端的 1.20 个孔隙体积数中占了 87.59%，这表明海水-淡水界面保留了 12.41%（3.85 mg）的差值部分。这一过程可能发生，因为总胶体斥力下降到最小值，但仅限于在胶体弥散区范围内[43, 44]。如果含水层介质具有较低的弥散度和广阔的胶体弥散区域，而不是以活塞流为特征的突变界面（sharp interface），则 I2 中胶体浓度的陡增现象可能会趋于平缓。另外，R1 与 I2 之间的胶体浓度差在 0.37 孔隙体积数内[图 3.11（a）]。然而，如果认为胶体在淡化过程中均匀地、连续地在柱中释放，这种差异似乎是不合理的。在实验中观察到咸淡水交互界面的复杂现象，混合区的胶体行为由于空间和时间的变化而难以描述，甚至在实验室尺度上也难以解释。

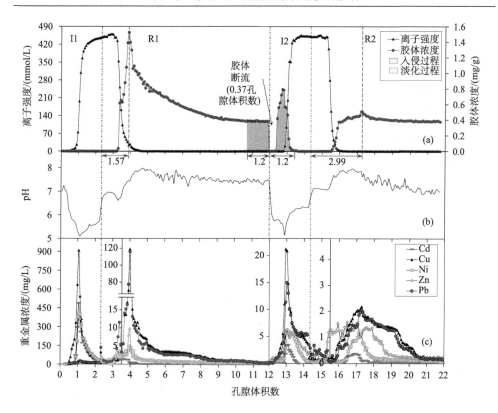

图 3.11　海水入侵和淡化的两个周期内的运移变量和胶体-重金属协同运移

在海水入侵和淡化的两个周期中，初始 pH 为 7.02，然而，在入侵过程中，该值降低，最小值(I1 中 5.09，金属离子水解引起 I2 的 5.15)在入侵开始后约 1 个孔体积数出现。然后，当该柱在淡化过程洗脱盐分时，pH 迅速增加到大约 8，并最终以缓慢的波动减小到 7[图 3.11(b)]。这两个周期的 pH 都等于初始值，这有利于实验的可复制性和随后的运移特征演化分析。当土柱装填方法要求振动和气泡消除时，多孔介质与淡水充分混合，在介质首次饱和时进行阳离子交换[37]。然而，由于胶体比例是 0.72%，这一趋势中因阳离子交换引起的 pH 变化是次要原因，因为相比于天然黏土介质，研究所使用的沉积含水层介质的阳离子交换和基盐饱和度较低[45]。图 3.11(c)为多种重金属浓度在运移过程中的浓度波动。每个过程都具有峰值，且出现时间具有特征性。

配制的海水是 487.72 mmol/L 的氯化钠溶液，阳离子可以置换吸附在胶体组分上的重金属。砂质介质的阳离子交换容量为 4.0 meq/kg，然而，重金属在 I1 和 I2 中释放，当海水侵入高阳离子浓度时，产生阳离子交换。此外，I1 的第一个峰值可以通过高度集中的重金属的洗脱来解释，这些重金属超过了土壤的吸附能力，因此它的运移是通过活塞流,而不是胶体的促使作用[46]。然后,pH、胶体浓度和重金属浓度呈现出相应的波动趋势,而水相中重金属浓度则与 pH 有关。当溶质在海水-淡水界面中积累时,pH 较低,会引起重金属对 H^+ 吸附位点的竞争[47]。因此,在 I1 中,pH 最小和重金属浓度最大值同时发生。最后,随着离子强度的降低,胶体从交互作用能的次级势阱中释放出来,发生运移[48]。

在吸附实验中研究了 Pb^{2+} 运移,结果表明,在整个过程中,Pb^{2+} 的高亲和力不受 pH 波动的影响[47]。对于重金属胶体相关的运移分析,Pb^{2+} 被重点分析,因为 Pb^{2+} 与胶体的相关性很明显,对胶体组分的流动也很敏感[49]。另外,胶体浓度峰值、重金属浓度峰值和 pH 峰值共发生在约 3.97 孔隙体积数时,胶体促进运输是明显的。在 R1 中,Pb^{2+} 的峰值浓度从 I1 孔隙体积数的 24.85 mg/L 增加到 116.17 mg/L,而其他元素的浓度普遍下降。在随后的过程中,通过胶体结合的重金属运移在 I2 和 R2 中都是不可忽略的,而在水相中胶体促进运输和悬浮离子的转运的共同影响下,浓度呈现出以下的顺序:Cu>Pb>Zn>Ni>Cd。整体 pH 波动是依赖注入海水和淡水不同 pH,但更重要的是,这是一个重金属运移过程的指示参数,包括重金属与胶体的结合情况、水环境的离子情况,而不是这个过程中的因变量,因为毕竟 pH 对双层厚度变化的影响较小[42]。因此,虽然运输行为与 pH 有关,但在海水入侵和淡化过程中,pH 波动范围内,重金属离子在不同程度的竞争吸附过程中受到不同程度的影响[50]。

总的来说,在两个周期的海水入侵和淡化过程中,因离子强度的波动、pH 变化、重金属水解、重金属竞争吸附、胶体的协同作用共同影响,重金属的运移能力为 Cu>Pb>Zn>Ni>Cd。胶体释放与再聚沉在该过程中周期性反复出现,重金属随水流和胶体具有多相运移特征,与胶体产生不同程度的协同运移。同时,咸淡水交互所产生胶体弥散带,形成咸淡水的渐变界面,使胶体在不利的水化学条件下依然保持运移,进而增强了重金属的运移能力。

3.4 非吸附携带作用下胶体与重金属协同运移机制

在 3.3 节中,通过砂柱实验探究了滨海区域地下水中胶体与重金属的协同运移规律,然而通过吸附携带的方式并不是胶体-重金属协同迁移的唯一方式,也可能并不是最主要的方式。胶体相具有增大地下水中重金属溶解度的能力,从而达到促进重金属迁移的作用,但是这种作用并不能只归因到胶体的吸附携带作用[51];多孔介质胶体可能通过与固体基质的排斥作用以一种"障碍物"的形式阻止重金属元素与多孔介质进行吸附从而大大促进重金属元素的迁移,也就是说胶体可能并不仅仅作为携带者,也可能通过自身的排斥作用改变着污染物的迁移特性[30]。

本节通过设计砂柱穿透实验监测 Pb^{2+} 与胶体颗粒的穿透曲线,介绍非吸附携带情况下胶体对重金属污染物迁移的影响。

3.4.1　材料与方法

本实验选择的多孔介质样本为上海市崇明岛含水层样本，研究区为全新世 (Q4) 河口-滨海相沉积。区内潜水含水层发育良好，层底埋深 17.00～20.50 m，厚度为 11.75～15.75 m。含水层岩性上部主要为灰色黏质粉土夹砂质粉土或砂质粉土，中部为灰色砂质粉土及灰色砂质粉土夹黏质粉土，下部多为灰色砂质粉土或灰色砂质粉土夹黏质粉土或灰色粉细砂组成。潜水含水层水位动态变化基本保持在 2.4～3.8 m 的标高，富水性较好，水温 17℃，水化学类型绝大部分为 Cl-Na 型咸水。

砂样采集后密封保存，搬运至实验室内后，利用去离子水反复冲洗去除杂质，剩余部分主要成分为石英固体砂粒，以及表面吸附的不易清洗的氧化物、有机质、天然胶体等。天然砂样具有较好的颗粒级配且介质表面具有丰富的表面羟基，可以在合适的条件下吸附大量的 Pb^{2+}。为了针对本实验所选用的胶体进行研究，去除天然胶体的干扰，实验前将砂样进行一定的预处理，使用浓盐酸浸泡 24 h，再使用浓氢氧化钠浸泡 24 h，之后利用超纯水反复冲洗至中性，105℃下整夜烘干备用。室内胶体协同迁移部分主要研究胶体对 Pb^{2+} 的非吸附携带作用下的协同迁移机理，因此选用球形 SiO_2 胶体。实验的主要仪器设备见表 3.4。

表 3.4　主要仪器设备

序号	名称	型号/规格	备注
1	器皿及药品	/	购买
2	酸度计	雷磁 PH-3E	购买
3	离子强度计	雷磁 DDS-307A	购买
4	电子天平	METTLER TOLEDO XP56	购买
5	烘干箱	GZX-9030 MBE	购买
6	超声振荡器	DL-180B	购买
7	蠕动泵	BT100-CA	购买
8	自动部分收集器	BS-100N	购买
9	消解仪	LabTech digiblock S16	购买
10	Zeta 电位仪	Malvern Zetasizer Nano ZS 90	测试
11	分光光度计	UV-1200	测试
12	扫描电镜	扫描电镜 Phenom ProX	测试
13	ICP	Agilent Technologies 720ES	测试

实验的装置概念图及实物图见图 3.12 和图 3.13，主要包括电子控制系统、一维土柱穿透系统、目标物溶度及性质检测系统。该系统已申请专利，名称为一种多孔介质地下水污染物穿透智能化取样及在线监测的实验系统装置，包括系统控制中心、蠕动泵、集成传感器、电磁振动手柄、填料柱体、部分收集器、在线实时监测系统以及其他连接设备或容器器皿。电脑为控制中心，多通道蠕动泵可控制多条进水软管，填料柱体进出水端均设集成传感器，自动部分收集器进行定时、定数量的样本收集，在线实时监测系统可实现系统关键参数测定。

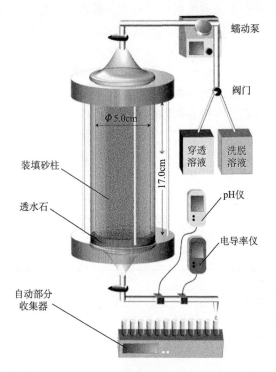

图 3.12　实验系统概念图

图 3.13　实验系统实物图

该系统提供的污染物穿透装置，可模拟饱和或不饱和多孔介质及地下水中复杂的污染物、胶体、固液相介质间的反应情况、宏观及微观迁移机理，并通过实时监测目标溶液穿透填料柱前后的化学及物理性质与穿透后滤出液的关键参数进行定性定量的分析和完成相关图形图表绘制，测定方便易操作。

针对不同实验内容可以对上述系统的参数进行设定调整。本次实验中主要设定的相关参数是柱长设置为 17 cm；内径设置为 5 cm；蠕动泵流速 4 mL/min；传感器检测参数为 pH 及电导率值；振荡摇匀过程分五次装填保证多孔介质达到饱和；穿透及洗脱过程样本收集各 80 个，每 2.5 min 一个，每个样本 10 mL；检测系统主要检测参数为 Pb^{2+} 浓度及胶体颗粒物浓度。

迁移实验是在室内一维饱和砂柱中进行的，砂样由原状砂土处理后组成。分五次填装洗净烘干的砂样，每次用塑料压实器压实，以保证砂土颗粒达到均匀分布。砂柱的两端接口各铺设一张滤纸，防止砂土颗粒堵塞进出水孔。实验中以烧杯和蠕动泵作为供水装置。由上至下缓慢注入去离子饱和砂柱，至形成稳定的流场。调节穿透溶液的 pH、其他阳离子类型，胶体类型进行穿透，用自动部分收集器收集滤出液，并测定滤出液中保守溶质和 Pb^{2+} 的浓度。试验的前期准备做以下几点说明。

(1)含水层介质的选取

实验选取崇明岛典型垃圾填埋场区域地下含水层砂样作为柱体内的装填介质，可以保证砂样的天然级配，更好地模拟野外地下水中 Pb^{2+} 的迁移行为。试用砂样提前进行的酸碱浸泡清洗处理，既能保证介质中的化学物质及其他颗粒物对本实验的影响，又能保证没有原位胶体的干扰，在后续的协同迁移实验中放大胶体非吸附携带的作用，更好地研究非吸附携带作为一种协同方式的机制。

(2)实验的一维性

因为是利用滤出液性质检测来描述砂柱出口端的参数变化，且天然地下水中污染物的迁移主要集中表现为水平迁移，因此砂柱的内径设置为 5 cm，认为砂柱为一维穿透实验，不进行侧向取样。通过湿法装填、振荡饱和保证介质饱和不沉降，每次重复实验的砂样为同一批处理砂样，且装填质量相同，认为初始孔隙体积数一致。

(3)背景溶液参数确定

根据前期的胶体电位测试及铅的水解作用测试，设定背景 pH 为 5.6，即保证胶体悬浊液的稳定性，又最大程度不破坏重金属铅的天然水解作用，调节 pH 利用稀盐酸和稀氢氧化钠来进行，调节过程中对电导率的影响不大，认为不影响胶体的稳定性。

试验的主要步骤如下。

(1)溶液制备，装填砂柱

配置一系列实验所需溶液,包括背景溶液及穿透溶液,利用背景溶液对砂柱进行从下到上的进水,通过振荡饱和装填砂柱,装填完成后将砂柱倒置,使用背景溶液连续 1h 从上到下地穿透,保证砂柱的性质达到稳定,之后更换溶液。

(2)设定程序同步穿透

更换穿透溶液后,设定蠕动泵及自动部分收集器的时间归零,并设置蠕动泵流量参数及收集器收集频率,检查穿透系统的饱和性及连接是否固定,之后同步按下蠕动泵和自动部分收集器的开始按钮,进行连续 200 min 的穿透过程。穿透过程完成后更换背景溶液进行洗脱,更换过程中需要尽量不对砂柱进行扰动,并且不破坏系统的饱和性,更换完成后再次设定输入及收集系统,进行 200 min 的洗脱过程收集,完成一次完整的穿透及洗脱迁移过程实验。

(3)收集样本标记顺序

自动部分收集器收集完成后需要对样本进行收集,样本统一收集在样品瓶中密封保存,根据不同的实验组别进行标记,标记后统一保存在冰箱中保证样本的稳定性,收集完成后留待处理测试。

(4)样本处理,过滤稀释消解

样本处理主要包括针对测试仪器进行的过滤,防止不可见的相对大颗粒物堵塞仪器管道;或者针对仪器检测上限进行的稀释,保证检测精度;当实验涉及胶体颗粒物时还需要对样本进行消解,消解过程为浓硝酸浸煮 1h,颗粒物消解之后稀释样本待测。

(5)仪器检测绘制曲线

处理达标后的样本统一在实验室的 ICP 及分光光度计仪器上检测污染物浓度及胶体颗粒物浓度,结合实验过程中检测的 pH 及电导率曲线对污染物及胶体的迁移现象进行分析研究。

由于胶体相在地下水中以第三相的方式存在,影响污染物的迁移过程,所以胶体相更多的是一定粒径范围内的微小颗粒物,颗粒物表面自带电性,且有着更大的比表面积,因此无论胶体是以吸附或者非吸附的方式总能影响污染物的迁移。但实际上,当地下水中的物化条件发生改变时,胶体同样会受到影响,或者更多地释放到环境中,或者产生絮凝沉淀,且无论哪种都可能继续影响污染物的迁移。

本节设置系列重金属浓度梯度穿透实验,穿透溶液为 SiO_2 胶体与 Pb^{2+} 的混合溶液,其中胶体浓度固定为 150 mg/L,每组实验中改变 $PbCl_2$ 浓度,分别设定为 20 mg/L、40 mg/L、50 mg/L、100 mg/L、300 mg/L,穿透实验的流速设定为 4 mL/min,样本采集后经过 0.45 μm 滤膜过滤,后稀释至 ICP 检测范围内的浓度倍数,进行测定;含有胶体的样本进行浓酸消解后稀释;胶体浓度用分光光度计测试。根据砂柱性质换算孔隙体积数,绘制 Pb^{2+} 浓度与孔隙体积数关系曲线图,直观地分析不同条件下的 Pb^{2+} 迁移行为。

　　为确定重金属浓度值，提前进行了一系列预实验，预实验中重金属浓度梯度设置得更加紧密，设置 10 mg/L、20 mg/L、30 mg/L、40 mg/L、50 mg/L、100 mg/L、150 mg/L、200 mg/L、250 mg/L、300 mg/L PbCl$_2$ 与胶体的混合溶液进行预穿透实验。通过肉眼可明显观测到胶体浓度的差别，所以可以判断 Pb^{2+} 浓度的不同会反向作用于实验选用的胶体，导致胶体的滤出浓度发生变化。之后通过个别样本 Pb^{2+} 浓度的抽检，认为在一定的浓度区间内，Pb^{2+} 浓度曲线变化趋势，具有一定的相似性。即分为未达到砂柱对 Pb^{2+} 吸附饱和且洗脱过程无突变峰值的低等浓度阶段、未达到砂柱对 Pb^{2+} 吸附饱和且洗脱过程有突变峰值的中等浓度阶段、达到砂柱对 Pb^{2+} 吸附饱和的高浓度阶段。这三个阶段对应胶体也有不同的迁移行为，在低等浓度下，胶体受 Pb^{2+} 抑制作用不强，滤出液比较浑浊浓度较高；中等浓度下，滤出液稍有浑浊但是浓度不高；而在高等浓度阶段，胶体受 Pb^{2+} 抑制作用强烈，滤出液澄清几乎无胶体。因此选定代表性的五组实验，进行样本消解、稀释和统一测试 Pb^{2+} 具体浓度。

3.4.2　Pb^{2+} 浓度变化对胶体迁移的影响分析

　　由图 3.14 可知，在前 6 个孔隙体积数的穿透过程中，随着溶液 Pb^{2+} 浓度的增加，滤出液中胶体浓度逐渐减小，胶体迁移被抑制，更多的胶体颗粒被吸附在砂柱中。PbCl$_2$ 浓度 40～50 mg/L 之间胶体浓度值下降幅度最为明显。一般胶体向固体基质表面的迁移和介质表面对胶体颗粒的吸附可以从以下方面解释，当液相中

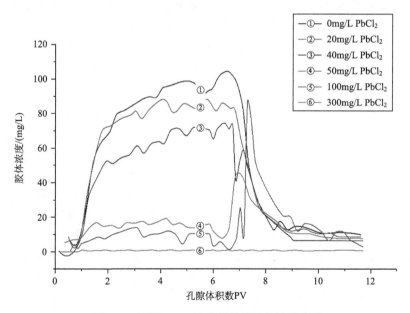

图 3.14　不同 PbCl$_2$ 浓度条件下胶体浓度曲线

的离子强度增大时，一方面自由阳离子对胶体的排斥力升高，胶体比较容易从液相中分离，另一方面胶体颗粒的表面扩散双电层结构会变薄，也更容易被吸附在固体基质中，因此胶体迁移随着溶液中 Pb^{2+} 浓度增加而逐渐被抑制。另外根据表 3.4 的数据可知，随着 $PbCl_2$ 浓度的升高，胶体的 Zeta 电位绝对值逐渐降低，虽然未破坏胶体系统整体的稳定性，但却一定程度降低了胶体颗粒的稳定性，更容易发生絮凝沉淀；在 $PbCl_2$ 浓度最大的时候滤出液的 pH 出现稳定阶段为 5.6 左右，随着 pH 的降低氢离子容易吸附到胶体颗粒的表面，胶体表面所带的正电荷量增大也更容易向介质中迁移，因此 300 mg/L 的 $PbCl_2$ 影响胶体几乎全部抑制沉淀在砂柱中。这和前面对已污染砂柱的洗脱实验的结论一致，即在有 Pb^{2+} 的条件下，胶体的迁移是被抑制的，而随着 Pb^{2+} 的浓度在洗脱过程中逐渐减小，胶体对应迁移量会增多并稳定释放。

在 6 个孔隙体积数之后的洗脱过程中，当 $PbCl_2$ 浓度 40～100mg/L 时，胶体浓度在 7 个孔隙体积数左右会有一个突变现象，此时 pH 也会有一个同步的突变，在后续的 Pb^{2+} 浓度测试中，Pb^{2+} 浓度也会有同样的突变现象，但是电导率并未出现这样的突变峰值现象。且胶体的突变时间点要比 Pb^{2+} 的突变时间点慢，故推测在这几个系列的洗脱过程中可能存在适合 Pb^{2+} 突然释放的化学条件，从而导致 pH 和胶体浓度相应突变。这可能是因为在中等浓度 40～100mg/L 的条件下，穿透溶液的 pH 由于重金属 Pb^{2+} 的水解作用，会比较接近实验设置的背景条件 5.6 左右，因此只需要使用十分微量的稀盐酸调试即可达到要求。在含有定浓度 $PbCl_2$ 溶液的穿透过程中砂柱吸附大量 Pb^{2+}，Pb^{2+} 水解影响的 pH 变化失效，因此砂柱内孔隙以及滤出液中的 pH 都是 7 的中性左右，由吸附实验可知砂柱对 Pb^{2+} 的吸附容量也相对增加。而洗脱溶液中的 pH 无 Pb^{2+} 的水解作用，直接使用稀盐酸滴定至 5.6，相当于洗脱时利用相对酸性的溶液去穿透介质孔隙，因此在 6～7 个孔隙体积数之间会有 Pb^{2+} 的突然释放过程，而 Pb^{2+} 的大量释放导致介质中存留的 Pb^{2+} 量减少，胶体被抑制程度降低，在较短的时间之后也出现滤出峰值，只不过比 Pb^{2+} 的突变相应要慢。当 Pb^{2+} 突变释放完毕，砂柱内重新动态达到对 Pb^{2+} 的吸附平衡，并且由于砂柱对 H^+ 的吸附作用，使滤出液 pH 继续稳定在中性左右。

低浓度条件和高浓度条件未出现这种现象，主要是因为低浓度条件下水解 Pb^{2+} 程度不足，所能引起的 pH 变化也较小，另外砂柱也没有达到 pH 为 5.6 条件下的吸附容量最大值，因此即使用 pH 为 5.6 的背景溶液进行洗脱也没有突变释放的过程。而高浓度条件下，Pb^{2+} 的水解作用足够，砂柱的调节作用失效，在 3～7 个孔隙体积数之间，砂柱孔隙内及滤出液中的 pH 都为 5.6 左右，且砂柱达到对 Pb^{2+} 的吸附容量最大值，洗脱过程虽然有 Pb^{2+} 的释放，但是孔隙内仍存留大量的 Pb^{2+}，因此胶体始终被抑制在介质中。可以合理推测当使用更低 pH 的溶液进行穿透时，Pb^{2+} 和胶体都将再次释放进行运移，这个过程中的相应关系为 pH 降低引起

Pb^{2+}释放,而 Pb^{2+}释放则导致胶体释放,胶体迁移过程又会影响 Pb^{2+}的迁移速率,二者存在动态相互作用。

图 3.15 为不同系列的 pH 变化曲线,可以看出由于砂柱的缓冲作用以及对 Pb^{2+}的吸附作用,PbCl$_2$浓度未达到高浓度的情况下,滤出液中的 pH 总是趋向中性,只有在 Pb^{2+}浓度足够高时 pH 才会降低至穿透前设置值。这可能是因为大量可水解的 Pb^{2+}被吸附在砂柱中,滤出液中没有 Pb^{2+}的水解作用产生的 pH 变化,因此总是趋向原本的中性。中等浓度时 pH 的突变峰值可以由前面 Pb^{2+}的释放峰值进行解释,Pb^{2+}在滤出液中的浓度升高必然导致 pH 降低,因此中等浓度的 pH 变化曲线会出现相应的降低突变。

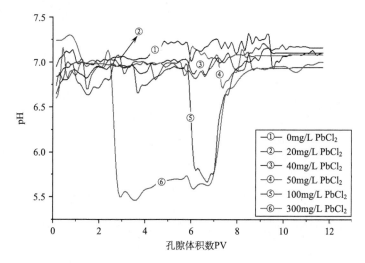

图 3.15 不同 PbCl$_2$浓度条件下 pH 变化曲线

图 3.16 为滤出液电导率变化曲线图,基本与 PbCl$_2$浓度保持一致,即 PbCl$_2$浓度越大电导率的值也越大。值得注意的是,电导率的变化曲线并未随着 Pb^{2+}的浓度突然出现相应峰值,而是始终处于比较平稳的状态。这说明滤出液中的溶液电导率未发生明显变化,一方面是因为滤出液中的 Pb^{2+}容易水解,形成带羟基的离子,导电性减弱;另一方面 Pb^{2+}浓度突变的过程伴随其他离子浓度的降低过程,这和前面的解释一致,洗脱过程中 H$^+$相当于置换出 Pb^{2+}从而引起释放,因此 H$^+$浓度会降低。最终,滤出液的导电性在一系列的动态过程中保持稳定,但是溶液的离子类型却发生了非常复杂的变化。

实验结果说明胶体自身的迁移会受多孔介质中的物化条件影响而发生改变。本实验条件下,利用 PbCl$_2$浓度梯度变化的过程,以离子强度的影响形式作用于胶体颗粒,使得胶体颗粒随着 PbCl$_2$浓度的升高迁移逐渐被抑制,更多的胶体颗粒沉积在砂柱中,抑制了胶体的迁移。这是因为离子强度的升高会使得胶体双电层结构变薄、Zeta 电位的绝对值降低，从而更容易被介质吸附。且胶体的迁移过程与 Pb^{2+} 的迁移过程相应关系明显，当滤出液 Pb^{2+} 浓度突然升高，即介质孔隙中 Pb^{2+} 量减少时，在比较短的时间内，孔隙中沉淀的胶体颗粒就会大量释放。胶体的吸附解吸过程受 Pb^{2+} 浓度影响明显，同时胶体也将作用于 Pb^{2+} 的迁移过程，胶体不同沉积程度下会表现出不同的作用形式。

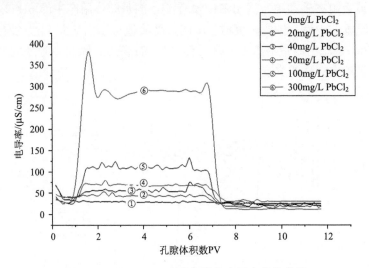

图 3.16 不同 $PbCl_2$ 浓度条件下电导率变化曲线

　　pH 及电导率值的变化，主要受砂柱内部调节和 Pb^{2+} 浓度的影响，低 $PbCl_2$ 浓度条件下，砂柱调节能力足够，Pb^{2+} 也几乎全被吸附在砂柱中，滤出液 pH 全部接近中性；中等浓度在洗脱过程会出现 Pb^{2+} 浓度的突变，此时由于 Pb^{2+} 的水解作用，滤出液 pH 也会相应突变；高浓度条件下砂柱调节能力失效，对 Pb^{2+} 的吸附能力也达到上限，Pb^{2+} 稳定穿透后，pH 也稳定在 5.6 左右。整个过程中砂柱内都存在离子交换的调节过程，因此电导率值始终比较稳定。

3.4.3　Pb^{2+} 受胶体非吸附携带影响分析

　　当 $PbCl_2$ 浓度发生梯度变化时，由图 3.14 可知，胶体浓度会相应变化，即胶体的迁移过程会发生改变，这体现了重金属由于改变溶液化学条件而对胶体的作用。在地下水饱和多孔介质中，胶体的迁移过程同样会影响重金属的迁移，通常以吸附携带的概念统一代表胶体对重金属的迁移影响方式，但是胶体的非吸附携带作用在越来越多的研究中体现出来，例如由于表面特性的原因对重金属吸附量比较少的胶体是怎样影响重金属迁移的过程，以及为什么胶体不进行迁移的条件下也会促进重金属迁移。

　　本实验的条件正好可以探究以上问题，实验条件下针对性选择了球形 SiO_2 胶体，由于胶体表面光滑，对 Pb^{2+} 的吸附量大大降低，可以较好地研究胶体非吸附携带的作用程度；同时，胶体的迁移过程经历了从大量滤出到几乎全部抑制在砂柱中的整个过程，可以分析胶体不同迁移状态下对 Pb^{2+} 的协同作用，以及当胶体无法迁移时如何影响 Pb^{2+} 的迁移过程。

　　根据预实验的现象，将系列实验分为以下几种情况，并逐一进行分析，分别是：未达到砂柱对 Pb^{2+} 吸附饱和且洗脱过程无突变峰值的低等浓度阶段、未达到砂柱对 Pb^{2+} 吸附饱和且洗脱过程有突变峰值的中等浓度阶段、达到砂柱对 Pb^{2+} 吸附饱和的高浓度阶段。

　　图 3.17 对比了在有无 SiO_2 胶体情况下，穿透前溶液中 $PbCl_2$ 浓度为 20mg/L 时，Pb^{2+} 的浓度曲线。可以看出，有胶体时比没有胶体时滤出液中的 Pb^{2+} 浓度大，说明胶体颗粒促进了 Pb^{2+} 的迁移；且有胶体时，滤出液中 Pb^{2+} 出现的速度更快些，大约提前 2~3 个样本，猜测因为胶体颗粒优先通过多孔介质中的大孔隙，以携带或者减少 Pb^{2+} 与多孔介质接触面积从而导致 Pb^{2+} 提前滤出；反观重金属对胶体的作用，分析图 3.18 可知，在 20mg/L $PbCl_2$ 的情况下，胶体的迁移被抑制，滤出液中胶体浓度的峰值降低了约 20mg/L。当液相中的离子强度增大时，一方面由阳离子对胶体的排斥力升高，胶体比较容易从液相中分离，另外胶体颗粒的表面扩散双电层结构会变薄，也更容易被吸附在固体基质中。

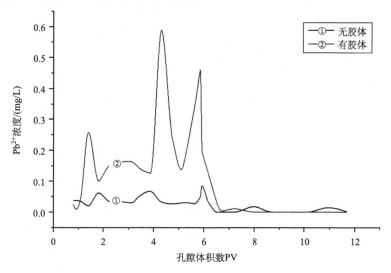

图 3.17　20 mg/L $PbCl_2$ 条件系下，有无胶体时 Pb^{2+} 的穿透曲线

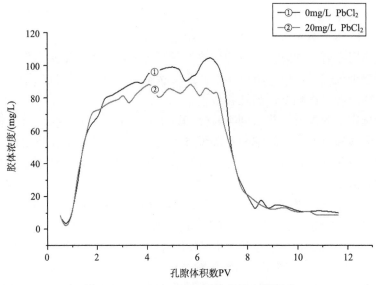

图 3.18　20 mg/L PbCl₂ 对胶体浓度的影响

在此浓度下，胶体对重金属的促进作用较少，主要促进作用可能分为三个方面，一是由吸附实验可知，胶体颗粒本身会携带少量的 Pb^{2+}，在胶体大量滤出的情况下，很可能携带部分 Pb^{2+} 同步滤出，造成滤出液中 Pb^{2+} 浓度上升，但是由于本实验采用吸附能力较弱的球形胶体，因此促进量比较少；二是由于胶体的非吸附协同作用，胶体在穿透过程中形成稳定的胶体滤出通道，阻碍了混合溶液中 Pb^{2+} 接触固体基质的吸附过程，导致 Pb^{2+} 在胶体溶液通道中以自由离子的形式继续穿透；三可能是因为胶体本身在介质中受吸附作用在砂柱中沉淀，特别是因为 Pb^{2+} 浓度增加导致胶体的沉淀量有所增加的情况下，胶体在被介质吸附过程中，占据了 Pb^{2+} 的部分吸附位点，因此 Pb^{2+} 可利用位点减少，则滤出液中 Pb^{2+} 浓度增加。在此浓度下，可能第一种协同方式为主要协同方式，即传统的携带作用加速 Pb^{2+} 迁移，主要是因为滤出液中的 Pb^{2+} 值基本与胶体可吸附量相同，因此在较低的浓度下，携带协同仍为主要协同方式。

图 3.19、图 3.20 分别为此浓度下滤出液中 pH 变化曲线和电导率曲线。电导率受 PbCl₂ 浓度影响，有无胶体影响不是很大。穿透前溶液 pH 为 5.6，由于砂柱的缓冲作用，且 20mg/L PbCl₂ 浓度时，穿透过程中未达到砂柱对 Pb^{2+} 的吸附饱和，滤出液中 pH 基本保持在 7 左右。

穿透前溶液中 PbCl₂ 浓度为 40 mg/L，图 3.21 对比了在有无 SiO₂ 胶体情况下，Pb^{2+} 的穿透曲线。由图可知，基本情况与 20 mg/L 时相似，但滤出液 Pb^{2+} 浓度值升高，胶体对 Pb^{2+} 迁移的促进作用也更加明显，同时由图 3.22 可知，因为 Pb^{2+} 浓度的升高，导致 SiO₂ 胶体的迁移更加被抑制，相比无 PbCl₂ 情况下，胶体峰值大约减少了 40 mg/L。

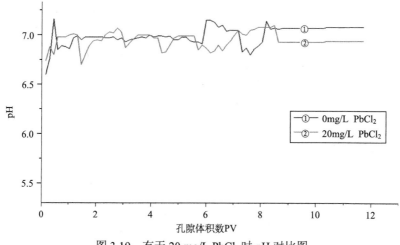

图 3.19　有无 20 mg/L PbCl$_2$ 时 pH 对比图

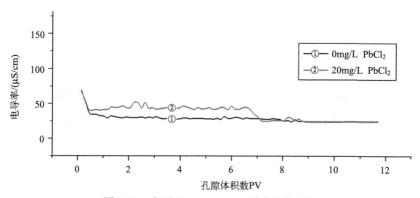

图 3.20　有无 20 mg/L PbCl$_2$ 时电导率对比

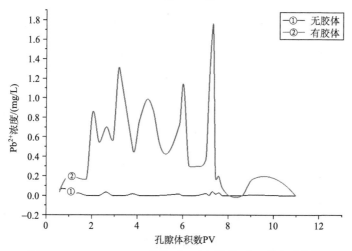

图 3.21　40 mg/L PbCl$_2$ 条件下，有无胶体时 Pb^{2+} 穿透曲线

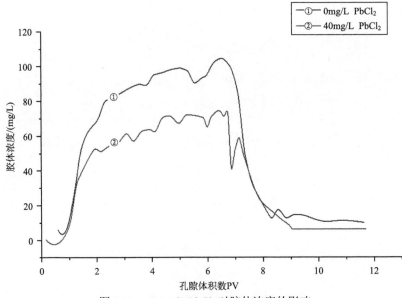

图 3.22　40 mg/L PbCl$_2$ 对胶体浓度的影响

在此浓度下，胶体促进的 Pb^{2+}迁移量已经明显超过胶体可吸附 Pb^{2+}量，即携带协同的方式已经不是主要方式；由图 3.22 可知胶体的浓度受 PbCl$_2$ 浓度的影响继续下降，所以可能抢占更多 Pb^{2+}的吸附位点导致 Pb^{2+}迁移量增加；但是仍有 70 mg/L 的胶体浓度滤出，所以在此浓度下，胶体形成的迁移通道可能是促进 Pb^{2+} 迁移的主要方式，而且 Pb^{2+}的滤出浓度十分不稳定也说明了这一点。

图 3.23 中滤出液中 pH 由于砂柱的缓冲作用，且砂柱仍然没有达到对 Pb^{2+}的吸附饱和，所以保持在 7 左右。图 3.24 中电导率情况和 Pb^{2+}浓度对应。

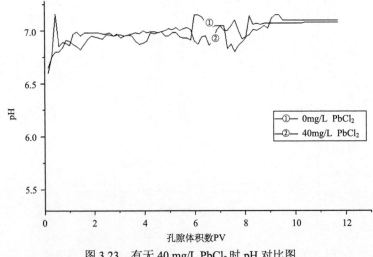

图 3.23　有无 40 mg/L PbCl$_2$ 时 pH 对比图

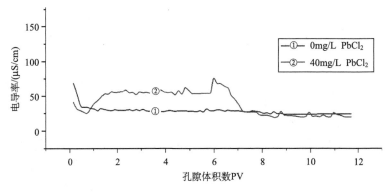

图 3.24　有无 40 mg/L PbCl₂ 时电导率对比图

穿透前溶液中 PbCl₂ 浓度为 50 mg/L，图 3.25 对比了在有无 SiO₂ 胶体情况下 Pb²⁺ 的穿透曲线。由图可知，前 6 个孔隙体积数的穿透过程中有无胶体对滤出液中的 Pb²⁺ 浓度影响并不大，是因为随着 Pb²⁺ 浓度的升高，图 3.26 可以看出胶体迁移被抑制的现象更加明显，滤出液胶体浓度只有 20 mg/L 左右，相比无 PbCl₂ 时降低了 80 mg/L 左右，因此对 Pb²⁺ 的促进作用减弱，且此时依然没有达到砂柱对 Pb²⁺ 的吸附饱和，所以滤出液 Pb²⁺ 浓度很低。

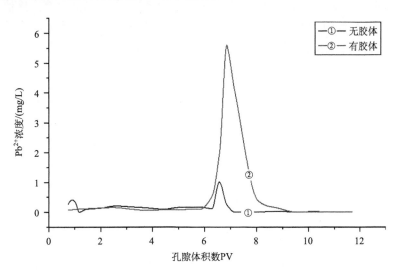

图 3.25　50 mg/L PbCl₂ 条件系下，有无胶体时 Pb²⁺ 穿透曲线

此浓度及更高的浓度下，胶体的吸附携带作用已经可以忽略不计，一方面胶体的滤出量大大降低，通过吸附携带滤出的 Pb²⁺ 十分微少，另一方面，胶体对 Pb²⁺ 的促进程度也远大于吸附携带的量，其他方式的促进作用已经占据 99%以上。在此浓度下穿透过程中有无胶体时 Pb²⁺ 的迁移量改变并不明显，即没有明显的促进

或者抑制作用，只有当洗脱过程中 Pb^{2+} 浓度受化学条件的扰动出现滤出峰值时，胶体同步出现峰值，在此时间点上胶体迁移通道裹挟大量 Pb^{2+} 进行迁移导致滤出量明显高于无胶体的情况。因为只有在洗脱过程中的峰值时胶体的促进作用明显，其他时刻处于既不促进也不抑制的状态，因此可以合理推测在突变处的峰值主要协同方式为胶体迁移通道的裹挟作用促进 Pb^{2+} 迁移。

但是在 6 个孔隙体积数之后的洗脱过程中，第 7 个孔隙体积数处有一个 Pb^{2+} 浓度的峰值，有无胶体的情况下，都有此峰值，可能是洗脱过程中溶液化学性质突变，Pb^{2+} 吸附平衡打破，大量释放一定浓度的 Pb^{2+}，同时导致胶体浓度在此之后有一个相应突变(图 3.26)。这可能是因为在中等浓度 40～100 mg/L 的条件下，穿透溶液的 pH 由于重金属 Pb^{2+} 的水解作用，会比较接近实验设置的背景条件 5.6 左右，因此只需要使用十分微量的稀盐酸调试即可达到要求。在含有特定浓度 $PbCl_2$ 溶液的穿透过程中砂柱吸附大量 Pb^{2+}，Pb^{2+} 水解影响的 pH 变化失效，因此砂柱内孔隙以及滤出液中的 pH 都是 7 的中性左右，由吸附实验可知砂柱对 Pb^{2+} 的吸附容量也相对增加。而洗脱溶液中的 pH 无 Pb^{2+} 的水解作用，直接使用稀盐酸滴定至 5.6，相当于洗脱时利用相对酸性的溶液去穿透介质孔隙，因此在 6～7 个孔隙体积数之间会有 Pb^{2+} 的突然释放过程，而 Pb^{2+} 的大量释放导致介质中存留的 Pb^{2+} 量减少，胶体被抑制程度降低，在较短的时间之后也出现滤出峰值，只不过比 Pb^{2+} 的突变相应要慢。当 Pb^{2+} 突变释放完毕，砂柱内重新动态达到对 Pb^{2+} 的吸附平衡，并且由于砂柱对 H^+ 的吸附作用，使滤出液 pH 继续稳定在中性左右(图 3.27)。

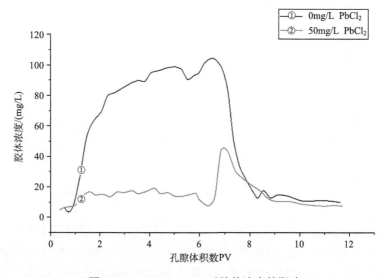

图 3.26　50 mg/L $PbCl_2$ 对胶体浓度的影响

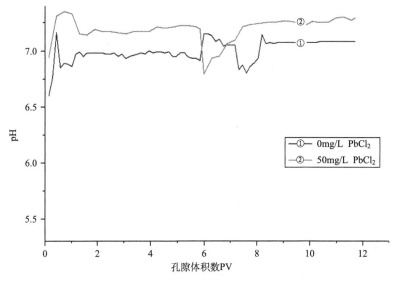

图 3.27　有无 50 mg/L PbCl$_2$ 时 pH 对比图

图 3.28 为有无 50 mg/L PbCl$_2$ 时电导率对比图。当穿透前溶液中 PbCl$_2$ 浓度为 100 mg/L 时，图 3.29 对比了在有无 SiO$_2$ 胶体情况下，Pb^{2+} 的穿透曲线。由图可知当 PbCl$_2$ 浓度为 100 mg/L 时情况和 50 mg/L 时相似，前 6 个孔隙体积数的穿透过程中，由于砂柱仍未达到对 Pb^{2+} 的吸附饱和所以滤出液中 Pb^{2+} 量仍然很少，且由于 Pb^{2+} 浓度的增加，由图 3.30 可知胶体的迁移也更加被抑制，因此穿透过程中胶体对重金属迁移无明显作用，即此时胶体促进迁移的量与抑制迁移的量达到了相互抵消的程度，因此既不促进也不抑制。

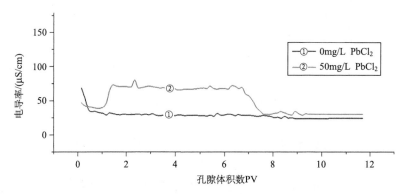

图 3.28　有无 50 mg/L PbCl$_2$ 时电导率对比图

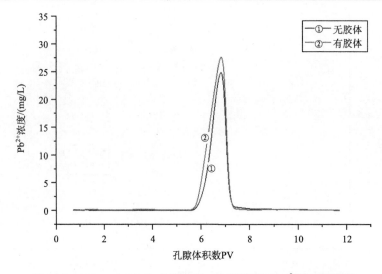

图 3.29　100 mg/L PbCl$_2$ 条件系下，有无胶体时 Pb^{2+}的穿透曲线

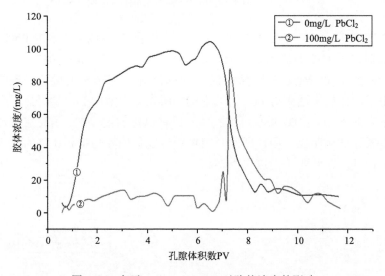

图 3.30　有无 100 mg/L PbCl$_2$ 对胶体浓度的影响

此浓度下，不管是穿透过程还是洗脱过程，胶体对 Pb^{2+}的促进或者抑制现象均不明显，虽然有胶体的条件下，Pb^{2+}滤出量稍有增加，但占比不大，可见此浓度下由于胶体大量的沉积，胶体颗粒通过上述三种方式促进 Pb^{2+}的迁移量大大减少，因此有无胶体对 Pb^{2+}迁移的改变并不明显，且 Pb^{2+}在此浓度下仍没有达到在介质中的吸附饱和量，所以 Pb^{2+}仍未出现明显的上升和稳定阶段，大部分吸附在砂柱内。

同样在 6 个孔隙体积数之后的洗脱过程中，在第 7 个孔隙体积数处 Pb^{2+} 浓度出现突变，峰值达到 30 mg/L，同时由图 3.30 可知胶体也在此处有一个浓度突变，且峰值比上一组更大，pH 在此处也对应突变。在 $PbCl_2$ 浓度为 100 mg/L 时，整个过程中有无胶体对 Pb^{2+} 迁移作用最不明显，两条穿透曲线几乎重合。同时 pH 在洗脱过程中会有一个对应的突变值，下降到 5.6 左右（图 3.31），此时电导率突然下降（图 3.32），Pb^{2+} 突变释放完毕，砂柱内重新动态达到对 Pb^{2+} 的吸附平衡，并且由于砂柱对 H^+ 的吸附作用，使滤出液 pH 继续稳定在中性左右。图 3.33 中对比了在有无 SiO_2 胶体情况下，Pb^{2+} 的穿透曲线，在此浓度下，穿透过程中达到了砂柱对 Pb^{2+} 的吸附容量最大值，Pb^{2+} 穿透曲线有完整的上升、稳定和下降阶段。

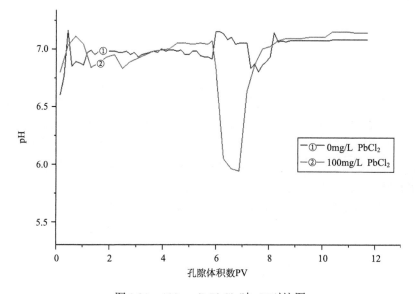

图 3.31 100 mg/L $PbCl_2$ 时 pH 对比图

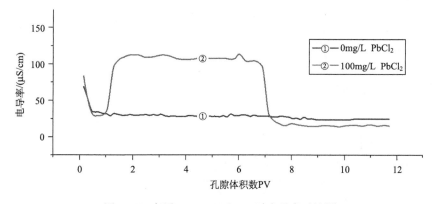

图 3.32 有无 100 mg/L $PbCl_2$ 时电导率对比图

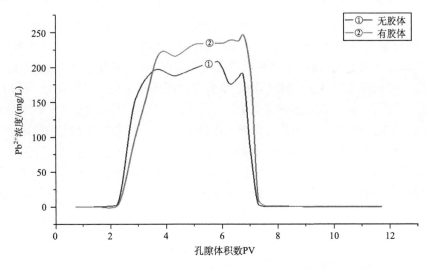

图 3.33　100 mg/L PbCl₂ 条件下，有无胶体时 Pb²⁺ 的穿透曲线

　　将穿透前溶液中 PbCl₂ 浓度调整为 300 mg/L，根据图 3.34 分析可知，此时胶体几乎完全被抑制在砂柱中，Pb²⁺ 浓度在有胶体的情况下上升过程虽然减缓，但是稳定阶段的峰值要大于无胶体条件下 30 mg/L 左右。此时砂柱中可能发生以下几个过程，首先由于 Pb²⁺ 大量增加导致胶体颗粒全部沉淀在砂柱当中，导致 Pb²⁺ 的吸附携带和裹挟作用接近完全消失，且胶体的沉淀也大量堵塞了介质的孔隙，导致重金属迁移通道减少，因此减缓了上升趋势；但是又因为胶体沉淀的同时大

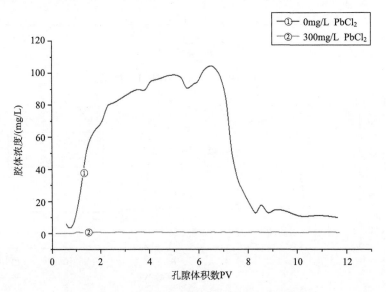

图 3.34　有无 300 mg/L PbCl₂ 对胶体浓度的影响

量占据了 Pb^{2+} 的吸附位点，因此当 Pb^{2+} 滤出达到平衡状态时，滤出液的浓度峰值要大于无胶体时的峰值，即胶体在 4 个孔隙体积数之前减缓了 Pb^{2+} 的迁移速率，但是却增大了之后稳定滤出阶段的浓度峰值，致使稳定阶段的 Pb^{2+} 浓度值多于无胶体时 30 mg/L 左右。此浓度下洗脱过程中没有突变现象，胶体也始终处于被抑制的状态。

图 3.35 中 pH 在此浓度下多孔介质的缓冲作用失效，在 Pb^{2+} 滤出稳定的过程中 pH 也下降稳定至 5.6 左右，直到洗脱过程才恢复至中性。图 3.36 的电导率值变化曲线基本与 Pb^{2+} 浓度趋势一致。

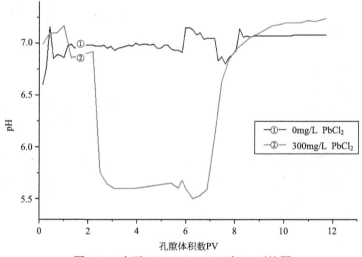

图 3.35　有无 300 mg/L PbCl$_2$ 时 pH 对比图

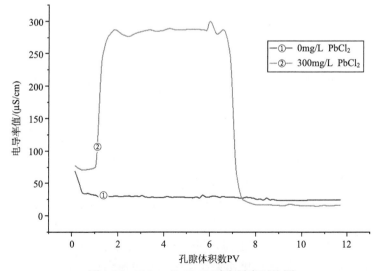

图 3.36　300 mg/L PbCl$_2$ 时电导率对比图

　　图 3.37 以概念图的形式描述了胶体的非吸附携带形式。可以看出，一方面，孔隙中的胶体在迁移过程中虽未吸附 Pb^{2+} 进行携带协同，但仍能以一种"通道"的形式裹挟 Pb^{2+} 进行迁移；另一方面，Pb^{2+} 在吸附至介质表面的过程中，被胶体颗粒阻碍，掩蔽了介质的吸附位点，使 Pb^{2+} 无法顺利被介质吸附，从而增加了迁移量。

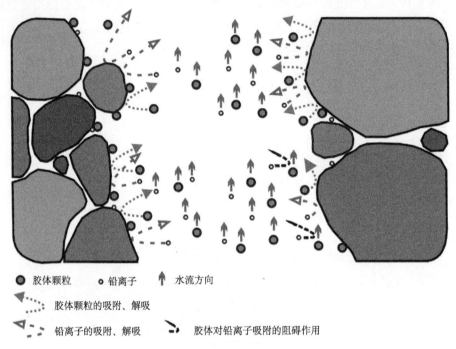

图 3.37　胶体非吸附携带概念图

3.5　胶体运移量及其对含水层介质特性的影响

　　胶体在一段时间的释放过程中，其粒径组成不断变化，胶体数量也随之改变。这种改变不仅影响了胶体相的总比表面积，改变了胶体协同重金属运移的能力，而且在一定程度上改变了含水层孔隙结构，引起含水层水力参数的改变。但是传统对胶体的研究仅考虑胶体与污染物的相互作用，或仅宏观地将它考虑为大尺度的颗粒物运移。目前对胶体在自然条件下的运移规律的认知，还未考虑其内部的变化。

　　本节对胶体在释放阶段中的量的变化以及它对含水层介质特性的影响进行介绍，为地下水胶体相运移转化相关理论研究提供参考。

3.5.1　材料与方法

为了深入分析胶体在运移过程中的团聚形态、组分演变以及胶体运移对含水层介质水力参数的影响，需要利用 B 柱(3.3 节)实验对相关运移参数进行记录。相关的配置参数如表 3.5 所示。

表 3.5　实验中溶液注入程序及溶液配制参数

过程	注入溶液的孔隙体积数	描述
I1	2.25	海水(487.72 mmol/L NaCl，pH=8.26)，重金属污染的含水层洗脱，土柱盐化
R1	9.73	淡水(2.02 mmol/L NaCl，pH=5.50)，胶体与重金属的协同运移
I2	2.25	海水(487.72 mmol/L NaCl，pH=8.26)，孔隙中水相内游离胶体洗脱，土柱再盐化
R2	9.88	淡水(2.02 mmol/L NaCl，pH=5.50)，胶体与重金属的协同运移
4	2.25	1 mmol/L NaNO$_3$，保守溶质的穿透，检测 R2 后土柱运移参数的变化

用部分收集器采集所有滤出的胶体悬浊液样品，对样品进行自然干燥，随机选择不同孔隙体积数时的胶体样品，通过扫描电镜(PhenomTM ProX)对胶体的团聚、沉积形态进行观察。根据需要对待观察的胶体表面喷金，以增加样品表面的导电性，便于更好地成像。在大量图像中进行抽取、观察并筛选，将胶体团聚和沉积形态分为若干类，并分析不同团聚类型出现的对应状况。

为了分析胶体在运移不同阶段的粒径分布变化，将上述样品分别在 Milli-Q® Reference 超纯水中重新溶解，并进行超声恒温水浴处理 12 h，使用 Malvern® Mastersizer 3000 分析其粒径分布。

3.5.2　胶体在运移过程中的团聚形态

胶体在不同过程内的运移，不仅在数量上具有显著变化，而且它的粒径组成和团聚形式也在时刻变化。目前对胶体在自然条件下的运移规律的认知，还未考虑其内部的变化，包括粒径分布、团聚类型，以及不同类型团聚现象的改变等。而胶体在运移过程中的微观团聚形态对研究宏观自然条件下的胶体运移十分重要，因此本节对胶体运移过程中的微观团聚形态进行分类讨论。

该部分分析的颗粒物，因其较广的粒径范围，有时已经超过了通常对胶体粒径范围的定义(10 nm～10 μm)。但是，通过实测分析，之所以能够在水动力和水化学变化环境下被检测到，是因为这些颗粒都具备胶体的性质，是地下水体系中同时受到宏观力和微观力作用的相，即便部分大颗粒受到的宏观力明显大于微观力，但是依然保留着胶体的运移特性。因此，为了方便分析和阐述，本节将所有检测到的运移颗粒物统称为胶体。胶体颗粒的不同形态如图 3.38 所示。运移过程中的胶体形态主要可以分为 7 种类型：独立的大型颗粒、分散的小型颗粒、中等规模团聚的小型颗粒、大规模团聚的小型颗粒、吸附在大颗粒表面凹陷处的微型颗粒、吸附在大颗粒表面平坦处的小型颗粒、吸附在大颗粒表面平坦处的微型颗粒。

(1) 独立的大型颗粒

经过测量，有时候大型颗粒粒径已经超过了通常意义下的胶体粒径，其粒径约在 50～80 μm 范围内，如图 3.38(a) 所示，该颗粒直径约为 70 μm，已经远远大于定义胶体的最大粒径，即 10 μm。这些大型颗粒往往具有复杂的表面特征，包括典型的凹陷处、平坦处、凸起处。大型颗粒运移需要较强的水流拖曳力，往往出现在对胶体运移十分有利的时候，不仅包括了水化学条件的有利之处，还包括介质孔隙结构的高度连通与顺畅，所以并不是任何时刻都能出现大型颗粒的运移。

(2) 分散的小型颗粒

如图 3.38(b) 所示，这些小型颗粒的粒径约在 4～10 μm 范围内，它们可以分散的形式发生运移，特别出现在水化学条件对胶体运移较有利的时候，此时胶体双电层厚度允许它们在水流拖曳力作用下脱离基质表面，在胶体体系较为稳定时，分散的小型颗粒能够充分释放。

(3) 中等规模团聚的小型颗粒

如图 3.38(c) 所示，这些小型颗粒团聚后，形成尺寸约为 10～20 μm 的团聚体。它们往往出现在水化学条件对胶体运移较有利的时候，而且经过前期胶体的流动，介质中已经形成了一些胶体运移的通道，能够保证中等规模的团聚体能顺利通过，不发生堵塞。

(4) 大规模团聚的小型颗粒

如图 3.38(d) 所示，这些小型颗粒团聚后，形成尺寸约为 20～50 μm 的团聚体。它们往往出现在水化学条件对胶体运移较有利的时候，而且介质中已经形成了能够保证大规模的团聚体顺利通过的通道，这往往发生在胶体运移靠后期的阶段。

(5) 吸附在大颗粒表面凹陷处的微型颗粒

如图 3.38(a1) 与 (a2) 所示，这是以吸附在图 3.38(a) 所示的大型颗粒凹陷处的微型颗粒为例，粒径约在 10 nm～4 μm 范围内。因为凹陷处提供了更大的接触表面，而且微型颗粒本身比表面积大，它与凹陷处的静电作用强，加之微型颗粒运移过程较为自由，不易发生堵塞，因此凹陷处是微型颗粒的优先位点。

(6) 吸附在大颗粒表面平坦处的小型颗粒

如图 3.38(a3) 所示，这是以吸附在图 3.38(a) 所示的大型颗粒平坦处的小型颗粒为例，它们的粒径约在 5～10 μm 范围内。这样的吸附情况较少，因为胶体与平坦表面接触时，接触面较小，静电作用力较小，而且水流流速相对较大，所以一般不会存在这种情况，但是不排除有一定的出现概率可供参考。

(7) 吸附在大颗粒表面平坦处的微型颗粒

如图 3.38(a4) 所示，这是以吸附在图 3.38(a) 所示的大型颗粒平坦处的微型颗粒为例，它们的粒径约在 10 nm～4 μm 范围内。虽然这种吸附情况的胶体量不会很大，但是在平坦处始终能零星地分布。因为人为认定的"平坦"并不是绝对意义上的，天然胶体产生自风化过程，依岩石节理和裂纹分崩离析成碎屑，所以即便相对平坦，也有对应尺寸的胶体可以适应此类表面。很显然，不同表面特征对胶体的吸附能力排序为凹陷>平坦>凸起，这与合成的胶体运移实验结果一致[52]。

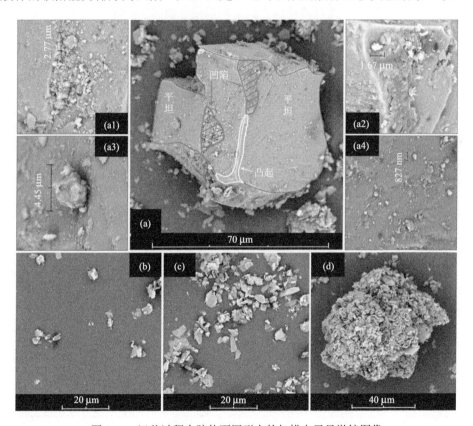

图 3.38 运移过程中胶体不同形态的扫描电子显微镜图像

3.5.3 胶体在运移过程中的组分演变

胶体在运移过程中，不仅在不同的时间区段内具有数量的不同，而且团聚状态也有所差异，直观地体现在粒径组分的演变上。根据取样测试，分析表明，不管在是在海水入侵过程还是淡化过程，运移胶体的粒径组成是一个从集中到分散的过程，也就是说从集中在某一个粒径范围内逐渐扩散到更广的粒径范围。

由图 3.39 可知，首次检测到胶体运移是在 I1 的初始阶段，在孔隙体积数为 3.369 时，运移胶体的粒径主要集中在 1～10 μm 范围内，粒径小于 1 μm 的组分仅有 12.36%。而在孔隙体积数到 3.743 时，粒径小于 1 μm 的组分增加到了 48.08%。随着胶体继续从介质中释放，胶体的粒径组成继续演化，当孔隙体积数达到 4.642 的时候，首次出现了少量粒径大于 100 μm 的胶体，它们占比为 1.03%。后期这一组分继续出现，并有一定的增长，如在孔隙体积数为 9.209 时，粒径大于 100 μm 的胶体占比达到最高的 7.81%。然而这种大粒径的胶体总量仍然很少，而且并不能稳定释放，它们的总量是波动的。同时，从图 3.41 也可以看到类似的规律。

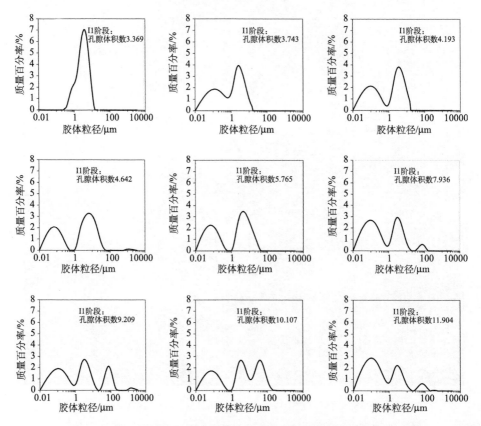

图 3.39　第一次淡化驱替过程（R1）中发生运移的胶体的粒径组成演变

在这个过程中，可以发现粒径 1～10 μm 的胶体是最容易释放的，因为在这特定的尺寸区间内，水动力和水化学作用刚好能比较容易地使胶体脱离第二极小值的作用。因此可以将其称为胶体释放的启动阶段。而后，小于 1 μm 的胶体相继大量释放，这是因为液相中各个条件趋于稳定，胶体能全面开始脱离基质并发生运移。因此可以将其称为胶体释放的稳定阶段。到了释放的后期，大于 10 μm 的胶体开始出现少量地释放，这是因为前期胶体的广泛释放改变了含水层的孔隙结构，增强了原有渗透孔隙的连通性，扩展了运移胶体的种类和数量。因此可以将其称为胶体释放扩展阶段。可以推测，在场地尺度下，因为运移的距离可能较长，地下水的水化学参数不能像实验室内那样稳定，例如 pH 和离子强度，会受到土壤的缓冲作用，胶体运移的稳定条件可能会被打破，进而原来随地下水运移的胶体也会在某些条件下被捕获。因此可以推测在胶体运移的扩展阶段后，会出现胶体运移的收敛阶段。通过一个完整的启动阶段-稳定阶段-扩展阶段-收敛阶段后，一个地方的胶体群可能从一个地方转移到另一个地方，形成了胶体的弥散带，该过程中吸附着重金属污染物发生运移，实现了有效的协同作用。

图 3.40 是 I2 过程中发生运移的胶体粒径组成演变趋势，这个过程检测到胶体运移是因为这里含有先前 R1 中悬浮在水相中的残余胶体，在 I2 过程中因为咸淡水混合不够充分,高离子强度的海水没能在水体穿透土柱时充分地让胶体聚沉。

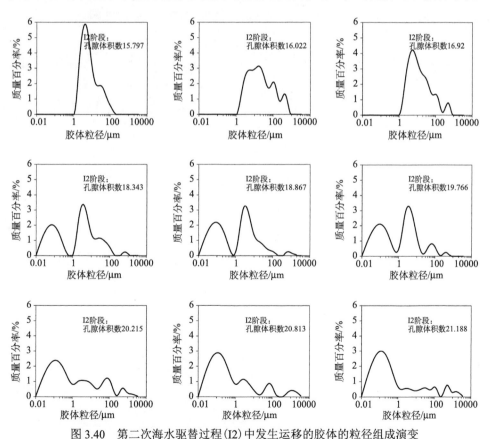

图 3.40　第二次海水驱替过程(I2)中发生运移的胶体的粒径组成演变

体现在场地尺度下，就是该处的咸淡水具有突变界面，随着盐水楔的推进，原有淡水被海水驱替，然而胶体对离子强度的反应需要一定时间，聚沉需要在运移过程中寻找合适的位点，因此仍有小部分胶体可以发生运移，但是因为这个过程并不是对胶体运移有利的过程，因此它不具有释放的四个完整阶段。

纵观检测到胶体的三个模拟过程，即 R1、I2、R2，胶体组分在总体上也在发生演变。在 R1 中，粒径在 10 nm 到 10 μm 的胶体占所有样品的 91.49%，但随后，在海水入侵和淡化过程中，胶体尺寸的分布发生了变化。如图 3.41 所示，不同过程的出水样本颗粒粒径分布曲线存在差异。比较 R1 和 R2 过程，R1 中直径<10 μm 的胶体组分比 R2 的含量高，直到直径大于 10 μm 后，R2 的级配曲线才缓慢升高，说明随着咸淡水相互作用，运移的胶体粒组趋于更大直径。即小颗粒的比例开始减小，颗粒逐渐均匀分布在每个粒径组分内（图 3.42）。然而，运移胶体组成粒子直径一般不大于 10 μm[17, 53]，但尺寸较大的粒子(67.8 μm)也被捕捉在扫描电镜图像上[图 3.38(a)]。这一现象表明，粒子的行为受到宏观力(包括重力和水流拖曳力)和电荷力的影响。R1 和 I2 中"大粒径胶体"的缺失是由于多孔介质的结构的阻挡，但随着咸淡水交互，孔隙结构进一步连通，因此胶体运移的尺寸阈值增大了[54]。

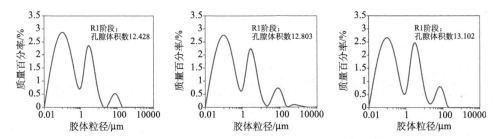

图 3.41　第二次淡水驱替过程(R2)中发生运移的胶体的粒径组成演变

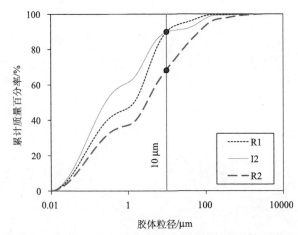

图 3.42　咸淡水不同交互阶段中运移胶体的粒径分布差异

粒径在 10 μm 到 10 nm 的胶体总量减少，直接反映在运移胶体的总表面积下降上，它降低了土壤的吸附能力和缓冲能力。这是导致海岸含水层退化的可能原因之一，与长期的咸淡水相互作用有关[55]。然而，在运移过程中，由于长期的沿海地下水相互作用和滨海含水层的演化，需要定量研究不同的胶体团聚体形成过程（图 3.43）。

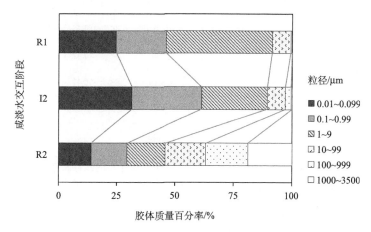

图 3.43　咸淡水不同交互阶段中运移胶体的粒径组成的演变趋势

3.5.4　胶体运移对含水层介质水力参数的影响

胶体运移会导致孔隙结构的改变，进而在一定程度上影响这些运移胶体的粒径组成，胶体相的总比表面积也随之改变，影响了它与重金属污染物的协同能力。然而这个演变过程在宏观上还对含水层介质的水力参数造成了影响。

基于微观团聚体的变化而揭示的介质性质演化，可以从这几个过程的穿透曲线来说明这一过程的复杂性和规律性。图 3.44 给出了从 I1、I2 和示踪剂测试过程的穿透曲线，并使用 Acuaintrusion Transport 计算了运移参数，包括孔隙度、佩克莱数、弥散度和弥散系数。

每一次胶体流失都会造成介质水力参数的改变。通过对比发现，胶体的流失将造成佩克莱数增加（从最初的 108.08 增加到 528.19），滞留时间的缩短（从最初的 0.88 h 缩短到 0.83 h），这表明对流速率与扩散速率的比值逐渐加大，反应在宏观上，就是咸淡水的交界面突变特征更为明显，弥散带缩小，逐渐形成更为典型的活塞流。与此同时，弥散系数就逐渐变小，从最初的 2.93 cm²/h 减少到 0.63 cm²/h。经过计算，胶体的流失使介质整体的孔隙率下降。这些参数的变化使得穿透曲线更陡。这种现象在场地尺度下也有表现，即因为胶体的大规模运移导致含水层渗透特性发生改变，但是若非滨海条件下，胶体将通过海底地下水排泄的途径向海洋输送，胶体在一定区域内的总量基本保持恒定，只是弥散带从一个区域转移到另一个区域，若非进行较微观的研究，其对大尺度的影响并不大，所以在大多数建模研究中忽略了这一现象。在模型配置中，一般认为介质性质是常数。

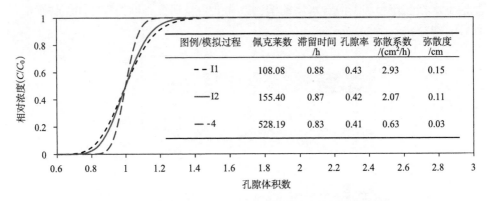

图 3.44　拟合的不同阶段的穿透曲线和计算的运移参数

3.6　小　　结

本章通过实验介绍了胶体在咸淡水交互带的水化学参数波动区间中，介质受重金属污染水平越高，其 Zeta 电位值越高，离子强度对胶体间交互作用能的影响力次之；而当重金属浓度下降时，离子强度对 Zeta 电位的影响更为显著。含水层中离子强度高的咸水将压缩胶体的双电层，而当低离子强度的淡水驱替咸水后，胶体双电层增厚，有利于胶体稳定悬浮，为运移创造良好条件，而此过程在宏观上往往形成陆相地下水通过含水层向海洋排泄的过程，造就了陆对海的巨大物质通量；在海水入侵的阶段，由于离子强度高，地下水中胶体不能稳定存在，仅有非吸附性的重金属发生运移，而当淡水驱替含水层中海水时，若重金属污染水平过高，胶体亦不能稳定存在，只有当重金属浓度不影响胶体释放时，胶体可以在淡水驱替海水过程中释放，并与重金属发生协同运移；在胶体与重金属污染物协同运移的过程中，胶体粒子通过抢占重金属离子的吸附位点、减少重金属离子与介质的接触概率或者改变介质孔隙度来提高重金属离子运移的能力；滨海含水层中胶体弥散带移动过程中，其粒径组成和数量不断变化，同时引起区域含水层孔隙结构的改变，造成含水层水力参数的改变。无论是在海水入侵过程还是淡化过程，都存在最有利的释放粒径区间，胶体突破次级势阱后，随群体效应，引起释放的粒径区间扩大，进而增强孔隙的连通性，扩展运移胶体的团聚形式和数量。但胶体对水动力和水化学条件影响，在运移过程中不能长时间稳定存在，可能出现收敛。因此可以推测滨海过程中胶体弥散带的行为具有 4 个阶段：启动阶段、稳定阶段、扩展阶段、收敛阶段。通过一个完整的启动阶段-稳定阶段-扩展阶段-收敛阶段后，一个地方的胶体群可能转移到另一个地方，形成了胶体的弥散带，该过程中吸附着重金属污染物发生运移，实现了有效的协同作用。

参 考 文 献

[1] 谭博, 刘曙光, 代朝猛, 等. 滨海地下水交互带中的胶体运移行为研究综述[J]. 水科学进展, 2017, (05): 788-800.

[2] Rogowska J, Olkowska E, Ratajczyk W, et al. Gadolinium as a new emerging contaminant of aquatic environments[J]. Environmental Toxicology and Chemistry, 2018.

[3] Sen T K, Khilar K C. Review on subsurface colloids and colloid-associated contaminant transport in saturated porous media[J]. Advances in Colloid and Interface Science, 2006, 119(2-3): 71-96.

[4] 熊毅, 许冀泉, 陈家坊, 等. 土壤胶体[M]. 北京: 科学出版社, 1983.

[5] Church T M. Marine chemistry in the coastal environment: principles, perspective and prospectus[J]. Aquatic Geochemistry, 2016, 22(4): 375-389.

[6] Post V, Groen J, Kooi H, et al. Offshore fresh groundwater reserves as a global phenomenon[J]. Nature, 2013, 504(7478): 71-78.

[7] Gimenez-Forcada E. Space/time development of seawater intrusion: a study case in Vinaroz coastal plain (eastern Spain) using HFE-diagram, and spatial distribution of hydrochemical facies[J]. Journal of Hydrology, 2014, 517(2): 617-627.

[8] Boluda-Botella N, Gomis-Yagues V, Ruiz-Bevia F. Influence of transport parameters and chemical properties of the sediment in experiments to measure reactive transport in seawater intrusion[J]. Journal of Hydrology, 2008, 357(1-2): 29-41.

[9] Johannesson K H, Palmore C D, Fackrell J, et al. Rare earth element behavior during groundwater-seawater mixing along the Kona Coast of Hawaii[J]. Geochimica Et Cosmochimica Acta, 2017, 198: 229-258.

[10] Andersen M S, Jakobsen V, Postma D. Geochemical processes and solute transport at the seawater/freshwater interface of a sandy aquifer[J]. Geochimica Et Cosmochimica Acta, 2005, 69(16): 3979-3994.

[11] Moore W S. The effect of submarine groundwater discharge on the ocean[J]. Annual Review of Marine Science, 2010, 2(2): 59-88.

[12] Santos I R, Eyre B D, Huettel M. The driving forces of porewater and groundwater flow in permeable coastal sediments: a review[J]. Estuarine Coastal and Shelf Science, 2012, 98(1): 1-15.

[13] Rani R D, Sasidhar P. Stability assessment and characterization of colloids in coastal groundwater aquifer system at Kalpakkam[J]. Environmental Earth Sciences, 2011, 62(2):

233-243.

[14] Kheirabadi M, Niksokhan M H, Omidvar B. Colloid-Associated groundwater contaminant transport in homogeneous saturated porous media: mathematical and numerical modeling[J]. Environmental Modeling & Assessment, 2017, 22(1): 79-90.

[15] Compère F, Porel G, Delay F. Transport and retention of clay particles in saturated porous media. Influence of ionic strength and pore velocity[J]. Journal of Contaminant Hydrology, 2001, 49(1-2): 1-21.

[16] Mesticou Z, Kacem M, Dubujet P. Influence of ionic strength and flow rate on silt particle deposition and release in saturated porous medium: experiment and modeling[J]. Transport in Porous Media, 2014, 103(1): 1-24.

[17] Sen T K, Khilar K C. Review on subsurface colloids and colloid-associated contaminant transport in saturated porous media[J]. Advances in Colloid and Interface Science, 2006, 119(2-3): 71-96.

[18] Wiese G R, Healy T W. Effect of particle size on colloid stability[J]. Transactions of the Faraday Society, 1970, 66(66): 490-499.

[19] Rani R D, Sasidhar P. Sorption of cesium on clay colloids: kinetic and thermodynamic studies[J]. Aquatic Geochemistry, 2012, 18(4): 281-296.

[20] Liu S, Tan B, Dai C, et al. Geochemical characterization and heavy metal migration in a coastal polluted aquifer incorporating tidal effects: field investigation in Chongming island, China[J]. Environmental Science and Pollution Research, 2015, 22(24): 20101-20113.

[21] Lee J, Kim G. Dependence of pH in coastal waters on the adsorption of protons onto sediment minerals[J]. Limnology and Oceanography, 2015, 60(3): 831-839.

[22] Tan B, Liu S, Dai C, et al. Modelling of colloidal particle and heavy metal transfer behaviours during seawater intrusion and refreshing processes[J]. Hydrological Processes, 2017, 31(22): 3920-3931.

[23] Knappenberger T, Aramrak S, Flury M. Transport of barrel and spherical shaped colloids in unsaturated porous media[J]. Journal of Contaminant Hydrology, 2015, 180: 69-79.

[24] GREGORY J. Interaction of unequal double-layers at constant charge[J]. Journal of Colloid and Interface Science, 1975, 51(1): 44-51.

[25] GREGORY J. Approximate expressions for retarded vanderwaals interaction[J]. Journal of Colloid and Interface Science, 1981, 83(1): 138-145.

[26] Gavish N, Promislow K. Dependence of the dielectric constant of electrolyte solutions on ionic concentration: a microfield approach[J]. Physical Review E, 2016, 94(1): 12611.

[27] Bergström L. Hamaker constants of inorganic materials[J]. Advances in Colloid and Interface Science, 1997, 70: 125-169.

[28] Stojek Z. The electrical double layer and its structure[M]. Berlin Heidelberg: Springer, 2010: 3-9.

[29] 胡俊栋, 沈亚婷, 王学军. 离子强度、pH 对土壤胶体释放、分配沉积行为的影响[J]. 生态

环境学报, 2009, (02): 629-637.

[30] Hu X F, Du Y, Feng J W, et al. Spatial and seasonal variations of heavy metals in wetland soils of the tidal flats in the yangtze estuary, China: environmental implications[J]. Pedosphere, 2013, 23 (4): 511-522.

[31] 王金贵. 我国典型农田土壤中重金属镉的吸附-解吸特征研究[D]. 杨凌: 西北农林科技大学, 2012.

[32] 殷宪强. 胶体对铅运移的影响及铅的生物效应[D]. 杨凌: 西北农林科技大学, 2010.

[33] Ikni T, Benamar A, Kadri M, et al. Particle transport within water-saturated porous media: effect of pore size on retention kinetics and size selection[J]. Comptes Rendus Geoscience, 2013, 345 (9-10): 392-400.

[34] Marion G M, Babcock K L. Predicting specific conductance and salt concentration in dilute aqueous solutions[J]. Soil Science, 1976, 122 (4): 181-187.

[35] Huang J, Goltz D, Smith F. A microwave dissolution technique for the determination of arsenic in soils[J]. Talanta, 1988, 35 (11): 907-908.

[36] Cepeda S S, Williams D E, Grant K B. Evaluating metal ion salts as acid hydrolase mimics: metal-assisted hydrolysis of phospholipids at lysosomal pH[J]. Biometals, 2012, 25 (6): 1207-1219.

[37] Magdoff F R, Bartlett R J. Soil pH buffering revisited[J]. Soilence Society of America Journal, 1985, 49 (1): 145-148.

[38] 熊娟. 土壤活性组分对 Pb (II) 的吸附及其化学形态模型模拟[D]. 武汉: 华中农业大学, 2015.

[39] Lee P K, Touray J C. Characteristics of a polluted artificial soil located along a motorway and effects of acidification on the leaching behavior of heavy metals (Pb, Zn, Cd) [J]. Water Research, 1998, 32 (11): 3425-3435.

[40] Bao Q B, Lin Q, Tian G M, et al. Copper distribution in water-dispersible colloids of swine manure and its transport through quartz sand[J]. Journal of Hazardous Materials, 2011, 186 (2-3): 1660-1666.

[41] Adamczyk Z, Zaucha M, Zembala M. Zeta potential of mica covered by colloid particles: a streaming potential study[J]. Langmuir, 2010, 26 (12): 9368-9377.

[42] Bradford S A, Kim H. Implications of cation exchange on clay release and colloid-facilitated transport in porous media[J]. Journal of Environmental Quality, 2010, 39 (6): 2040-2046.

[43] Lu C H, Chen Y M, Zhang C, et al. Steady-state freshwater-seawater mixing zone in stratified coastal aquifers[J]. Journal of Hydrology, 2013, 505: 24-34.

[44] Manciu M, Ruckenstein E. Role of the hydration force in the stability of colloids at high ionic strengths[J]. Langmuir, 2001, 17 (22): 7061-7070.

[45] Mcfee W W, Kelly J M, Beck R H. Acid precipitation effects on soil pH and base saturation of exchange sites[J]. Water Air & Soil Pollution, 1977, 7 (3): 401-408.

[46] Panda J, Sarkar P. Biosorption of Cr (VI) by calcium alginate-encapsulated enterobacter

aerogenes t2, in a semi-batch plug flow process[J]. Water Air and Soil Pollution, 2015, 226(1): 1-10.

[47] Chen X B, Wright J V, Conca J L, et al. Effects of pH on heavy metal sorption on mineral apatite[J]. Environmental Science & Technology, 1997, 31(3): 624-631.

[48] Massoudieh A, Ginn T R. Modeling colloid-facilitated transport of multi-species contaminants in unsaturated porous media[J]. Journal of Contaminant Hydrology, 2007, 92(3-4): 162-183.

[49] Yin X Q, Gao B, Ma L Q, et al. Colloid-facilitated Pb transport in two shooting-range soils in Florida[J]. Journal of Hazardous Materials, 2010, 177(1-3): 620-625.

[50] Hizal J, Apak R, Hoell W H. Modeling competitive adsorption of Copper(II), Lead(II), and Cadmium(II) by kaolinite-based clay mineral/humic acid system[J]. Environmental Progress & Sustainable Energy, 2009, 28(4): 493-506.

[51] Bakis R, Tuncan A. An investigation of heavy metal and migration through groundwater from the landfill area of Eskisehir in Turkey[J]. Environmental Monitoring and Assessment, 2011, 176(1-4): 87-98.

[52] Knappenberger T, Aramrak S, Flury M. Transport of barrel and spherical shaped colloids in unsaturated porous media[J]. Journal of Contaminant Hydrology, 2015, 180: 69-79.

[53] Baumann T, Fruhstorfer P, Klein T, et al. Colloid and heavy metal transport at landfill sites in direct contact with groundwater[J]. Water Research, 2006, 40(14): 2776-2786.

[54] Orkoula M G, Koutsoukos P G. Dissolution effects on specific surface area, particle size, and porosity of pentelic marble[J]. Journal of Colloid and Interface Science, 2001, 239(2): 483-488.

[55] Werner A D, Bakker M, Post V, et al. Seawater intrusion processes, investigation and management: recent advances and future challenges[J]. Advances in Water Resources, 2013, 51: 3-26.

第4章 表面活性剂作用下纳米材料对重金属污染物迁移的影响

从 20 世纪 80 年代纳米材料诞生至今,纳米科学一直是科学研究领域的热点。纳米材料也被冠以"新世纪最有前途的材料"的称号。而随着纳米材料大范围的生产、运输、加工、使用及用后处理,这之间任何一个环节纳米材料都存在被释放到自然环境的可能。当纳米材料进入地下水系统后,其具有的巨大的表面能和比表面积,赋予其能够吸附大多数污染物的能力。纳米材料作为污染物的载体,为原本低亲和性、不具备扩散污染潜力的某些重金属提供了扩散污染的通道,而表面活性剂的存在则会对纳米材料的迁移特性进行改变。因此研究纳米材料自身及纳米材料在表面活性剂作用下协同重金属在地下环境中的运移规律,对于评估纳米材料的生态环境风险及保护地下水环境具有重要意义。

4.1 概　　述

4.1.1 表面活性剂

表面活性剂((surfactant),是指加入到溶液中能够显著降低溶液界面张力的物质。由于同时具有亲水性基团(hydrophilic group)和疏水性基团(hydrophobic group),从而使得表面活性剂在溶液的界面能够定向排列,这种具有两亲性的分子被称为两亲分子(amphiphile)。表面活性剂分子中亲水基团一般为极性基团,如磺酸基基团、羟基基团、胺基基团及其盐类,酰胺基、羧酸基等也可作为极性亲水基团;而疏水性基团一般为非极性的烃链,例如含有 8 个以上碳原子的烃类链以及羟基的脂肪酸类物质等[1]。

表面活性剂分子根据其在水溶液中电离与否可将其分为离子型表面活性剂,其中包括阴离子型表面活性剂和阳离子型表面活性剂[2,3]。阴离子型表面活性剂主要包括羧酸盐,如脂肪酸钠盐(肥皂)、松香皂、脂肪酸三乙醇胺盐(主要被用作乳化剂)等;磺酸盐,如烷基苯磺酸盐,为大多数洗涤剂中的主要的表面活性剂成分,烷基萘磺酸盐,如二异丙基萘磺酸盐和二丁基萘磺酸盐,一般主要被用作润湿剂,以及石油磺酸盐,主要被用作燃料油中的防锈剂、润滑油、分散剂等;烷基硫酸盐,如十二烷基硫酸钠($ROSO_3Na$)用途非常广泛;磷酸酯盐是低泡表面活性剂,聚氧乙烯化的磷脂酸盐具有较好的抗硬水的能力。阳离子表面活性剂多为季铵盐,日常生活中除了可以被用作表面活性剂外，还可以被用作杀菌剂。非离子表面活性剂在水溶液中不会发生电离，而这一特性使得其在某些方面优于离子型表面活性剂[4]。因为其不电离的特性使得其可以稳定地存在于溶液中，同时能很好地与其他表面活性剂相容有利于复配使用，并且其在水溶液中的溶解度一般较大，在固体表面的吸附强度不大[5]。非离子型表面活性剂一般包括脂肪醇聚氧乙烯醚 $[RO(C_2H_4)_nH$，其为脂肪醇与环氧乙烷的加成物；烷基苯酚聚氧乙烯醚、脂肪酸聚氧乙烯 $(RCOO(C_2H_4)_nH)$；多醇表面活性剂，常用于食品工业等。两性表面活性剂，其分子由非极性部分和带负电荷与正电荷在一起的极性部分组成，一般包括甜碱衍生物 $(R_3N^+CHZCOO^-)$、氨基酸衍生物 $(RNHCHZCH_2COOH)$、牛磺酸衍生物等。一些特殊表面活性剂主要包括氟表面活性剂，主要是指表面活性剂分子中的氢原子全部被氟原子所取代后形成的全氟化合物，具有大幅度降低表面张力的能力，可低至 20 mN/m 以下，并且具有耐高温耐强酸强碱的特性；冠醚类大环化合物，是由金属离子与大环极性基所形成的螯合物；硅表面活性剂，是表面活性较高的非离子型表面活性剂；高分子表面活性剂主要分为天然高分子表面活性剂如水溶性蛋白质、明胶、树脂等，合成高分子表面活性剂如木质素磺酸盐等主要被用作分散剂[6]。

　　生物表面活性剂是由动物、植物或微生物产生的具有亲水性和疏水性基团并且在溶液中能够自聚集形成胶态聚合物(即胶束)的一种物质。当其溶解在水溶液中，其亲水基头部溶解在水中，疏水基则与油相相结合，从而使其能够有效降低油水界面的张力。生活中使用的洗洁精、洗衣粉、各种清洁剂等进行清洗时都是基于此种原理。微生物产生的生物表面活性剂大多为阴离子型或非离子型。生物表面活性剂按其在水溶液中的解离情况可以将其分为阴离子型生物表面活性剂、阳离子型生物表面活性剂以及非离子型生物表面活性剂；另外按表面活性剂的生产微生物源和结构特征不同可以将其分为脂肽、糖脂、磷脂和脂肪酸；也有时根据其摩尔分子量的大小而把其分有高分子量的和低分子量的生物表面活性剂。Ron 等[7]表示生物表面活性剂有低分子量和高分子量之分，它们具有不同的化学结构和表面活性剂特征，并且由于其优良的生物特征，在不久的将来很可能取代化学合成表面活性剂被广泛应用于生产生活的各个领域。

　　生物表面活性剂除了具有与其他化学表面活性剂相同的性质如润湿和穿透性、降低表面张力、分散性等之外，还具其独特的优点，如无毒或低毒、化学结构多样、生产成本低廉、能在极限条件下起作用、不易产生二次污染等优点[8]。

4.1.2　纳米材料在地下水中稳定性

　　纳米材料的水力学直径范围通常在 1 nm～1 μm 之间，符合胶体科学所属的颗粒粒径范围中，因此对于纳米材料在水环境中的理论的研究，通常是以胶体科学的理论来研究的[9,10]。

一般的纳米颗粒尺寸很小、表面能极大，当颗粒进入水体环境中，则会通过互相聚集的形式来降低表面能，即通过团聚形成尺寸更大的团聚颗粒，之后比表面积减小，原子的表面占有率降低、表面能降低，颗粒体系随之更加稳定。所以在水环境中纳米颗粒大多都以团聚体形式存在而非单个颗粒[11]。

纳米材料在水环境中的稳定性主要通过静电稳定作用机制与空间位阻作用机制来实现[12,13]。而水环境性质例如 pH、溶液离子强度、加入不同类型阳离子以及表面活性剂等发生变化会影响纳米材料的稳定性。

同种纳米材料在同一溶液中所带电荷属性相同，即粒子之间具有静电排斥作用力，这种排斥作用会阻碍颗粒的团聚。除了静电排斥作用力之外，纳米颗粒之间还存在引力作用。因此水体中纳米颗粒时刻受到这两种力作用，这两种力的相对大小决定了纳米颗粒在水体中究竟是稳定还是容易聚集沉降；通过增加纳米颗粒之间的距离，使得颗粒难以靠近到产生大引力距离范围，同样可以达到使其稳定分散的目的。通常采用经典的 DLVO（Derjaguin-Landau-Verwey-Overbeek）理论来定量化描述上述机制，该理论定量地描述了纳米颗粒间主要作用力即范德瓦耳斯力与静电斥力，范德瓦耳斯力使得颗粒团聚而沉降，而由扩散双电层引起的静电斥力使纳米颗粒保持稳定。具体可参照 3.1 节。

4.1.3　纳米材料在地下水中的迁移规律

1. 纳米材料在地下水中迁移的机理

地下水多孔介质中纳米材料在迁移过程中还会受到多孔介质的影响，主要包括纳米材料沉积（deposition）和形变阻塞（straining）。对于纳米材料沉积过程，目前通常采用胶体过滤理论（colloid filtration theory，CFT）来研究[14-17]。如图 4.1 所示，该理论认为颗粒在多孔介质中迁移时受到三种机制作用而沉积在介质中：①拦截；②重力沉降；③布朗扩散。拦截是指胶体颗粒随水流迁移过程中与固体介质表面作用后附着。例如当胶体颗粒与固体介质同时带有电荷，当双方电荷相反时，胶体颗粒则因静电作用易被固体介质吸附；相同时则排斥。但是实际地下环境的复杂多变性，虽然介质大体上与胶体颗粒表现为同性相斥，但是介质表面某些位点表现出异质性，异质性位点也可能成为静电作用吸引的沉降位点[18]。重力沉降是大颗粒在重力作用下沉降在固体介质表面。布朗扩散是指胶体颗粒运动时，颗粒自身发生团聚，团聚体体积较大使得介质孔隙变小，之后随水流继续流动的胶体颗粒容易被介质间变小的孔隙截留。纳米材料的沉积机制随团聚程度改变而变化[19]。同时在实际过程中纳米材料在地下水多孔介质中沉积具有可逆性[20]。当一部分纳米颗粒以较高的能量来突破能量势垒进入初级势阱而产生慢速沉积，另一部分则达到次级势阱产生快速沉积，且次级势阱越深沉积越易发生[21]。初级势阱的沉积通常是不可逆沉积，但是次级势阱的沉积是可逆的，通过改变溶液的离子强度、流速等，原来沉积的颗粒可以再次释放，重新随着水流在多孔介质中迁移。

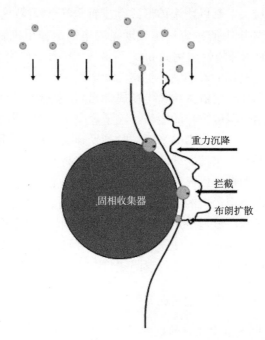

图 4.1   胶体过滤理论的三种沉降机制

2. 影响纳米材料在地下水中迁移的因素

地下水中的纳米材料的迁移行为主要受到三方面因素的影响：①纳米材料自身理化性质：纳米材料的表观结构与表面性质、粒径与浓度等；②地下水多孔介质特性：多孔介质的类型、粒径以及表面物化性质等；③地下水动力与环境性质：pH、离子强度、有机质（NOM）、表面活性剂、水动力条件等。

（1）纳米材料自身理化性质

纳米材料表观结构与表面性质：圆形颗粒相对于棒状颗粒更有利于迁移[22]。而纳米材料表面的化学性质与电性更与其迁移能力息息相关。带亲水性官能团如羟基等的纳米材料通常具有更好的迁移能力。纳米材料自身的表面电势会影响其自身的稳定性，表面电势绝对值越大，相同颗粒间排斥作用力越强，团聚程度就越小，材料越发稳定。当纳米材料本身的所带电荷与介质相反时，由于静电引力的作用，纳米材料在迁移过程中很容易沉积到介质表面。因此可以根据需求改变纳米材料的流动性，通常研究者以表面活性剂、高分子聚合物、有机质等修饰并改变纳米材料表面性质[23-27]。

纳米材料粒径与浓度：纳米材料粒径的增大会抑制其迁移能力[28]，主要原因在于粒径较大的颗粒在迁移过程中易堵塞孔隙通道，甚至出现完全无法通过的现象。而在一定浓度范围内随着初始浓度的增加相应的颗粒出流率也会有所提高[29]，因为随着初始浓度增加，介质截留更快饱和，截留率下降，出流率上升。但是这种浓度效应并非无限制，如果迁移时发生过滤熟化导致介质孔隙变小，相反的则会抑制其出流率。

(2) 地下水多孔介质特性

地下环境的固体基质由各类组分不同的多孔介质组成，纳米材料时刻在各类孔隙间运动，改变多孔介质的类型、粒径以及表面物化性质就能改变纳米材料在其间的迁移性能。就不同组分的多孔介质而言，纳米材料在玻璃微珠介质中运移性能明显优于石英砂介质，且土体黏土含量越高，迁移性能越差。

(3) 地下水环境性质

pH 通过影响纳米材料表面电位来影响其稳定性，当 pH 接近等电点时 (PZC)，体系 Zeta 电位接近零，此时的纳米材料排斥作用最小，最易团聚，因而在地下水体中运移受到抑制[30,31]。研究者在研究纳米材料如富勒烯、氧化石墨烯、单壁碳纳米管时发现纳米材料运移性能随着离子强度升高而降低[18,32,33]。其原因在于离子强度升高会压缩纳米材料表面的电荷双电层，扩散双电层排斥力降低，在范德瓦耳斯力作用下更容易发生团聚而降低稳定性与迁移能力，离子强度降低则相反[34,35]。离子强度 α 与纳米材料沉积率的关系可以用以下公式表示：

$$\alpha = \frac{1}{1+\left(\dfrac{\text{CDC}}{C_s}\right)^{\beta}} \tag{4.1}$$

式中：C_s 为离子浓度 (mg/L)；CDC 为临界沉积浓度 (mg/L)；β 反应纳米材料对溶液中离子浓度改变的敏感程度。

某些天然有机质 (NOM) 提高纳米颗粒在地下水中迁移能力的原理在于天然有机质修饰纳米材料表面，增强了颗粒间静电斥力与空间位阻力，从而提高了纳米材料的迁移性[27,36,37]。表面活性剂与纳米材料发生作用的机理与 NOM 类似，最终迁移能力增强与否，取决于表面活性剂类型、纳米材料类型和介质的类型。

4.1.4　纳米材料协同污染物在地下水中的迁移

地下水环境系统作为近乎所有目前已知污染物的归宿地及蓄积库，其涵盖的污染物种类十分庞大。吸附性能低、迁移能力强的污染物易随着地下水流迁移而形成大面积污染。同时包括过渡金属离子与某些非极性高分子有机物在内的污染物对地下水中多孔介质具有强亲和性，因而其在地下水中浓度低且不易随地下水流动，对地下水环境污染具有局限性，不具备扩散迁移潜力[38]。而随着纳米材料大范围的生产、运输、加工、使用及用后处理，这之间任何一个过程纳米材料都存在进入地下水中的可能。当纳米材料进入地下水系统后，其具有的巨大的表面能和比表面积，赋予其能够吸附大多数污染物的能力。纳米材料作为污染物的载体，为原本低亲和性、不具备扩散污染潜力的污染物提供了扩散污染的通道。基于此，近些年许多研究集中于纳米材料在地下水环境自身的迁移及协同污染物迁移方面：①环境因素(离子强度、离子类型、pH、流速、腐殖酸与表面活性剂)对饱和多孔介质中单一纳米材料与污染物协同运移的影响。②饱和多孔介质中纳米材料与污染物协同运移过程中，污染物在纳米材料上的吸附解吸过程(图 4.2)。

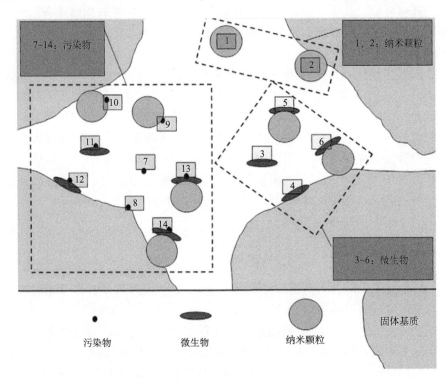

图 4.2　地下水中纳米颗粒、微生物与污染物协同迁移示意图

4.2　表面活性剂对地下水中纳米材料分散沉降行为的研究

地下水中纳米颗粒的状态(分散、团聚与沉降)影响纳米材料的运移行为，而

在实际多变的地下水流动过程中，纳米颗粒自身的状态也随之发生变化。本节选取不同纳米材料与表面活性剂组合，在贴合地下水环境的低浓度梯度下，进行静态地下水环境的分散沉降实验，借助 DLVO 理论的计算做出体系的总交互作用能量图，阐述表面活性剂的类型及浓度对不同类型纳米材料在地下水中的分散性与沉降性影响机制。

4.2.1　材料与方法

（1）实验中主要仪器及设备如表 4.1 所示。

表 4.1　主要实验设备

序号	名称	型号与规格	品牌
1	数控超声清洗器	KQ-500DE	昆山超声仪器
2	电热恒温鼓风干燥箱	DHG-系列	上海华连
3	超纯水机		Millipore 明澈
4	分析天平	ME204	梅特勒-托利多
5	酸度仪	PHs-3C	上海雷磁
6	粒径分析及 Zeta 电位仪	ZEN360	Malvern

（2）主要实验试剂如表 4.2 所示。

表 4.2　主要实验试剂

序号	名称	分子式	纯度	厂家
1	氢氧化钠	NaOH	分析纯	国药集团化学试剂有限公司
2	盐酸	HCl	分析纯	国药集团化学试剂有限公司
3	十二烷基苯磺酸钠（SDBS）	$C_{18}H_{29}NaO_3S$	分析纯	国药集团化学试剂有限公司
4	十六烷基三甲基溴化（CTAB）	$C_{19}H_{42}BrN$	分析纯	国药集团化学试剂有限公司
5	吐温-80（Tween-80）	$C_{64}H_{124}O_{26}$	分析纯	国药集团化学试剂有限公司
6	纳米二氧化钛	$nTiO_2$	分析纯	上海麦克林生化科技有限公司
7	纳米二氧化铈	$nCeO_2$	分析纯	上海麦克林生化科技有限公司

本实验配置一系列固定 $nTiO_2$ 浓度为 100 mg/L 或 $nCeO_2$ 浓度为 100 mg/L，充分混合表面活性剂 SDBS 或 CTAB 或 Tween-80 浓度为 0 mg/L、5 mg/L、10 mg/L 和 20 mg/L 的溶液体系各 100 mL，并用盐酸及氢氧化钠调节 pH 使体系 pH 为 6.0，一共为 20 种不同的试样溶液，随后超声分散 20 min。静置后在 100 mL 烧杯 50 mL 刻度线处取样 5 mL，采用动态光散射法（Zetasizer Nano ZEN360，Malvern）测试溶液中纳米颗粒的 Zeta 电位与平均粒径。

经典的 DLVO 理论被用来定量描述胶体间的沉降行为，主要考虑胶体粒子间的引力作用的范德瓦耳斯力以及排斥作用的静电斥力。而胶体科学范围为该粒子某一维度在 1 nm～1 μm 范围内的分散系统。纳米材料尺度通常小于 100 nm，虽然在水中纳米粒子会发生团聚，直径会有明显增大，但其尺寸依旧在胶体定义范围内，因此可以用经典 DLVO 方程来研究纳米材料的稳定沉降机制。DLVO 理论交互作用能可以用以下能量方程来描述：

$$V_{\text{total}} = V_{\text{el}} + V_{\text{vdw}} \tag{4.2}$$

式中：V_{total} 为颗粒间总势能(J)；V_{el} 为静电能(J)；V_{vdw} 为范德瓦耳斯力能(J)。

静电作用与范德瓦耳斯力作用可表示为：

$$V_{\text{el}} = \pi \varepsilon \varepsilon_0 r_{\text{p}} \left\{ 2\psi_{\text{p}}\psi_{\text{s}} \ln\left[\frac{1 + \exp(-\kappa h)}{1 - \exp(-\kappa h)} \right] + \left(\psi_{\text{p}}^2 + \psi_{\text{s}}^2 \right) \ln\left[1 - \exp(-2\kappa h) \right] \right\} \tag{4.3}$$

$$V_{\text{vdw}} = -\frac{Ar_{\text{p}}}{6h} \left[1 + \frac{14h}{\lambda} \right]^{-1} \tag{4.4}$$

式中：ε 为相对介电常数；ε_0 为真空介电常数；r_{p} 为粒子平均半径(nm)；ψ_p 为纳米材料的表面电势(V)；Ψ_{s} 为介质的表面电势(V)；κ 为德拜参数；h 为粒子间距离(nm)；A 为哈马克常数(J)；λ 为特征波长(nm)。

Liu 等[39]简化方程后可得：

$$V_{\text{el}} = 2\zeta^2 \pi \varepsilon \varepsilon_0 r_{\text{p}} \ln\left[1 + \exp(-\kappa h) \right] \tag{4.5}$$

$$V_{\text{vdw}} = -\frac{Ar_{\text{p}}}{12h} \tag{4.6}$$

式中：ε 为水的相对介电常数；ε_0 为真空介电常数；德拜长度取 1.6 nm；哈马克常数取为 2.5×10^{-20} J。方程势能表达式均用能量单位 kT 来表示($1 \text{ kT} = 4.12 \times 10^{-21}$J)。

4.2.2　表面活性剂对纳米材料分散的影响

(1) 表面活性剂对 $nTiO_2$ 分散的影响

在 $nTiO_2$ 悬浊液中添加不同类型的表面活性剂，研究其对 $nTiO_2$ 分散行为的影响，$nTiO_2$ 的 Zeta 电位与平均粒径随浓度的变化关系如图 4.3 所示。

由图 4.3 可以看出，随着 SDBS 浓度的升高，总体上纳米颗粒的 Zeta 电位绝对值逐渐增大，颗粒平均粒径逐渐降低。与纯 $nTiO_2$ 溶液相比，当加入 SDBS 的浓度为 5 mg/L 时，$nTiO_2$ 颗粒的 Zeta 电位与平均粒径未有明显变化，但是当 SDBS 浓度增大至 10 mg/L 时，其 Zeta 电位的绝对值明显增大，平均粒径降低，且随着 SDBS 浓度升高，Zeta 电位的绝对值增大，平均粒径降低。SDBS 作为一种阴离子表面活性剂，当其在溶液中与 $nTiO_2$ 共存时便会电离产生阴离子基团，而同种电荷的基团吸附在水中也带负电的 $nTiO_2$ 表面上时，$nTiO_2$ 的负电荷将大量增加。在本实验设定的低浓度范围内（$0\sim20$ mg/L），随着浓度的增加，吸附的负电荷也增多，$nTiO_2$ 颗粒与颗粒间静电斥力作用增大，$nTiO_2$ 因为斥力作用而团聚效应降低。同时 SDBS 基团独特的长链结构阻碍了颗粒之间的互相碰撞，降低了颗粒碰撞也抑制了因碰撞而造成的团聚，因此颗粒在水中的分散性增强，稳定性提高。但是也有文章[40]指出当 SDBS 浓度高于临界值后，SDBS 在纳米颗粒表面发生多层吸附，其长链结构会发生如毛线一样互相缠绕的现象，将多个小颗粒连接成一个巨大的颗粒物，增大了团聚，降低了稳定性。

由图 4.3 可以看出，随着 CTAB 浓度的升高，总体上纳米颗粒的 Zeta 电位绝对值先减小后增大，颗粒平均粒径先增大后逐渐降低。具体当 CTAB 浓度为 5 mg/L 时，颗粒 Zeta 电位绝对值最小接近于零且粒径最大；此后随着 CTAB 浓度的增大，颗粒 Zeta 电位会越过零，由负值变为正值后继续增大，而相应的平均粒径则在不断降低。CTAB 作为一种阳离子表面活性剂，电离产生与上述 SDBS 电性相反的阳离子基团，而阳离子基团吸附到在水中带负电的 $nTiO_2$ 表面上时，由图 4.3 知，在 CTAB 浓度为 5 mg/L 时，$nTiO_2$ 颗粒的 Zeta 电位已经由原来的–22.1 mV 变为 1.2 mV，由负变正，揭示了 CTAB 阳离子基团的正电荷与 $nTiO_2$ 颗粒表面的负电荷中和。而 $nTiO_2$ 颗粒表面总电荷量的减少，静电斥力作用降低，而此时空间位阻效应较弱，最终团聚作用增大导致水力学直径的增大。此时进一步增加溶液中 CTAB 的浓度时，$nTiO_2$ 继续吸附阳离子基团致使其颗粒表面上正电荷且不断增加，Zeta 电位由初始负值越过零点后变为正值且不断增大。此时静电斥力作用再次增大，与空间位阻效应一同抑制团聚，增强分散性能。

由图 4.3 可以看出，总体上 Tween-80 对 $nTiO_2$ 颗粒的 Zeta 电位及平均粒径未有明显的影响。与纯 $nTiO_2$ 溶液相比，加入 Tween-80 浓度为 5 mg/L、10 mg/L 时 Zeta 电位与平均粒径变化不大；直至 Tween-80 浓度为 20 mg/L 时候其 Zeta 电位绝对值稍有增大，平均粒径降低。

Tween-80 作为一种非离子型表面活性剂，在水中并不会发生电离，而以分子形式存在。与上述两种离子型表面活性剂作用的机理完全不同，主要作用机理在于空间位阻效应，由于分子结构独特的长链形式，其吸附于 $nTiO_2$ 后将形成空间的位阻壁垒阻碍 $nTiO_2$ 颗粒的互相靠近使其分散，而由于长链结构的尺寸效应其作用力是有局限性的。在低浓度小于 10 mg/L 时，这种分散作用力并不明显，其 Zeta 电位与平均粒径均无明显变化，直至 20 mg/L 时候可以看到 Zeta 电位绝对值稍有增大，平均粒径降低，在这个过程之中相较于离子型表面活性剂，Zeta 位变化的幅度始终不大。而陈金媛等[41]研究表明当 Tween-80 浓度超临界值后，会发生团聚增大的情况，其原理在于发生多层吸附，其长链结构互相缠绕，将多个小颗粒连接成一个巨大的颗粒物，增大了团聚，降低了分散稳定性。

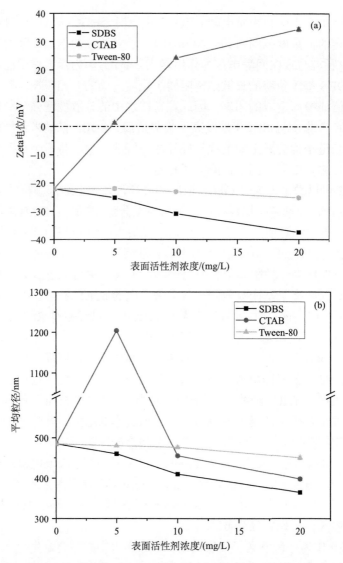

图 4.3　表面活性剂对 $nTiO_2$ 的 Zeta 电位及平均粒径的影响

(a) Zeta 电位随表面活性剂浓度的变化关系；(b) 颗粒平均粒径随表面活性剂浓度变化关系

(2) 表面活性剂对 $nCeO_2$ 分散的影响

在 $nCeO_2$ 悬浊液中添加不同类型的表面活性剂，研究其对 $nCeO_2$ 分散行为的影响，$nCeO_2$ 的 Zeta 电位与平均粒径随浓度的变化关系如图 4.4 所示。

由图 4.4 可以看出，与 $nTiO_2$ 呈现的规律完全不同的是，当不含表面活性剂时，$nCeO_2$ 的 Zeta 电位为正值，随着 SDBS 浓度的升高，总体上纳米颗粒的 Zeta 电位绝对值先减小后增大，颗粒平均粒径先增大后逐渐降低。具体的，当 SDBS

浓度为 5 mg/L 时，$nCeO_2$ 颗粒 Zeta 电位由正值转为负值且绝对值降低，粒径最大；此后随着 SDBS 浓度的增大，颗粒 Zeta 电位一直小于零且绝对值继续增大，而相应的平均粒径则在不断降低。SDBS 作为一种阴离子表面活性剂，当其在溶液中与 $nCeO_2$ 共存时便会电离产生阴离子基团，而相反电荷的基团吸附在在水中带正电的 $nCeO_2$ 表面上时，$nCeO_2$ 的负电荷将大量增加。在 SDBS 浓度为 5 mg/L 时，$nCeO_2$ 颗粒的 Zeta 电位已经由原来的 22.7 mV 变为–12.3 mV，由正值变为负值，揭示了 SDBS 阴离子基团的负电荷与 $nCeO_2$ 颗粒表面的正电荷中和。而 $nCeO_2$ 颗粒表面总电荷量的减少，静电斥力作用降低，而此时空间位阻效应较弱，最终团聚作用增大导致水和直径的增大，稳定性降低。此时进一步增加溶液中 SDBS 的浓度时，$nCeO_2$ 继续吸附阴离子离子基团致使其颗粒表面上负电荷不断增加，Zeta 电位绝对值不断增大。此时静电斥力作用继续增大，与空间位阻效应一同抑制团聚，增强分散性能。

由图 4.4 可以看出，随着 CTAB 浓度的升高，总体上纳米颗粒的 Zeta 电位绝对值逐渐增大，颗粒平均粒径逐渐降低。与纯 $nCeO_2$ 溶液相比，当加入 CTAB 的浓度为 5 mg/L 时，$nCeO_2$ 颗粒的 Zeta 电位与平均粒径未有明显变化，但是当 CTAB 浓度增大至 10 mg/L 时，其 Zeta 电位的绝对值明显增大，平均粒径降低，且随着 SDBS 浓度升高，Zeta 电位的绝对值增大，平均粒径降低。CTAB 作为一种阳离子表面活性剂，当其在溶液中与 $nCeO_2$ 共存时便会电离产生阳离子基团，而同种电荷的基团吸附在水中也带正电的 $nCeO_2$ 表面上时，$nCeO_2$ 的正电荷将大量增加。在本实验设定的低浓度范围内（0～20 mg/L），随着浓度的增加，吸附的正电荷也增多，$nCeO_2$ 颗粒与颗粒间静电斥力作用增大，$nCeO_2$ 因为斥力作用而团聚效应降低。同时 CTAB 的长链结构阻碍了颗粒之间的互相碰撞，降低了颗粒碰撞也抑制了因碰撞而造成的团聚，因此颗粒在水中的分散性增强，稳定性提高。

由图 4.4 可以看出，总体上 Tween-80 对 $nCeO_2$ 颗粒的 Zeta 电位及平均粒径未有明显的影响。与纯 $nCeO_2$ 溶液相比，加入 Tween-80 浓度为 5 mg/L、10 mg/L 时 Zeta 电位与平均粒径变化不大；直至 Tween-80 浓度为 20 mg/L 时候其 Zeta 电位绝对值稍有增大，平均粒径降低。Tween-80 作为一种非离子型表面活性剂，其在水中并不会发生电离，而以分子形式存在。与上述两种离子型表面活性剂作用的机理完全不同，主要作用机理在于空间位阻效应，由于分子结构独特的长链形式，其吸附于 $nCeO_2$ 后将形成空间的位阻壁垒阻碍 $nCeO_2$ 颗粒的互相靠近使其分散，而由于长链结构的尺寸效应其作用力是局限的。在低浓度小于 10 mg/L 时，这种分散作用力并不明显，其粒径无明显变化，直至 20 mg/L 时候可以看到 Zeta 电位和胶体粒径才有明显降低，在这个过程中相较于离子型表面活性剂，Zeta 位变化的幅度始终不大。

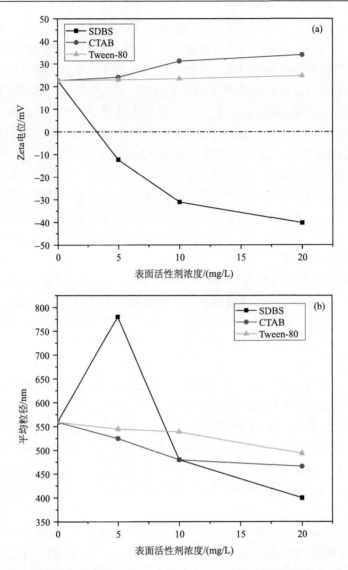

图 4.4　表面活性剂对 nCeO$_2$ 的 Zeta 电位及平均粒径的影响

(a) Zeta 电位随表面活性剂浓度的变化关系；(b) 颗粒平均粒径随表面活性剂浓度变化关系

4.2.3　表面活性剂对纳米材料沉降机理研究

（1）表面活性剂对 nTiO$_2$ 沉降的研究

为了阐明加入表面活性剂对 nTiO$_2$ 沉降行为的影响机制，图 4.5 为 DLVO 交互作用能在三种表面活性剂状况下的纳米颗粒的相互作用，(a)、(b)、(c) 分别对应 SDBS、CTAB、Tween-80 条件。

由图 4.5(a)所示，与纯 nTiO$_2$ 体系相比，当 SDBS 浓度在 5 mg/L 时，nTiO$_2$ 间的总相互作用能均表现为负值，且当颗粒间距离分别小于 2.05 nm、1.89 nm 时，颗粒间的总相互作用呈现快速下降的特点，表明此区间为该条件下的初级势阱；而当颗粒间距离大于上述临界值时，其总相互作用能极其缓慢上升且无限趋近于 0，整个区间内不存在排斥势垒。当 SDBS 浓度为 10 mg/L 时，颗粒间的相互作用能呈现完整的初级势阱、排斥势垒、次级势阱。当颗粒间距离小于 1.76 nm 为初级势阱；在颗粒间距离为 1.76～1.90 nm 范围内为排斥势垒，其极大值为 1.83 nm 处的 0.60 kT；在颗粒间距离大于 1.9 nm 时为次级势阱，次级势阱中交互作用能的第二极小值为 6.07nm 处的–12.50 kT。当 SDBS 浓度为 20 mg/L 时，颗粒间的相互作用能与 10 mg/L 时呈现相同规律，呈现完整的初级势阱、排斥势垒、次级势阱。当颗粒间距离小于 0.68 nm 为初级势阱；在颗粒间距离为 0.68～3.76 nm 范围内为排斥势垒，其极大值为 1.34 nm 处的 28.22 kT；在颗粒间距离大于 3.76 nm 时为次级势阱，次级势阱中交互作用能的第二极小值为 7.32 nm 处的–9.84 kT。由上可知，在纯 nTiO$_2$ 与 SDBS 浓度为 5 mg/L 时，纳米颗粒间距之间在所有距离范围之中，均表现为引力的作用能，颗粒间自发团聚，颗粒极易聚集沉降，运移受到抑制。当 SDBS 浓度为 10 mg/L、20 mg/L 时，纳米颗粒之间存在排斥势垒，特别是当 SDBS 浓度为 20 mg/L 时，达到 28.22 kT，此时纳米颗粒靠近、碰撞、团聚都需要越过排斥势垒，且随着 SDBS 浓度增大，其需要跨越的排斥势垒能量也越大，即不容易聚集沉降。同时次级势阱的第二极小值的绝对值越小，纳米材料能够突破此势阱而发生运移，整个体系稳定性提高。

由图 4.5(b)可以看出，与纯 nTiO$_2$ 体系相比，加入 5 mg/L 与 10 mg/L 的 CTAB 后，颗粒间的总相互作用能均表现为负值，函数曲线变化规律呈现一致性，颗粒间的总相互作用在小于临界距离时呈现快速下降的特点，表明此区间为该条件下的初级势阱；而当颗粒间距离大于临界值时，其总相互作用能极其缓慢上升且无限趋近于 0，整个区间内不存在排斥势垒。但是 5 mg/L 的 CTAB 加入，在相同颗粒距离时候，总相互作用能的绝对值显著增大，而 10 mg/L 时候未有明显的变化。当 CTAB 浓度为 20 mg/L 时，颗粒间的相互作用能呈现完整的初级势阱、排斥势垒、次级势阱。当颗粒间距离小于 0.88 nm 为初级势阱；在颗粒间距离为 0.88～3.24 nm 范围内为排斥势垒，其极大值为 1.52 nm 处的 15.62 kT；在颗粒间距离大于 3.24 nm 时为次级势阱，次级势阱中交互作用能的第二极小值为 6.84 nm 处的–11.18 kT。由上可知，当加入 5 mg/L 的 CTAB 时 nTiO$_2$ 颗粒间的势能显著增大，且均表现为引力，颗粒间引力作用增强，促使颗粒相互吸引并碰撞发生聚沉；继续加入 CTAB 后颗粒间总相互作用能绝对值降低，稳定性增强，但是纳米颗粒间距在所有距离范围之中，依旧互相吸引，颗粒间自发团聚，运移受到抑制。而当 CTAB 浓度为 20 mg/L 时存在的排斥势垒已达到 15.62 kT，纳米颗粒靠近、碰撞、团聚都需要越过排斥势垒，已经不容易聚集沉降。

　　由图 4.5(c)可以看出，与纯 $nTiO_2$ 体系相比，加入 5 mg/L、10 mg/L 的 Tween-80 后，颗粒间的总相互作用能并未有明显变化，均表现为负值，且当颗粒间距离小于 2.05 nm 时，颗粒间的总相互作用呈现快速下降的特点，表明此区间为该条件下的初级势阱；而当颗粒间距离大于 2.05 nm 时，其总相互作用能极其缓慢上升且无限趋近于 0，整个区间内不存在排斥势垒。当 Tween-80 浓度增大到 20 mg/L 时，仍然没有排斥势垒的出现，纳米颗粒之间互相吸引并发生碰撞、团聚、沉积。

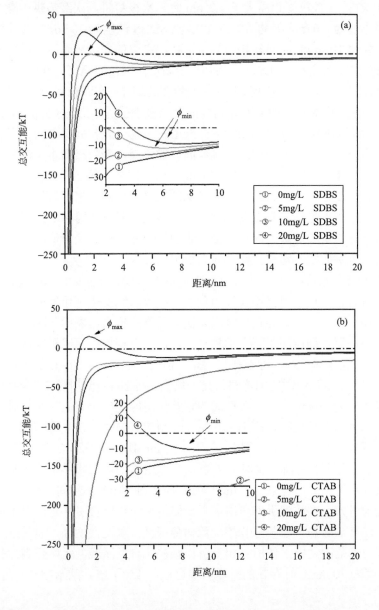

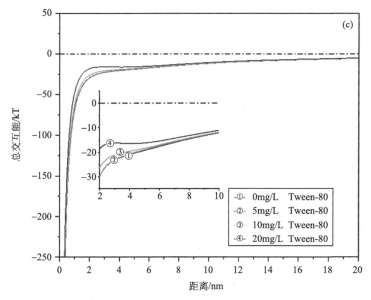

图 4.5　表面活性剂对 nTiO$_2$ 颗粒间势能的影响

(a)表面活性剂为 SDBS；　(b)表面活性剂为 CTAB；　(c)表面活性剂为 Tween-80

(2)表面活性剂对 nCeO$_2$ 沉降的研究

为了阐明表面活性剂加入对 nCeO$_2$ 沉降行为的影响机制，图 4.6 为 DLVO 交互作用能在三种表面活性剂状况下的纳米颗粒的相互作用，(a)、(b)、(c)分别对应 SDBS、CTAB、Tween-80 条件。

由图 4.6(a)可以看出，与纯 nCeO$_2$ 体系相比，加入 5 mg/L 的 SDBS 后，颗粒间的总相互作用能均表现为负值，函数曲线变化规律呈现一致性，颗粒间的总相互作用在小于临界距离 2.28 nm、4.14 nm 时呈现快速下降的特点，表明此区间为该条件下的初级势阱；当颗粒间距离大于临界值时，其总相互作用能极其缓慢上升且无限趋近于 0，整个区间内不存在排斥势垒。但是 5 mg/L 的 SDBS 加入，在相同颗粒距离时候，总相互作用能的绝对值显著增大。当 SDBS 浓度为 10 mg/L、20 mg/L 时，颗粒间的相互作用能呈现完整的初级势阱、排斥势垒、次级势阱。当颗粒间距离分别小于 1.54 nm、0.55 nm 时为初级势阱；颗粒间距离在 1.54～2.16 nm、0.55～4.18 nm 范围内为排斥势垒，其极大值分别为 1.8 nm 处的 1.13 kT、1.22 nm 处的 47.99 kT；在颗粒间距离分别大于 2.16 nm、4.18 nm 时为次级势阱，次级势阱中交互作用能的第二极小值为 6.12 nm 处的–14.57 kT、7.72 nm 处的–10.36 kT。由上可知，当加入 5 mg/L 的 SDBS 时 nCeO$_2$ 颗粒间的势能显著增大，且均表现为引力，颗粒间引力作用增强，促使颗粒相互吸引并碰撞发生聚沉；继续加入 SDBS 至 10 mg/L 颗粒间存在排斥势垒，而当 SDBS 浓度为 20 mg/L 时存在的排斥势垒已达到 47.99 kT，纳米颗粒靠近、碰撞、团聚都需要越过排斥势垒，已经不容易聚集沉降。

由图 4.6(b) 可以看出，与纯 $nCeO_2$ 体系相比，当 CTAB 浓度在 5 mg/L 时，$nCeO_2$ 间的总相互作用能均表现为负值，且当颗粒间距离分别小于 2.28 nm、3.03 nm 时，颗粒间的总相互作用呈现快速下降的特点，表明此区间为该条件下的初级势阱；而当颗粒间距离大于上述临界值时，其总相互作用能极其缓慢上升且无限趋近于 0，整个区间内不存在排斥势垒。当 CTAB 浓度为 10 mg/L 时，颗粒间的相互作用能呈现完整的初级势阱、排斥势垒、次级势阱。当颗粒间距离小于 1.46 nm 时为初级势阱；颗粒间距离在 1.46～2.28 nm 范围内为排斥势垒，其极大值为 1.78 nm 处的 2.01 kT；在颗粒间距离大于 2.28 nm 时为次级势阱，次级势阱中交互作用能的第二极小值为 6.19 nm 处的–14.51 kT。当 CTAB 浓度为 20 mg/L 时，颗粒间的相互作用能与 10 mg/L 时呈现相同规律，呈现完整的初级势阱、排斥势垒、次级势阱。当颗粒间距离小于 0.92 nm 时为初级势阱；颗粒间距离在 0.92～3.12 nm 范围内为排斥势垒，其极大值为 1.54 nm 处的 15.64 kT；在颗粒间距离大于 3.12 nm 时为次级势阱，次级势阱中交互作用能的第二极小值为 6.75 nm 处的 –13.29 kT。由上可知，在纯 $nCeO_2$ 与 CTAB 浓度为 5 mg/L 时，纳米颗粒间距在所有距离范围之中，均表现为引力的作用能，颗粒间自发团聚，颗粒极易聚集沉降，运移受到抑制。当 CTAB 浓度为 10 mg/L、20 mg/L 时，纳米颗粒之间存在排斥势垒，特别是当 CTAB 浓度为 20 mg/L 时，达到 15.64 kT，此时纳米颗粒靠近、碰撞、团聚都需要越过排斥势垒，且随着 CTAB 浓度增大，其需要跨越的排斥势

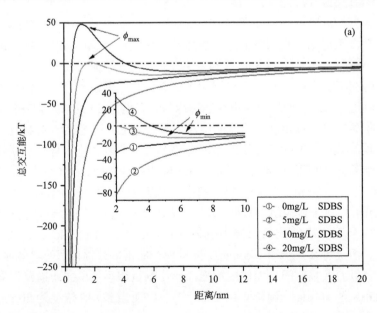

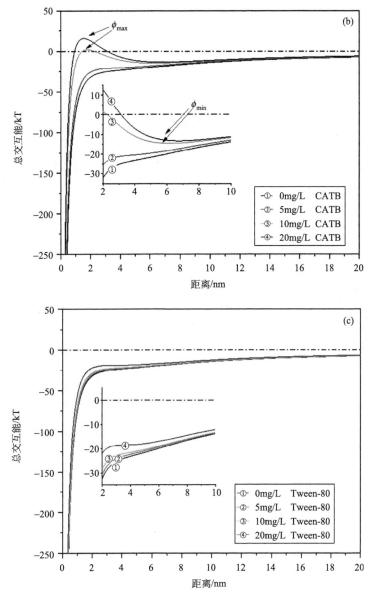

图 4.6 表面活性剂对 nCeO$_2$ 颗粒间势能的影响

(a)表面活性剂为 SDBS；(b)表面活性剂为 CTAB；(c)表面活性剂为 Tween-80

垒能量也越大，即不容易聚集沉降。同时次级势阱的第二极小值的绝对值越小，纳米材料能够突破此势阱而发生运移，整个体系稳定性提高。

由图4.6(c)可以看出，与纯nCeO$_2$体系相比，加入 5 mg/L、10 mg/L 的 Tween-80 后，颗粒间的总相互作用能并未有明显变化，均表现为负值，且当颗粒间距离小于 2.28 nm 时，颗粒间的总相互作用能呈现快速下降的特点，表明此区间为该条件下的初级势阱；而当颗粒间距离大于 2.28 nm 时，其总相互作用能极其缓慢上升且无限趋近于 0，整个区间内不存在排斥势垒。当 Tween-80 浓度增大到 20 mg/L 时，仍然没有排斥势垒的出现，纳米颗粒之间互相吸引并发生碰撞、团聚、沉积。

4.3　表面活性剂对地下水中纳米材料运移行为的研究

随着纳米科学的发展，大量的工业化纳米材料被开发应用到日常生活生产之中，纳米材料不可避免地在各种使用过程中都可能被释放到地下水环境中。地下水作为纳米材料重要的自然蓄积库，充分了解纳米材料在地下水中的运移能力对全面评估纳米材料对环境和人类健康的潜在风险有极其重要的意义。

本节以地下水中带负电荷的 $nTiO_2$ 和带正电荷的 $nCeO_2$ 为例，通过进行不同类型及浓度的表面活性剂作用下的地下水多孔介质的砂柱穿透实验，绘制纳米材料穿透-洗脱曲线，结合 DLVO 交互作用分析及 CFT 模型计算来阐述表面活性剂的类型及浓度对纳米材料在地下水中迁移的影响。

4.3.1　材料与方法

1. 实验设备与试剂

实验材料与设备详见 4.2.1 小节。

2. 石英砂介质的处理

第一步，将石英砂过 20～40 目金属筛网（0.38～0.83 mm）；第二步，由于石英砂表面附着的多种金属（如 Fe、Al、Ti、Ca、Mg、Na、K 等）的氧化物会影响多孔介质的表面电性以及纳米材料的沉积[42]，同时去除天然胶体的干扰，实验前将筛分后的砂样使用 0.1 mol/L 的 NaOH 浸泡 12 h，再使用 0.1mol/L 的 HNO_3 浸泡 12 h，之后利用超纯水反复冲洗直至漂洗水中无杂质出现且为中性，105 ℃下整夜烘干并备用[43]。之后取适量石英砂用扫描电镜扫描对其形态进行表征。

3. 物理模型构建

土柱自身结构如图 4.7 所示。土柱材质为有机玻璃，主要参数为柱高 17 cm，内径 5cm，同时为了减少穿透过程中柱体内壁可能形成的优先流的影响，内壁均做打磨处理；在土柱上下盖中均设置直径与柱身尺寸相同即直径为 5 cm，厚度为 1 cm 的透水石；在实际操作过程中出于密封性的考虑，分别于上下盖与柱身之前加入 1 mm 厚度的硅胶密封环；整个柱子上下盖与柱身密封采用蝴蝶螺栓。

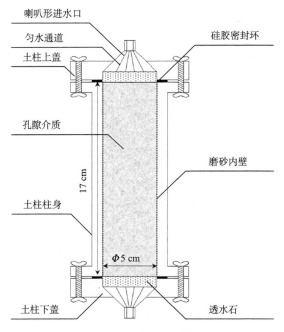

喇叭形进水口

匀水通道

土柱上盖

硅胶密封环

孔隙介质

磨砂内壁

17 cm

土柱柱身

Φ5 cm

土柱下盖

透水石

图 4.7   试验土柱结构图

穿透实验时,整个穿透系统如图 4.8 所示。上下柱盖的硅胶软管均设置排气阀用来在每次开始实验前期排除柱内多余气泡;进水端软管通过蠕动泵并安装有转换阀连接至两个不同实验液体水箱,用来切换不同溶液,出水端通过硅胶软管连接至部分收集器用以收集出流液。

在实验进行填砂时候,为了使得装填的石英砂达到更好的均匀性,采用湿法填装。具体步骤如下,首先在土柱内预先装入 1.5 cm 高的超纯水,之后交替加入干燥的石英砂与超纯水,每次交替时以加入石英砂累计厚度约为 0.5 cm 时为准,目的在于尽可能降低石英砂在装填过程粒径重新分布;同时不断轻微敲击柱壁,用以排除气泡,保证石英砂装填时达到充分饱和且均匀。穿透系统在运行过程中,由于通过蠕动泵来注入液体,此过程不可避免地会因蠕动泵自身运行特点而产生脉动,但是此脉动自身较为微弱同时通过实验设置透水石,水流的脉动对实验的影响可以忽略。同时在运行后的实验结果表明,该系统中透水石的设置不会滞留实验所使用纳米材料,纳米材料也不会附着于土柱内壁,表明此装置对纳米材料运移进行了充分采集。

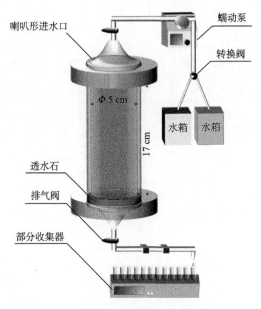

图 4.8　模型设置及收集装置系统示意图

4.3.2　多孔介质参数的确定

在进行纳米材料穿透实验之前，研究保守溶质在此系统的运移有助于确定实验系统石英砂介质的基本参数，主要参数包括佩克莱数、孔隙率、弥散系数、弥散度等。

使用离子强度为 1 mmol/L 的 NaNO₃ 溶液，设置蠕动泵脉冲流速为 4 mL/min，先通入超纯水 2 h，之后换成 NaNO₃ 溶液通入 150 min，采集滤出液测试电导率，使用 ACUAINTRUSION Transport[44]计算佩克莱数、弥散系数、弥散度等参数。计算基于对流−弥散方程的解析解[45]：

$$C_r(L,t) = C_i + \frac{(C_0 - C_i)}{2}\left[\text{erfc}\left(\frac{L - vt}{\sqrt{4D_L t}}\right) + \exp\left(\frac{vL}{D_L}\right)\text{erfc}\left(\frac{L + vt}{\sqrt{4D_L t}}\right)\right] \tag{4.7}$$

式中：$C_r(L,t)$ 为土柱出口处保守溶质浓度(mg/L)；C_i 为孔隙水中的溶质浓度(mg/L)；C_0 为溶质的初始浓度(mg/L)；L 为柱长(cm)；t 为时间(min)；v 为孔隙水流速(cm/min)；D_L 为沿着土柱轴向弥散系数。

通过实验测量值和计算值的均方差最小的原则来拟合穿透曲线求解实验过程参数：平均滞留时间 $t_m = L/v$ (mn)，佩克莱数 $Pe = vL/DL$，有效孔隙率，孔隙水流速 $v = u/\varepsilon$ (cm/min)，弥散系数 D_L，弥散度 $\alpha = L/Pe$。另外，佩克莱数为溶质运移中对流和弥散的比率，反映弥散强度[46]。

经 ACUAINTRUSION Transport（式 4.7）计算所得的土柱运移参数：佩克莱数为 137.42，弥散系数为 2.39 cm²/h，弥散度为 0.12 cm，具体参数见表 4.3。

表 4.3　ACUAINTRUSION 土柱运移参数

参数	本研究所得值	Boluda 研究所得值[46]
佩克莱数 Pe	137.42	5.60
孔隙率 ε	0.46	0.41
孔隙水流速 v/(cm/h)	19.32	1.54
弥散系数 D_L/(cm²/h)	2.39	27.30
弥散度 α/cm	0.12	17.7

相比不同土体性质的地下水系统，本实验使用石英砂介质弥散作用较弱，对流作用较强，因而佩克莱数明显高于 Boluda 等[46]实验的数值，其研究中所用介质中黏土成分占 12 %。此外其他参数也有所差别（表 4.3）。不同区域地下水多孔介质的性质差别较大，介质的组分、孔隙特征以及地下水环境会对溶质运移造成显著影响。本实验的多孔介质材料石英砂颗粒如图 4.9 所示，可以看到石英砂颗粒表面呈现不规则多边形形状，表面光滑，并且大小较均匀。综合构建的模拟地下水中溶质穿透系统特点在于：溶质穿透速率快，现象明显；介质组分单一，其他因素影响较小，能为室内实验研究提供确定的指向性。因而在研究表面活性剂对地下水中纳米材料运移机理中，所使用的石英砂有利于开展研究。

图 4.9　石英砂扫描电镜图片

4.3.3　表面活性剂对纳米材料在地下水中迁移影响

1. 实验方法

实验首先配置一系列固定 $nTiO_2$ 浓度为 100 mg/L 或 $nCeO_2$ 浓度为 100 mg/L，充分混合浓度为 0 mg/L、5 mg/L、10 mg/L 和 20 mg/L 的 SDBS、CTAB 与 Tween-80 溶液各 1000 mL，并用稀盐酸及稀氢氧化钠调节 pH 使体系 pH 为 6.0，一共为 20 种不同的试样溶液，随后超声分散 20 min。此试样溶液为穿透过程所需溶液。湿法填砂方法如 4.3.1 小节中所述，填好后将实验砂柱倒置，使用调节 pH 为 6.0 的超纯水背景溶液从上到下进行穿透，设置蠕动泵流量参数为 4 mL/min，此过程持续 120 min，用以保证砂柱的性质均一稳定。随后更换穿透过程所需实验溶液，为保证实验过程中进口端纳米溶液的均一稳定性，此过程不断用磁力搅拌器搅拌。部分收集器收集时间为每 2.5 min 收集一次，确认穿透系统的连接固定以后，再次同步启动蠕动泵和自动部分收集器，进行 4 个孔隙体积数的实验溶液穿透过程。穿透完成后立刻更换背景溶液进行洗脱，进行 4 个孔隙体积数的洗脱过程并且收集。将自动部分收集器的样本进行收集，标记不同的实验组别，样品瓶中密封保存，留待处理测试。重复实验三次，取平均值。流入液与流出液中 $nTiO_2$ 或 $nCeO_2$ 浓度利用紫外-可见分光光度计 (GENESYS 10S UVOVIS; Thermo Fisher Scientific) 检测。根据 Godinez 等[20] 的检测方法，样品的吸光度设置波长在 200~500 nm 范围内，设置扫描参数为 0.100 s 时间内扫描 1 nm，即 600 nm/min。$nTiO_2$ 特征波长为 364 nm，$nCeO_2$ 特征波长为 320 nm。将初始入流的纳米材料悬浊液浓度记为 C_0，而出流收集溶液浓度记为 C，之后以孔隙体积数 PV 为横坐标、C/C_0 为纵坐标位置做穿透-洗脱曲线。

2. 表面活性剂对 $nTiO_2$ 在地下水中迁移的影响

如图 4.10 所示为不同类型表面活性剂作用下，$nTiO_2$ 在模拟地下水饱和多孔介质中的运移曲线，(a) 中表面活性剂为 SDBS，(b) 中表面活性剂为 CTAB，(c) 中表面活性剂为 Tween-80。

由图 4.10 (a) 可以看出，在前 4 个孔隙体积数穿透过程中，无表面活性剂作用时 $nTiO_2$ 穿透阶段还未到达 1 个孔隙体积数处即开始有颗粒出流，随后尾端出流处浓度不断上升至 1.5 个孔隙体积数处达到峰值，其数值为进口处 $nTiO_2$ 浓度 (C/C_0) 0.79，峰值阶段穿透出流液中 $nTiO_2$ 浓度保持稳定状态，还剩下 21%左右的 $nTiO_2$ 聚集沉降滞留在砂柱中。随着表面活性剂 SDBS 的加入，穿透过程中 $nTiO_2$ 出流时间提前，SDBS 浓度越高，穿透曲线的峰值越大即能够穿透出来的 $nTiO_2$ 越多，在 SDBS 为 20 mg/L 的体系中峰值 (C/C_0) 高达 0.93。

在 4～8 孔隙体积数的洗脱阶段，4 孔隙体积数处开始洗脱，无表面活性剂作用时 nTiO₂ 颗粒在 4.8 个孔隙体积数处开始流出，此时洗脱过程未到达 1 个孔隙体积数，nTiO₂ 浓度即开始下降；在洗脱阶段持续 1 个孔隙体积数后，尾端无 nTiO2 颗粒流出，此后再继续洗脱也无 nTiO₂ 流出，无拖尾现象。加入表面活性剂 SDBS，其洗脱曲线在 SDBS 为 5 mg/L 时变化与纯 nTiO₂ 洗脱曲线较为一致，但是当 SDBS 浓度增加至 10 mg/L 后，洗脱过程的曲线变得更陡，说明此时整个洗脱过程有大量 nTiO₂ 从砂柱中迅速流出，且最后存在明显拖尾现象。

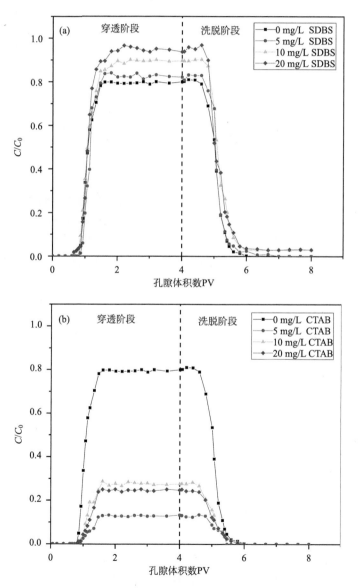

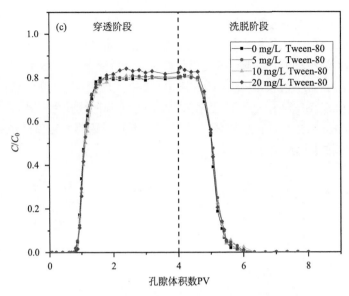

图 4.10   不同表面活性剂条件下 nTiO$_2$ 的穿透曲线

(a) 表面活性剂为 SDBS；(b) 表面活性剂为 CTAB；(c) 表面活性剂为 Tween-80

由 4.2 节可知，阴离子表面活性剂 SDBS 在水中会电离出带负电的阴离子基团，这些表面活性剂阴离子吸附到 nTiO$_2$ 颗粒表面后，会使得 nTiO$_2$ 颗粒所带的负电荷增加，由图 4.3 可以看出 Zeta 电位绝对值变大，而由 DLVO 理论计算总交互作用能也表明随着 SDBS 浓度升高，颗粒间的斥力作用增强，颗粒靠近团聚需要克服能量势垒，那么颗粒难以聚集沉降，在穿透阶段更容易随着水流迁移，不容易发生聚集沉降。在洗脱阶段当 SDBS 浓度大于 10 mg/L 的时候由图 4.5 可知第二势阱存在能量值却较小，在水流等因素的干扰下即使已经有部分沉降的 nTiO$_2$ 颗粒仍然会突破此阶段势阱重新释放出来，因而存在拖尾现象。

由图 4.10(b) 可知，加入阳离子表面活性剂 CTAB 后穿透曲线峰值显著降低，并且整个体系均不稳定；在洗脱阶段也无拖尾现象。在前 4 个孔隙体积数穿透过程中，对于加入 5 mg/L 的 CTAB 的 nTiO$_2$ 体系来说，颗粒开始出流早于 1 个孔隙体积数，随后迁移出的 nTiO$_2$ 颗粒浓度逐渐升高，在 1.5 个孔隙体积数处 (C/C_0) 达到峰值约为 0.12，相较于纯 nTiO$_2$ 的穿透，峰值时间出现时间不变，但峰值时出流的颗粒浓度降低。当 CTAB 浓度增加至 10 mg/L 时，穿透过程中 nTiO$_2$ 颗粒出流浓度 (C/C_0) 达到峰值为 0.27。继续增加 CTAB 浓度至 20 mg/L 时，穿透过程的曲线中 nTiO$_2$ 颗粒出流浓度 (C/C_0) 达到峰值，较 CTAB 浓度为 10 mg/L 时降低为 0.24。

在 4~8 孔隙体积数处的洗脱阶段，4 孔隙体积数处开始洗脱，表面活性剂为 CTAB 时相较于纯 nTiO$_2$ 洗脱阶段，出流持续时间更长且出流曲线更加平缓。但是三种浓度时均无拖尾现象。

由 4.2 节可知，阳离子表面活性剂 CTAB 在水中会电离出带正电的阳离子基团，这些表面活性剂阳离子吸附到 nTiO$_2$ 颗粒表面后，会中和 nTiO$_2$ 颗粒所带的负电荷，由图 4.3 可知其 Zeta 电位由负值跨过零点后继续往正值方向增大，而根据计算所得 DLVO 交互作用能图 4.5 可知只有在 20 mg/L 时才出现排斥势垒，其余皆是引力占有且 5 mg/L 时体系最不稳定，其平均粒径超过 1000 nm。石英砂通常是带负电的，因而对于加入 CTAB 的 nTiO$_2$ 体系来说，由于此时 nTiO$_2$ 带正电，所以其容易因静电引力作用沉降在砂粒表面，运移变得十分困难。虽然 CTAB 加入会使得 nTiO$_2$ 颗粒稳定性先降低后升高，但是相对于电性改变所带来的吸附沉降来说，静电引力作用沉降更加显著，所以看到 CTAB 浓度为 5 mg/L 时，从 DLVO 分析时交互作用能引力最大，最不稳定，团聚最明显，平均直径大于 1000 nm，会使原本多孔介质中 nTiO$_2$ 的运移通道堵塞，一部分纳米颗粒则因此被介质间变小的孔隙所截留。而提高至 20 m/L 时排斥势垒的出现说明整个体系的纳米颗粒自身稳定性已经很高，但是此刻即使有少量脱离团聚沉降释放的 nTiO$_2$ 颗粒，却因为带正电的原因会滞留石英砂中，因而洗脱阶段未出现 nTiO$_2$ 颗粒流出。

由图 4.10(c)可知，与纯 nTiO$_2$ 体系相比，加入表面活性剂 Tween-80 的 nTiO$_2$ 体系，在整个穿透与洗脱过程中，曲线的变化规律比较相似。在前 4 个孔隙体积数穿透过程中，无表面活性剂作用与加入 Tween-80 时 nTiO$_2$ 均在穿透阶段还未到达 1 个孔隙体积数即提前开始有颗粒出流，随后尾端出流处浓度不断上升至 1.5 个孔隙体积数(C/C_0)达到峰值 0.8，特别的只是在 Tween-80 浓度为 20 mg/L 时，峰值达到最高约 0.83 左右，而峰值阶段穿透出流液中 nTiO$_2$ 浓度保持稳定状态。在 4~8 孔隙体积数的洗脱阶段，4 孔隙体积数处开始洗脱，无表面活性剂作用与加入 Tween-80 时 nTiO$_2$，在 4.8 个孔隙体积数处，此时洗脱过程未到达 1 个孔隙体积数处，nTiO$_2$ 浓度即开始下降；在洗脱阶段持续 1 个孔隙体积数后，尾端无 nTiO$_2$ 颗粒流出，此后再继续洗脱也无 nTiO$_2$ 流出，无拖尾现象。

Tween-80 作为一种非离子型表面活性剂，在溶液中并不会如上述两种离子型表面活性剂产生电离，而 Tween-80 会被整体吸附在 nTiO$_2$ 颗粒的表面。吸附了 Tween-80 的 nTiO$_2$ 颗粒表面就会形成一层长链屏障，当纳米颗粒互相靠近且有聚集趋势时候，这层长链的屏障充当着空间壁垒的作用，阻碍了颗粒的相互靠近，将其分隔。但是这种作用力在 Tween-80 浓度较低时，影响不大。从曲线可以看出加入表面活性剂的运移曲线与不加时并无太大差别，同时通过计算 DLVO 能量(图 4.5)可知，即使在 Tween-80 浓度为 20 mg/L 时仍并无能量势垒出现，依旧表现为引力作用占优。

3. 表面活性剂对 nCeO₂ 在地下水中迁移的影响

如图 4.11 所示为不同类型表面活性剂作用下，nCeO₂ 在模拟地下水饱和多孔介质中的穿透曲线，(a)中表面活性剂为 SDBS，(b)中表面活性剂为 CTAB，(c)中表面活性剂为 Tween-80。

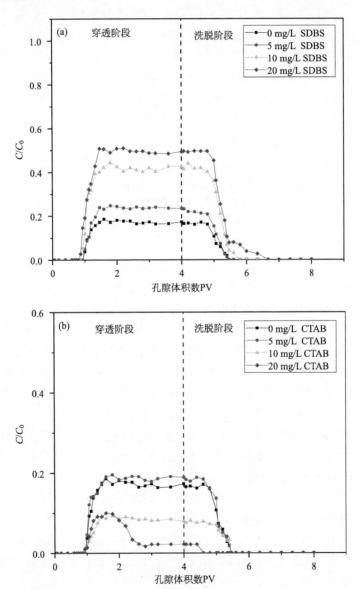

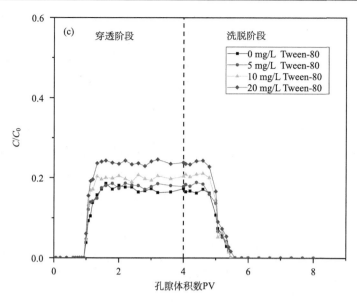

图 4.11　不同表面活性剂条件下 nCeO$_2$ 的穿透曲线

(a)表面活性剂为 SDBS；(b)表面活性剂为 CTAB；(c)表面活性剂为 Tween-80

由图 4.11(a)可以看出，在前 4 个孔隙体积数穿透过程中，无表面活性剂作用时 nCeO$_2$ 穿透阶段到达 1 个孔隙体积数处即开始有颗粒出流，随后尾端出流处浓度不断上升至 1.5 个孔隙体积数处达到峰值，其数值为进口处 nCeO$_2$ 浓度（C/C_0）0.15，峰值阶段穿透出流液中 nCeO$_2$ 浓度保持稳定状态，绝大部分 75%左右的 nCeO$_2$ 聚集沉降滞留在砂柱中。随着表面活性剂 SDBS 的加入，穿透过程中 nCeO$_2$ 出流时间提前，SDBS 浓度越高，穿透曲线的峰值越大即能够穿透出来的 nCeO$_2$ 越多，在 SDBS 为 20 mg/L 的体系中峰值（C/C_0）为 0.5。

在 4～8 孔隙体积数的洗脱阶段，4 孔隙体积数处开始洗脱，无表面活性剂作用时 nCeO$_2$ 颗粒在 4.8 个孔隙体积数处开始流出，此时洗脱过程未到达 1 个孔隙体积数处，nCeO$_2$ 浓度即开始下降；在洗脱阶段持续 1.6 个孔隙体积数后，尾端无 nCeO$_2$ 颗粒流出，此后再继续洗脱也无 nCeO$_2$ 流出，无拖尾现象。加入表面活性剂 SDBS，洗脱过程的曲线变得更陡，说明此时整个洗脱过程有大量 nCeO$_2$ 从砂柱中迅速流出。而且当 SDBS 浓度增加至 10 mg/L 后，整个洗脱过程变长，当浓度达到 20 mg/L 时直至 6.4 个孔隙体积数洗脱过程中尾端出流液才完全无 nCeO$_2$ 流出，但是最后仍没有拖尾现象。

相比 nTiO$_2$ 运移实验来说，很明显 nCeO$_2$ 在饱和多孔介质中运移十分困难，稳定阶段纯 nCeO$_2$ 出流峰值只有 0.15，由于多孔介质为石英砂，其表面电荷以微弱的负电荷为主，nCeO$_2$ 表面自身所带正电荷，由于静电引力的作用而被拦截滞留。同时在这个动态的不断输入过程中，由于前期剧烈的团聚沉积，会使多孔介质中 $nCeO_2$ 的运移通道堵塞，一部分纳米颗粒则因此被介质间变小的孔隙所截留。由 4.2 节可知，阴离子表面活性剂 SDBS 在水中会电离出带负电的阴离子基团，这些表面活性剂阴离子吸附到 $nCeO_2$ 颗粒表面后，会中和 $nCeO_2$ 颗粒所带的正电荷。由图 4.4 可知加入 5 mg/L 的 SDBS，$nCeO_2$ 的 Zeta 电位已经变为负值，虽然此时 DLVO 理论计算总交互作用能中其引力依旧占优，比不加 SDBS 时更容易团聚，但是由于介质对带正电荷的 $nCeO_2$ 吸附沉降作用更强的原因，电荷改变后综合来说，加入 SDBS 其运移能力增强。当加入超过 10 mg/L 的 SDBS 时，颗粒间的斥力作用增强，颗粒靠近团聚需要克服能量势垒，那么颗粒难以聚集沉降，因而在穿透阶段更容易随着水流迁移，不容易发生聚集沉降。在洗脱阶段当 SDBS 浓度大于 10 mg/L 时由图 4.6 可知第二势阱存在能量值却较小，在水流等因素的干扰下即使已经有部分沉降的 $nCeO_2$ 颗粒仍然会突破此阶段势阱重新释放出来，使得洗脱过程变长，但是最终仍然不存在拖尾，是因为介质静电引力沉降作用对自身带正电荷的 $nCeO_2$ 作用强烈。

由图 4.11(b) 可以看出，加入阳离子表面活性剂 CTAB 后穿透曲线峰值显著降低，表面活性剂浓度由 5 mg/L 至 20 mg/L 时整个体系均不稳定；在洗脱阶段也均无拖尾现象。在前 4 个孔隙体积数穿透过程中，对于加入 5 mg/L 与 10 mg/L 的 CTAB 的 $nCeO_2$ 体系来说，穿透阶段的变化曲线较为类似，只是在出流峰值上有所差别，颗粒开始出流早于 1 个孔隙体积数，随后迁移出的 $nCeO_2$ 颗粒浓度逐渐升高，但是很快在 1.8 个孔隙体积数处达到峰值，(C/C_0) 分别为 0.22 和 0.43，相比纯 $nCeO_2$ 的穿透，峰值时间提前且峰值时出流的颗粒浓度降低。而继续增加 CTAB 浓度至 20 mg/L 时，穿透过程的曲线的对称性被打破，出现两个峰值，且第一个峰值持续时间短但数值大，第二个则是持续时间长但数值较小。即颗粒开始出流早于 1 个孔隙体积数，随后迁移出的 $nTiO_2$ 颗粒浓度逐渐升高，但是很快在 1.4 个孔隙体积数处达到第一个峰值 (C/C_0) 为 0.5，相比纯 $nCeO_2$ 的穿透，峰值时间提前且峰值时出流的颗粒浓度降低；而第一个峰值持续大概 0.8 个孔隙体积数后，流出的纳米颗粒浓度逐渐降低，直至 2.8 个孔隙体积数时有一段稳定流出阶段，第二个峰值浓度 (C/C_0) 为 0.18。

在 4~8 孔隙体积数的洗脱阶段，4 孔隙体积数处开始洗脱，CTAB 为 20 mg/L 较 5 mg/L 和 10 mg/L 时洗脱阶段的出流持续时间更短。但是三种浓度时均无拖尾现象。

由 4.2 节可知，阳离子表面活性剂 CTAB 在水中会电离出带正电荷的阳离子基团，这些表面活性剂阳离子吸附到表面带正电荷的 $nCeO_2$ 颗粒表面后，使 $nCeO_2$ 颗粒所带的正电荷增加，由图 4.4 可知 Zeta 电位绝对值变大，根据 DLVO 理论计算总交互作用能也表明随着 CTAB 浓度升高，颗粒间的斥力作用增强，颗粒靠近团聚需要克服能量势垒，那么颗粒难以聚集沉降。另一方面，由于多孔介质为石英砂，其表面电荷以微弱的负电荷为主，CTAB 的加入会加剧因颗粒与介质间静电引力的拦截滞留。从穿透曲线分析，当 CTAB 浓度为 10 mg/L 时 nCeO$_2$ 运移性能明显低于 5 mg/L 时，可以得出静电引力的拦截滞留作用强于表面活性剂的稳定作用。同时在这个动态的不断输入过程中，由于前期剧烈的团聚沉积，使多孔介质中 nCeO$_2$ 的运移通道堵塞，一部分纳米颗粒则因此被介质间变小的孔隙所截留。因此出现 CTAB 浓度 20 mg/L 时的两个峰值情况。在洗脱阶段当 CTAB 浓度大于 10 mg/L 时由图 4.6 可知第二势阱存在能量值却较小，即使在水流等因素的干扰下可能有部分沉降的 nCeO$_2$ 颗粒仍然会突破此阶段势阱重新释放出来，但是最终不存在拖尾，是因为介质静电引力沉降作用对自身带正电荷的 nCeO$_2$ 作用强烈。

由图 4.11 (c) 可知，与纯 nCeO$_2$ 体系相比，加入表面活性剂 Tween-80 的 nCeO$_2$ 体系，在整个穿透与洗脱过程中，曲线的变化规律比较相似。在前 4 个孔隙体积数穿透过程中，无表面活性剂作用与加入 Tween-80 时 nCeO$_2$ 均在穿透阶段接近到达 1 个孔隙体积数开始有颗粒出流，随后尾端出流处浓度不断上升至 1.5 个孔隙体积数处达到峰值（C/C_0）0.18，特别的只是在 Tween-80 浓度为 20 mg/L 时，峰值达到最高约 0.24，而峰值阶段穿透出流液中 nCeO$_2$ 浓度保持稳定状态。在 4～8 孔隙体积数的洗脱阶段，4 孔隙体积数处开始洗脱，无表面活性剂作用与加入 Tween-80 时，nCeO$_2$ 在 4.8 个孔隙体积数处洗脱结束，nCeO$_2$ 浓度开始下降，此时洗脱过程未到达 1 个孔隙体积数处；在洗脱阶段持续 1 个孔隙体积数后，尾端即无 nCeO$_2$ 颗粒流出，此后再继续洗脱也无 nCeO$_2$ 流出，无拖尾现象。

如 4.3.3 小节所述，Tween-80 作为一种非离子型表面活性剂，其在溶液中并不会如上述两种离子型表面活性剂产生电离，而 Tween-80 会被整体吸附在 nCeO$_2$ 颗粒的表面。吸附了 Tween-80 的 nCeO$_2$ 颗粒表面就会形成一层长链屏障，当纳米颗粒在进行互相靠近且有聚集趋势时候，这层长链屏障充当着空间壁垒的作用，阻碍了颗粒的相互靠近，将其分隔。但是这种作用力在 Tween-80 浓度较低时，影响不大，从曲线看到加入表面活性剂的运移曲线与不加时并无太大差别。

从以上实验结果可以看出，无论是表面带负电荷的 nTiO$_2$ 粒子还是表面带正电荷的 nCeO$_2$ 粒子，阴离子表面活性剂 SDBS 都能够提高其稳定性与运移性能，且随着 SDBS 浓度上升而增大；而阳离子表面活性剂 CTAB 则不同程度地抑制了纳米粒子的运移性能；非离子型表面活性剂 Tween-80 对纳米粒子运移性能及稳定性影响较为微弱。

同时，nTiO$_2$ 与 nCeO$_2$ 各个条件下穿透曲线都呈现"几字型"的对称性，除了 nCeO$_2$ 在 CTAB 浓度为 20 mg/L 时穿透曲线唯一的不对称性。出现这种现象的原因是存在纳米颗粒的阻塞效应[47]，由于之前输入纳米颗粒团聚后大颗粒沉积，石英砂颗粒表面的孔隙随着时间的推移被占满。这种阻塞效应除了与纳米颗粒本身的稳定性有关之外，更主要原因是石英砂颗粒表面含有 Si—OH 等基团，在水溶液中容易发生去质子化离解反应而带微弱负电荷[48,49]。相对于本身带负电荷的 nTiO$_2$，带正电荷的 nCeO$_2$ 就是在这种更为强烈的静电作用下沉积到介质表面的。

4.3.4　胶体过滤理论的模型参数计算

对于纳米材料沉积过程，目前通常采用胶体过滤理论 (Colloid filtration theory，CFT) 来研究[14-17]。该理论认为颗粒在多孔介质中迁移时受到三种机制作用而沉积在介质中：①拦截；②重力沉降；③布朗扩散。拦截是指胶体颗粒随水流迁移过程中与固体介质表面作用后附着。重力沉降是大颗粒在重力作用下沉降在固体介质表面。布朗扩散是指胶体颗粒运动时，颗粒自身发生团聚，团聚体体积较大使得介质孔隙变小，之后随水流继续流动的胶体颗粒容易被介质间变小的孔隙截留。纳米材料的沉积机制随团聚程度改变而变化。而在本节所研究的纳米材料，因其具有较好的悬浮性能使得重力沉积机制可以忽略，从而只考虑拦截作用与布朗扩散作用机制。在无断流且稳定饱和水动力条件下，纳米颗粒在饱和多孔介质中的迁移可用如下一级沉淀动力学对流-弥散方程进行描述：

$$\frac{\partial C}{\partial t} = D\frac{\partial^2 C}{\partial x^2} - v_p\frac{\partial C}{\partial t} - kC \tag{4.8}$$

式中：C 是颗粒物浓度 (mg/L)；t 是迁移的时间 (min)；D 是纳米颗粒迁移的弥散系数 (cm^2/min)；x 是迁移距离 (cm)；v_p 是纳米颗粒物迁移的平均速度 (cm/min)；k 是纳米颗粒物沉积系数 (min^{-1})。

在上述一级沉淀动力学成立条件下，颗粒物流出曲线拟合时可通过净床渗透系数 λ_0 来表示：

$$\lambda_0 = -\frac{1}{L}\ln\left(\frac{C_f}{C_0}\right) \tag{4.9}$$

式中：L 为柱长 (cm)；C_f 为纳米颗粒物穿透曲线达到稳定时浓度 (mg/L)；C_0 为纳米颗粒物初始浓度 (mg/L)。

由上可得纳米颗粒物的沉积系数 k：

$$k = \lambda_0 v_p = \frac{\lambda_0 L}{t_p} \tag{4.10}$$

$$k = -\frac{1}{t_p}\ln\left(\frac{C_f}{C_0}\right) \tag{4.11}$$

式中：t_p 是纳米颗粒物穿透柱子所需平均时间（min）；C_f/C_0 是纳米颗粒物穿透曲线达到稳定时浓度与初始浓度的比值。

最后引入纳米颗粒物最远迁移距离 L_{max}，其含义是当 99.9% 的纳米颗粒物滞留时，颗粒物所移动的理论距离，其表达式为：

$$L_{max} = -\frac{v_p}{k}\ln\left(\frac{C_f}{C_0}\right) \tag{4.12}$$

式中：取值 C_f/C_0=0.001。

表 4.4 及表 4.5 分别列出了 $nTiO_2$ 以及 $nCeO_2$ 在不同类型及浓度条件下的 CFT 模型参数计算结果，可以直观地发现表面活性剂类型与浓度对 $nTiO_2$ 与 $nCeO_2$ 的最远迁移距离 L_{max} 及沉淀系数 k 均有较大影响。对照组中 $nTiO_2$ 的沉淀系数为 0.0059 min^{-1}，最大迁移距离为 523 cm。当体系中开始加入 SDBS 时，随着浓度从 5～20 mg/L 上升，$nTiO_2$ 沉淀系数减少至 0.0019 min^{-1}，而对应的最远迁移距离达到了 1618 cm。相反的是，当加入表面活性剂为 CTAB 时，$nTiO_2$ 沉淀系数明显增大，最高为 0.0565 min^{-1}，相应的最远迁移距离仅为不加表面活性剂的十分之一左右。对照组中 $nCeO_2$ 的沉淀系数为 0.0505 min^{-1}，最大迁移距离为 61 cm。当体系中开始加入 SDBS 时，随着浓度从 5～20 mg/L 上升，$nCeO_2$ 沉淀系数减少至 0.0190 min^{-1}，而对应的最远迁移距离达到 164 cm。当加入表面活性剂为 CTAB 时 $nCeO_2$ 沉淀系数明显增大，最高为 0.1228 min^{-1}，相应的最远迁移距离减小至 25 cm。然而加入 Tween-80 对 $nTiO_2$ 与 $nCeO_2$ 沉淀系数以及最远迁移距离没有明显影响。

表 4.4　不同条件下 $nTiO_2$ 的穿透曲线的 CFT 模型参数计算结果

实验条件	最远迁移距离 L_{max}/cm	沉淀系数 k/min^{-1}
无表面活性剂	523	0.0059
5 mg/L SDBS	591	0.0053
10 mg/L SDBS	1007	0.0031
20 mg/L SDBS	1618	0.0019
5 mg/L CTAB	55	0.0565
10 mg/L CTAB	92	0.0339
20 mg/L CTAB	82	0.0381
5 mg/L TW-80	523	0.0059
10 mg/L TW-80	523	0.0059
20 mg/L TW-80	591	0.0053

表 4.5　不同条件下 $nCeO_2$ 的穿透曲线的 CFT 模型参数计算结果

实验条件	最远迁移距离 L_{max}/cm	沉淀系数 k/min^{-1}
无表面活性剂	61	0.0505
5 mg/L SDBS	79	0.0391
10 mg/L SDBS	135	0.0231
20 mg/L SDBS	164	0.0190
5 mg/L CTAB	68	0.0457
10 mg/L CTAB	48	0.0642
20 mg/L CTAB	25	0.1228
5 mg/L TW-80	68	0.0457
10 mg/L TW-80	69	0.0442
20 mg/L TW-80	82	0.0380

　　表面活性剂类型与浓度对 $nTiO_2$ 与 $nCeO_2$ 的最远迁移距离 L_{max} 及沉淀系数 k 均有较大影响且对应上述结论, 通过选择性地加入表面活性剂, 可以定向调控纳米材料的迁移能力, 加入阴离子表面活性剂时能够极大提高其迁移能力, 而加入阳离子表面活性剂时则能够抑制迁移, 甚至于固定在地下水中。

4.4　表面活性剂作用下地下水中纳米材料协同重金属运移

　　由 4.3 节纳米材料运移行为可知, 表面活性剂类型与浓度对纳米材料在地下水中迁移有较大影响, 通过选择性地加入表面活性剂, 可以定向调控纳米材料的迁移能力。纳米材料具有很高的比表面积、可控的表面物理化学性质, 对许多污染物具有很强的吸附能力。已有研究表明, 纳米材料 (GO、纳米羟基磷灰石、nF_3O_4 等)[50-52]进入地下水环境后, 会改变重金属污染物在固相和水相的分配系数, 从而改变其迁移和归趋行为, 对地下水环境和人类的健康存在潜在威胁。因此本节通过地下水中纳米材料与 Pb^{2+} 的协同运移实验, 对地下水中重金属污染物与纳米材料协同运移的规律进行阐述。

4.4.1　实验设备与试剂

　　实验设备与试剂详见 4.2.1 小节。

4.4.2　吸附等温实验

1. 实验步骤

Pb^{2+}在纳米材料上的吸附实验：实验在 50 mL 聚乙烯离心管中进行。设定实验的 pH 为 6 时，Pb^{2+}没有沉淀。配置一系列固定 nTiO$_2$ 浓度为 100 mg/L 或 nCeO$_2$ 浓度为 100 mg/L，充分混合浓度为 0 mg/L、5 mg/L、10 mg/L 和 20 mg/L 的 SDBS、CTAB 与 Tween-80 溶液体系，一系列 Pb^{2+}浓度梯度为 10 mg/L、20 mg/L、40 mg/L、80 mg/L、100 mg/L 的混合溶液 40 mL。盖紧盖子后，在复式振荡器中振荡(150 r/min，25℃)24 h。之后将反应溶液离心(7500g，15 min)并使用 0.22μm 滤膜过滤。使用电感耦合等离子体发射光谱仪(ICAP 7000 系列；Thermo Fisher Scientific)测定上清液中残留的 Pb^{2+}浓度。通过初始浓度和残留浓度之间的差计算 Pb^{2+}的吸附量。平行实验三次，平衡浓度与吸附量以平均值做吸附等温线，研究吸附特性。

Pb^{2+}在石英砂上的吸附实验：实验在 50mL 聚乙烯离心管中进行。设定试验的 pH 为 6 时，Pb^{2+}没有沉淀。配置石英砂为 2g，Pb^{2+}浓度一系列浓度梯度为(10 mg/L、20 mg/L、40 mg/L、80 mg/L、100 mg/L)的混合溶液 40 mL。盖紧盖子后，在复式振荡器中振荡(150 r/min，25℃)24 h。其后将反应溶液离心(7500 g，15 min)并使用 0.22 μm 滤膜过滤。使用电感耦合等离子体发射光谱仪(ICAP 7000 系列；Thermo Fisher Scientific)测定上清液中残留的 Pb^{2+}浓度。通过初始浓度和残留浓度之间的差计算 Pb^{2+}的吸附量。平行实验三次，平衡浓度与吸附量以平均值做吸附等温线，研究吸附特性。

在吸附等温实验中，经典模型包括 Langmuir 和 Freundlich 模型。Langmuir 与 Freundlich 模型方程如下：

$$Q = \frac{bQ_mC_e}{1+bC_e} \tag{4.13}$$

$$Q = K_fC_e^n \tag{4.14}$$

式中：Q(mg/g)为表观固相中的浓度；C_e(mg/L)为表观液相中的浓度；b 为 Langmuir 方程的吸附平衡常数；Q_m(mg/g)为最大吸附容量；K_f[(mg/g)*(mg/L)$^{-n}$]为 Freundlich 模型吸附亲和系数；n 是反应模型线性的参数。

Langmuir 吸附等温方程考虑吸附质表面均一，且发生的为单层吸附，吸附质表面吸附点有限，且吸附不可逆，存在理论上的最大吸附容量；Freundlich 方程是经验公式，通常吸附质表面不均匀，整个吸附过程无法得出最大吸附容量。

林玉锁[53]通过比较吸附方程 Langmuir 与 Freundlich，拟合复合土壤对锌吸附量，发现 Langmuir 方程虽然可体现锌吸附的本质，但是数据拟合程度稍低，式中常数可能存在误差，而 Freundlich 数据拟合程度更高，但是根据经验公式而来的。

Dada 等[54]对比了四种等温吸附方程在介质对 Zn^{2+}吸附行为模拟的比较，结果表明 Langmuir 吸附方程拟合后的 R^2 值最高；Freundlich 方程中的吸附强度值 n 也能够达到 0.89，两者拟合情况均较好。Chen 等[55]用 $nTiO_2$ 吸附重金属镉而 Recillas 等[56]用 $nCeO_2$ 吸附铬，实验结果均用 Freundlich 方程可以很好地解释。本研究因而也采用此方程进行吸附等温线的拟合(图 4.12～图 4.14)。

2. Pb^{2+}在石英砂、$nTiO_2$ 及 $nCeO_2$ 上的吸附

Pb^{2+}在石英砂、$nTiO_2$ 及 $nCeO_2$ 上的 Freundlich 方程吸附等温线拟合如图 4.12 所示，拟合参数如表 4.6 所示。如图 4.12 所示的 Freundlich 方程均能较好拟合石英砂、$nTiO_2$ 及 $nCeO_2$ 对 Pb^{2+}的吸附，其拟合系数 R^2 分别为 0.9345、0.9763 和 0.9896。在重金属 Pb^{2+}浓度为 100 mg/L 时，吸附容量分别为 2 mg/g、62 mg/g、31 mg/g。三种吸附剂的吸附容量均呈现随着 Pb^{2+}浓度升高而增大的特点，但是增大的趋势并非是线性的。在 Freundlich 方程中系数 K_f是反应吸附剂对重金属的吸附亲和系数，通常来说更高的亲和系数时，该吸附剂的吸附能力更强，由表 4.6

表 4.6　石英砂、$nTiO_2$ 及 $nCeO_2$ 对 Pb^{2+}吸附等温线 Freundlich 方程拟合

样品	K_f	n	R^2
石英砂	0.03	0.92	0.9345
$nTiO_2$	11.21	0.38	0.9763
$nCeO_2$	5.40	0.39	0.9896

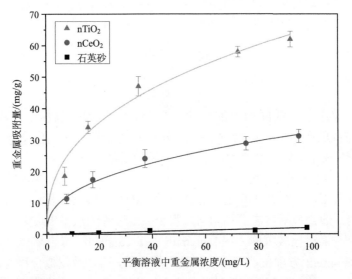

图 4.12　Pb^{2+}在石英砂、$nTiO_2$ 及 $nCeO_2$ 上的吸附等温线

可知，在该实验条件下石英砂、$nTiO_2$ 及 $nCeO_2$ 吸附 Pb^{2+} 时 K_f 分别为 0.03、11.21、5.40，因此其吸附能力在均一条件下由大到小排序为 $nTiO_2 > nCeO_2 >$ 石英砂。而石英砂吸附线性参数 n 接近于 1，$nTiO_2$ 及 $nCeO_2$ 的 n 值不接近 1，说明 $nTiO_2$ 及 $nCeO_2$ 体系中 Pb^{2+} 吸附量与初始浓度不接近线性正相关。

3. 表面活性剂作用下 $nTiO_2$ 对 Pb^{2+} 的吸附

不同类型表面活性剂作用下 Pb^{2+} 在 $nTiO_2$ 上的 Freundlich 方程吸附等温线拟合如图 4.13 所示，拟合参数如表 4.7 所示。

在添加不同浓度（5 mg/L、10 mg/L 和 20 mg/L）阴离子表面活性剂 SDBS 体系中，Pb^{2+} 在 $nTiO_2$ 上的 Freundlich 方程吸附等温线拟合如图 4.13（a）所示。图 4.13（a）所示的 Freundlich 方程能较好地拟合 $nTiO_2$ 对 Pb^{2+} 的吸附，5 mg/L、10 mg/L 和 20 mg/L SDBS 体系中拟合系数 R^2 分别为 0.9711、0.9433 和 0.9857。在重金属 Pb^{2+} 浓度为 100 mg/L 时，吸附容量分别为 69 mg/g、101 mg/g、119 mg/g，均呈现随着 Pb^{2+} 浓度升高而增大的特点，但是其增大的趋势并非是线性的，且均高于未添加 SDBS 的吸附容量。在 Freundlich 方程中系数 K_f 是反应吸附剂对重金属的吸附亲和系数，通常来说更高的亲和系数时，该吸附剂的吸附能力更强，由表 4.7 可知，在该实验条件下 $nTiO_2$ 吸附 Pb^{2+} 时 K_f 分别为 11.56、14.18、17.57，相比未添加 SDBS 时 K_f 为 11.21，吸附能力在均一条件下由大到小排序为 20 mg/L SDBS > 10 mg/L SDBS > 5 mg/L SDBS ≈ 0 mg/L。

在添加不同浓度（5 mg/L、10 mg/L 和 20 mg/L）阳离子表面活性剂 CTAB 体系中，Pb^{2+} 在 $nTiO_2$ 上的 Freundlich 方程吸附等温线拟合如图 4.13（b）所示。图 4.13（b）所示的 Freundlich 方程能较好地拟合 $nTiO_2$ 对 Pb^{2+} 的吸附，5 mg/L、10 mg/L 和 20 mg/L CTAB 体系中拟合系数 R^2 分别为 0.9631、0.9368 和 0.9728。在重金属 Pb^{2+} 浓度为 100 mg/L 时，吸附容量分别为 51 mg/g、70 mg/g、79 mg/g，表面活性剂浓度相同时模拟曲线的吸附容量均呈现随着 Pb^{2+} 浓度升高而增大的特点，但是其增大的趋势并非是线性的。相较于未添加时吸附容量 62 mg/g，添加了 CTAB 的体系的吸附容量先降低而后升高。由表 4.7 可知，在该实验条件下 $nTiO_2$ 吸附 Pb^{2+} 时 K_f 分别为 8.55、11.79、15.42，相比未添加 CTAB 时 K_f 为 11.21，吸附能力在均一条件下由大到小排序为 20 mg/L CTAB > 10 mg/L CTAB > 0 mg/L > 5 mg/L CTAB。

在添加不同浓度（5 mg/L、10 mg/L 和 20 mg/L）非离子表面活性剂 Tween-80 体系中，Pb^{2+} 在 $nTiO_2$ 上的 Freundlich 方程吸附等温线拟合如图 4.13（c）所示。图 4.13（c）所示的 Freundlich 方程能较好地拟合 $nTiO_2$ 对 Pb^{2+} 的吸附，5 mg/L、10 mg/L 和 20 mg/L Tween-80 体系中拟合系数 R^2 分别为 0.9660、0.9742 和 0.9590。在重金属 Pb^{2+} 浓度为 100 mg/L 时，吸附容量分别为 63 mg/g、66 mg/g、69 mg/g，

表面活性剂浓度相同时模拟曲线的吸附容量随着 Pb^{2+} 浓度升高而增大，但是其增大的趋势并非是线性的。相比未添加时吸附容量 62 mg/g，添加了 Tween-80 的体系的吸附容量在低浓度时未明显变化，直到 20 mg/L 时略微增大。由表 4.7 可知，在该实验条件下 $nTiO_2$ 吸附 Pb^{2+} 时 K_f 分别为 11.48、11.64、12.25，相比未添加时 K_f 为 11.21，吸附能力在均一条件下由大到小排序为 20 mg/L Tween-80＞10 mg/L Tween-80≈5 mg/L Tween-80≈0 mg/L。

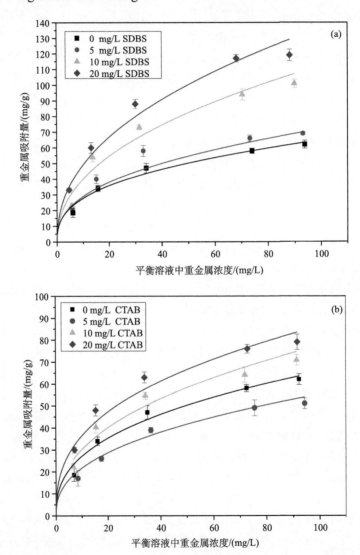

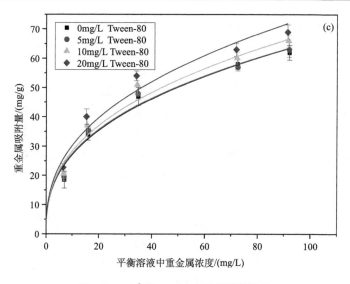

图 4.13　Pb^{2+} 在 $nTiO_2$ 上的吸附等温线

(a)表面活性剂为 SDBS；(b)表面活性剂为 CTAB；(c)表面活性剂为 Tween-80

表 4.7　$nTiO_2$ 对 Pb^{2+}Freundlich 方程吸附等温线拟合

表面活性剂	K_f	n	R^2
无	11.21	0.38	0.9763
5 mg/L SDBS	11.56	0.40	0.9711
10 mg/L SDBS	14.18	0.45	0.9433
20 mg/L SDBS	17.57	0.44	0.9857
5 mg/L CTAB	8.55	0.40	0.9631
10 mg/L CTAB	11.79	0.40	0.9368
20 mg/L CTAB	15.42	0.37	0.9728
5 mg/L TW-80	11.48	0.48	0.9660
10 mg/L TW-80	11.64	0.38	0.9742
20 mg/L TW-80	12.25	0.39	0.9590

4. 表面活性剂作用下 $nCeO_2$ 对 Pb^{2+} 的吸附

不同类型表面活性剂作用下 Pb 在 $nCeO_2$ 上的 Freundlich 方程吸附等温线拟合如图 4.14 所示，拟合参数如表 4.8 所示。

在添加不同浓度（5 mg/L、10 mg/L 和 20 mg/L）阴离子表面活性剂 SDBS 体系中，Pb^{2+} 在 $nCeO_2$ 上的 Freundlich 方程吸附等温线拟合如图 4.14(a)所示。图 4.14(a)

所示的 Freundlich 方程能较好地拟合 $nCeO_2$ 对 Pb^{2+} 的吸附，5 mg/L、10 mg/L 和 20 mg/L SDBS 体系中拟合系数 R^2 分别为 0.9780、0.9920 和 0.9988。在重金属 Pb^{2+} 浓度为 100 mg/L 时，吸附容量分别为 27 mg/g、48 mg/g、54 mg/g，均呈现随着 Pb^{2+} 浓度升高而增大的特点，但是其增大的趋势并非是线性的，且均高于未添加 SDBS 的吸附容量。在 Freundlich 方程中系数 K_f 是反应吸附剂对重金属的吸附亲和系数，通常来说更高的亲和系数，该吸附剂的吸附能力更强，具体的由表 4.8 可知，在该实验条件下 $nCeO_2$ 吸附 Pb^{2+} 时 K_f 分别为 4.29、7.46、9.88，相比未添加 SDBS 时 K_f 为 5.40 时，吸附能力在均一条件下由大到小排序为 20 mg/L SDBS＞10 mg/L SDBS＞0 mg/L＞5 mg/L SDBS。

在添加不同浓度（5 mg/L、10 mg/L 和 20 mg/L）阳离子表面活性剂 CTAB 体系中，Pb^{2+} 在 $nCeO_2$ 上的 Freundlich 方程吸附等温线拟合如图 4.14（b）所示。图 4.14（b）所示的 Freundlich 方程能较好地拟合 $nCeO_2$ 对 Pb^{2+} 的吸附，5 mg/L、10 mg/L 和 20 mg/L CTAB 体系中拟合系数 R^2 分别为 0.9858、0.9854 和 0.9804。在重金属 Pb^{2+} 浓度为 100 mg/L 时，吸附容量分别为 36 mg/g、33 mg/g、29 mg/g，表面活性剂浓度相同时模拟曲线的吸附容量均呈现随着 Pb^{2+} 浓度升高而下降的特点，但是其增大的趋势并非是线性的。相比未添加时吸附容量 31 mg/g，添加了 CTAB 的体系的吸附容量随浓度先增大后减小。由表 4.8 可知，在该实验条件下 $nCeO_2$ 吸附 Pb^{2+} 时 K_f 分别为 6.16、5.89、4.29，相比未添加 CTAB 时 K_f 为 5.40 时，吸附能力在均一条件下由大到小排序为 5 mg/L CTAB＞10 mg/L CTAB≈ 0 mg/L＞20mg/L CTAB。

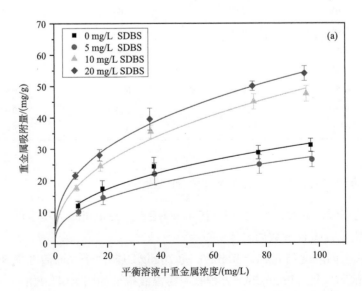

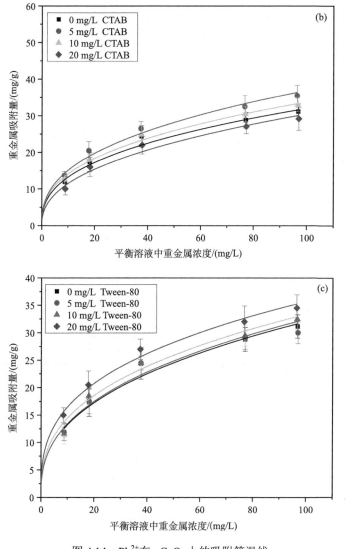

图 4.14　Pb^{2+} 在 nCeO$_2$ 上的吸附等温线

(a) 表面活性剂为 SDBS；(b) 表面活性剂为 CTAB；(c) 表面活性剂为 Tween-80

在添加不同浓度（5 mg/L、10 mg/L 和 20 mg/L）非离子表面活性剂 Tween-80
体系中，Pb^{2+} 在 nCeO$_2$ 上的 Freundlich 方程吸附等温线拟合如图 4.14(c) 所示。图
4.14(c) 所示的 Freundlich 方程能较好地拟合 nCeO$_2$ 对 Pb^{2+} 的吸附，5 mg/L、10 mg/L
和 20 mg/L Tween-80 体系中拟合系数 R^2 分别为 0.9197、0.9695 和 0.9874。在重金
属 Pb^{2+} 浓度为 100 mg/L 时，吸附容量分别为 30 mg/g、33 mg/g、35 mg/g，表面
活性剂浓度相同时模拟曲线的吸附容量随着 Pb^{2+} 浓度升高而增大，增大的趋势并

非是线性的。相比未添加时吸附容量 31 mg/g，添加了 Tween-80 的体系的吸附容量在低浓度时未明显变化，直到 20 mg/L 时略微增大。由表 4.8 可知，在该实验条件下 $nCeO_2$ 吸附 Pb^{2+} 时 K_f 分别为 5.32、6.23、7.53，相比未添加时 K_f 为 5.40 时，吸附能力在均一条件下由大到小排序为 20 mg/L Tween-80＞10 mg/L Tween-80＞5 mg/L Tween-80≈0 mg/L。

表 4.8　$nCeO_2$ 对 Pb^{2+}Freundlich 方程吸附等温线拟合

表面活性剂	K_f	n	R^2
无	5.40	0.39	0.9896
5 mg/L SDBS	4.29	0.40	0.9780
10 mg/L SDBS	7.46	0.41	0.9920
20 mg/L SDBS	9.88	0.37	0.9988
5 mg/L CTAB	6.16	0.38	0.9858
10 mg/L CTAB	5.89	0.38	0.9854
20 mg/L CTAB	4.29	0.42	0.9804
5 mg/L Tween-80	5.32	0.40	0.9197
10 mg/L Tween-80	6.23	0.37	0.9695
20 mg/L Tween-80	7.53	0.34	0.9874

由于纳米颗粒具有巨大的比表面积和原子配位不足性，与同种材质非纳米量级的颗粒相比，具有很强的吸附能力[57]。纳米颗粒在溶液中通过氢键、范德瓦耳斯力以及库仑力等作用吸附重金属离子[58]，因此纳米颗粒的比表面积与电性在吸附重金属离子过程中起着决定性作用。4.2 节中，已经证明了不同类型的表面活性剂既能改变纳米材料的表面电荷，同时也会改变其团聚程度，因而也就会改变纳米颗粒对重金属的吸附特性。在此过程中存在以下作用机制：吸附在纳米颗粒表面的表面活性剂会占据一部分吸附位点，同时长链结构也会阻碍重金属离子靠近材料表面，但是这种长链结构也成为阻碍纳米颗粒团聚的屏障，因此纳米颗粒的比表面积增大，有更多的吸附位点暴露出来，同时更重要的是当加入阴离子表面活性剂使表面电荷变为负值增大后，对金属阳离子的静电吸附也会增大。因而最终加入不同浓度的 SDBS、CTAB 与 Tween-80 对 $nTiO_2$ 和 $nCeO_2$ 则是上述机制综合作用的结果。由 4.2 节分散实验可知，当加入阴离子表面活性剂 SDBS 时，自身在水中带负电荷的 $nTiO_2$ 电势增大同时提高了分散性，虽然此过程中吸附 SDBS 一部分位点会被占据，但是综合是 $nTiO_2$ 对带正电荷的 Pb^{2+} 的吸附能力一直在上升；而阳离子表面活性剂 CTAB 加入水中带负电荷的 $nTiO_2$ 体系，负电荷被中和随后变为正值一直增大，分散性能先降低后升高，对 Pb^{2+}吸附性能先下降后上升。

当加入阴离子表面活性剂 SDBS 时，自身在水中带正电荷的 nCeO$_2$ 所带正电荷被中和，随着浓度上升表面吸附负电荷，同时其分散性也先降低后升高，虽然此过程中吸附 SDBS 一部分位点会被占据，但是 nCeO$_2$ 对带正电荷的 Pb^{2+} 的吸附能力先下降后上升；而阳离子表面活性剂 CTAB 加入水中带正电荷的 nCeO$_2$ 体系，增强了电势同时也提高了分散性，但是由于重金属 Pb^{2+} 也带正电荷，静电排斥作用增大，而随着 CTAB 浓度的提高，对 Pb^{2+} 吸附性能先上升后下降。而非离子表面活性剂 Tween-80 所提供的空间位阻力本身较小，nTiO$_2$ 和 nCeO$_2$ 只在最高 20 mg/L 时吸附能力增大主要是因为分散性能的提高。许乾慰等[59]研究了三种非离子型表面活性剂司班-60、Tween -20、阿拉伯树胶对多壁纳米碳管吸附 Pb^{2+}，结果表明，在一定浓度时三种表面活性剂的加入均能够提高多壁纳米碳管对 Pb^{2+} 的吸附能力。Salihi 等[60]研究了阴离子表面活性剂十二烷基硫酸钠(SDS)对氧化石墨烯吸附镍离子的影响，通过拟合 Langmuir 模型，SDS 使氧化石墨烯的吸附容量由 20.19 mg/g 显著提高到 55.16 mg/g。

4.4.3　纳米材料与重金属协同迁移实验

1. 实验方法

配置 Pb^{2+} 浓度为 80 mg/L 的溶液 1000 mL 并用稀盐酸与稀氢氧化钠调节 pH 至 6。湿法填砂方法如 3.3.1 小节所述，填好后将实验砂柱倒置，使用调节 pH 为 6.0 的超纯水背景溶液从上到下穿透，设置蠕动泵流量参数为 4 mL/min，此过程持续 120 min，用以保证砂柱的性质均一稳定。随后更换穿透过程所需重金属 Pb^{2+} 实验溶液。部分收集器收集时间为每 2.5 min 收集一次，确认穿透系统的连接固定以后，再次同步启动蠕动泵和自动部分收集器，进行 5 个孔隙体积数的实验溶液穿透过程。配置一系列固定 nTiO$_2$ 浓度为 100 mg/L 或 nCeO$_2$ 浓度为 100 mg/L，充分混合表面活性剂 SDBS 或 CTAB 或 Tween-80 浓度为 0 mg/L、5 mg/L、10 mg/L 和 20 mg/L 的溶液体系各 1000 mL，并用稀盐酸及稀氢氧化钠调节 pH 使体系 pH 为 6.0，一共为 20 种不同的试样溶液，随后超声分散 20 min。穿透完成后立刻更换上述纳米颗粒的溶液(包含 pH 为 6 的超纯水做对照)进行洗脱，进行 4 个孔隙体积数的洗脱过程并收集。将自动部分收集器的样本进行收集，标记不同的试验组别，样品在瓶中密封保存，留待处理测试。纳米材料浓度用分光光度计测试。分别测定初始及出流液中 Pb^{2+} 的浓度。出流液中所含的 Pb^{2+} 可分为溶解态以及纳米颗粒吸附态两种。出流液在 7500 g 离心 20 min 后并用 0.22μm 滤膜过滤，上清液中使用电感耦合等离子体发射光谱仪 (ICAP 7000 系列；Thermo Fisher Scientific)测定得到溶解态 Pb^{2+} 浓度；总 Pb^{2+} 浓度则将出流液用微波消解仪消解并定容后采用 ICP 测定。

2. 不同表面活性剂下与 Pb^{2+} 协同运移的纳米材料的穿透

(1)不同表面活性剂下与 Pb^{2+} 协同运移的 $nTiO_2$ 的穿透

$nTiO_2$ 的出流曲线如图 4.15 所示，在出流过程中，总体来看只有添加了 SDBS 与 Tween-80 的 $nTiO_2$ 能够顺利穿透石英砂柱,添加了 CTAB 的则全部滞留在砂柱中。

由图 4.15(a)可知，在 5 孔隙体积数处加入 $nTiO_2$ 开始洗脱，曲线在 SDBS 为 5 mg/L 时变化较无表面活性剂时 $nTiO_2$ 较为一致，即 $nTiO_2$ 穿透阶段超过 1 个孔隙体积数才开始有颗粒出流，随后尾端出流处浓度不断上升大约 1 个孔隙体积数达到峰值，其进口处 $nTiO_2$ 浓度 C/C_0 的数值为 0.44。随后峰值阶段穿透出流液中 $nTiO_2$ 浓度保持稳定状态，还剩下 56%左右的 $nTiO_2$ 聚集沉降滞留在砂柱当中。随着表面活性剂 SDBS 的加入，穿透过程中 $nTiO_2$ 出流时间明显提前，SDBS 浓度越高，穿透曲线的峰值越大即能够穿透出来的 $nTiO_2$ 越多，在 SDBS 为 20 mg/L 的体系中峰值 C/C_0 高达 0.52。但是 $nTiO_2$ 与 Pb 协同运移体系相比 $nTiO_2$ 自身运移来说，无论添加多少浓度的 SDBS,$nTiO_2$ 在石英砂柱中的运移显然受到了抑制，可以发现 $nTiO_2$ 开始出流时间延后，且穿透曲线的峰值明显降低,SDBS 为 20 mg/L 时 C/C_0 由原来的 0.93 降低为 0.52。

从图 4.15(b)所知，在 5 孔隙体积数处加入 $nTiO_2$ 开始洗脱，曲线在加入 Tween-80 后且随着浓度上升(5 mg/L、10 mg/L、20 mg/L)较无表面活性剂时 $nTiO_2$ 较为一致，不存在提前出流即 $nTiO_2$ 穿透阶段超过 1 个孔隙体积数才开始有颗粒出流，随后尾端出流处浓度不断上升大约 1 个孔隙体积数达到峰值，随后峰值阶段穿透出流液中 $nTiO_2$ 浓度保持稳定状态。只是在 Tween-80 浓度最高时，峰值稍

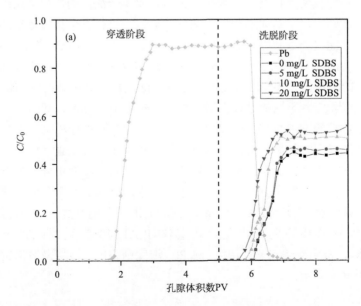

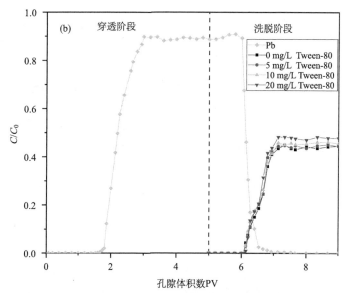

图 4.15　不同表面活性剂下与 Pb^{2+} 协同运移的 nTiO$_2$ 穿透曲线

(a) 表面活性剂为 SDBS；(b) 表面活性剂为 Tween-80

有提高。但是 nTiO$_2$ 与 Pb^{2+} 协同运移体系相比 nTiO$_2$ 自身运移来说[图 4.10(c)]，无论添加多少浓度的 Tween-80，nTiO$_2$ 在石英砂柱中的运移显然受到了抑制，可以发现 nTiO$_2$ 开始出流时间延后，且穿透曲线的峰值明显降低。

当 nTiO$_2$ 刚开始进入石英砂柱时，体系中含有大量的重金属离子 Pb^{2+}，一方面由于 nTiO$_2$ 表面带负电荷，当其吸附带正电荷的离子时，总电荷量减少，并且随着重金属离子的介入，nTiO$_2$ 表面电荷的双电层结构被压缩，静电斥力作用降低，使纳米颗粒之间更加容易发生团聚，团聚体平均直径增大，从而降低了此时 nTiO$_2$ 的稳定性，更容易发生聚集沉降到石英砂表面；另一方面由于多孔介质为石英砂，其表面电荷以微弱的负电荷为主，当 nTiO$_2$ 吸附了正电荷后由于静电引力的作用而被拦截滞留。同时在这个动态的过程中，虽然 Pb^{2+} 浓度在不断降低，但是前期剧烈的团聚沉积，会使得原本多孔介质中 nTiO$_2$ 的运移通道堵塞，一部分纳米颗粒因此被介质间变小的孔隙所截留。而加入的 SDBS 为在水中能够电离产生带负电荷基团的阴离子表面活性剂，会使得 nTiO$_2$ 颗粒所带的负电荷增加，通过之前的 DLVO 理论计算证明总作用能随着 SDBS 浓度升高，颗粒间的斥力作用增强，颗粒靠近团聚需要克服能量势垒，那么颗粒难以聚集沉降，相对来说可以减缓一定的阻碍重金属离子 Pb^{2+} 所带来的阻滞效应。作为一种非离子型表面活性剂，其在溶液中并不会产生电离，而 Tween-80 会被整体吸附在 nTiO$_2$ 颗粒的表面。吸附了 Tween-80 的 nTiO$_2$ 颗粒表面就会形成一层长链屏障，当纳米颗粒互相靠近且有聚集趋势时，这层长链屏障充当着空间壁垒的作用，阻碍了颗粒的相互靠近, 使得纳米颗粒相对较为稳定地随着水流在饱和多孔介质中进行迁移, 但是这种作用在低浓度时十分微弱。对于加入 CTAB 的体系来说, 由于 CTAB 在水中会电离出带正电的阳离子基团, 这些表面活性剂阳离子吸附到 $nTiO_2$ 颗粒表面后, 会中和 $nTiO_2$ 颗粒所带的负电荷此时 $nTiO_2$ 带正电, 使得静电斥力减小, 容易团聚, 容易因静电引力作用沉降在砂粒表面, 运移变得十分困难。但是前期剧烈的团聚沉积, 会使原本多孔介质中 $nTiO_2$ 的运移运移通道堵塞, 几乎所有纳米颗粒则被介质间变小的孔隙所截留。

(2) 不同表面活性剂下与 Pb^{2+} 协同运移的 $nCeO_2$ 的穿透

$nCeO_2$ 的穿透曲线如图 4.16 所示, 在穿透过程中, 总体来看只有在 SDBS 浓度为 10 mg/L 与 20 mg/L 时, $nCeO_2$ 能够顺利穿透石英砂柱, 而不添加表面活性剂、加入 CTAB 与 Tween-80 的全部滞留在砂柱中。

由图 4.16 可知, 在 5 孔隙体积数处加入 $nCeO_2$ 开始洗脱, 曲线在 SDBS 为 10 mg/L 时变化较 20 mg/L 时较为一致, 即 $nCeO_2$ 穿透阶段超过 1 个孔隙体积数才开始有颗粒出流, 随后尾端出流处浓度不断上升大约 1 个孔隙体积数达到峰值, 其进口处 $nCeO_2$ 浓度 C/C_0 的数值为 0.16。随后峰值阶段穿透出流液中 $nCeO_2$ 浓度保持稳定状态, 还剩下 84%左右的 $nCeO_2$ 聚集、沉降、滞留在砂柱中。但是 $nCeO_2$ 与 Pb^{2+} 协同运移体系相比于 $nCeO_2$ 自身运移来说, 无论添加多少浓度的 SDBS, $nCeO_2$ 在石英砂柱中的运移显然受到了抑制, 可以发现 $nCeO_2$ 开始出流延后, 且穿透曲线的峰值明显降低, 在 SDBS 为 20 mg/L 时的 C/C_0 由原来的 0.59 降低为 0.18。

当 $nCeO_2$ 刚开始进入石英砂柱时, 体系中含有大量的 Pb^{2+}, 一方面虽然吸附同性的正电荷离子会使得 $nCeO_2$ 表面带更多正电荷, 但是随着重金属离子的介入, $nCeO_2$ 表面电荷的双电层结构被压缩引起的作用强于正电荷的增加, 最终的静电斥力作用降低, 使纳米颗粒之间更加容易发生团聚, 团聚体平均直径增大, 从而降低了 $nCeO_2$ 的稳定性, 更容易发生聚集沉降到石英砂表面; 另一方面由于多孔介质为石英砂, 其表面电荷以微弱的负电荷为主, 当 $nCeO_2$ 本身表面所带正电荷, 由于静电引力的作用而被拦截滞留。同时在这个动态的过程中, 虽然 Pb^{2+} 浓度在不断降低, 但是前期剧烈吸附沉积, 会使得原本多孔介质中 $nCeO_2$ 的运移通道堵塞, 最终几乎所有的纳米颗粒因此被介质间变小的孔隙所截留。而加入的 SDBS 为在水中能够电离产生带负电荷基团的阴离子表面活性剂, 会使 $nCeO_2$ 颗粒所带的负电荷增加, 相对来说可以在一定程度上减缓 Pb^{2+} 所带来的阻滞效应。而 Tween-80 会被整体吸附在 $nTiO_2$ 颗粒的表面。吸附了 Tween-80 的 $nCeO_2$ 颗粒表面就会形成一层长链屏障, 当纳米颗粒互相靠近且有聚集趋势时, 这层长链屏障充当着空间壁垒的作用, 阻碍了颗粒的相互靠近, 使得纳米颗粒相对较为稳定地随着水流在饱和多孔介质中进行迁移, 但是这种作用在低浓度时十分微弱, 不足

以抵消 Pb^{2+} 所带来的阻滞效应。而对于加入 CTAB 的体系来说，由图 4.4 可知，由于 CTAB 在水中会电离出带正电的阳离子基团，这些表面活性剂阳离子吸附到 $nCeO_2$ 颗粒表面后，静电斥力增强使得纳米颗粒相对较为稳定。但是因石英砂表面电荷以微弱的负电荷为主，当 $nCeO_2$ 吸附了正电荷后由于静电引力的作用在前期剧烈被拦截滞留沉积，会使得原本多孔介质中 $nCeO_2$ 的运移运移通道堵塞，所有纳米颗粒则被介质间变小的孔隙所截留。

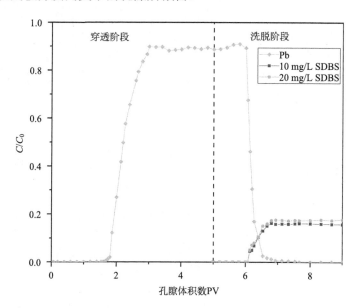

图 4.16　不同表面活性剂下与 Pb^{2+} 协同运移的 $nCeO_2$ 穿透曲线

3. 不同表面活性剂下与纳米材料协同运移的 Pb^{2+} 的穿透

（1）不同表面活性剂下与 $nTiO_2$ 协同运移的 Pb^{2+} 的穿透

如图 4.17 所示为不同表面活性剂下与 $nTiO_2$ 协同运移的 Pb^{2+} 穿透曲线。

在前 5 个孔隙体积数穿透阶段，Pb^{2+} 开始出流时间大于 1 个孔隙体积数，到了 1.6 个孔隙体积数处开始流出，直至 2.9 个孔隙体积数处到达峰值（C/C_0 为 0.89）。在用背景溶液（超纯水）洗脱阶段即 5～9 个孔隙体积数，6.1 个孔隙体积数处 Pb^{2+} 的出流浓度开始下降，第 7.5 个孔隙体积数出流液中即无 Pb^{2+} 流出，且之后也不存在拖尾。

图 4.17（a）中，洗脱阶段从第 5 个孔隙体积数开始，与用背景溶液（超纯水）洗脱相比，不加入任何表面活性剂的 $nTiO_2$ 洗脱时，Pb^{2+} 浓度在第 6 个孔隙体积数处即开始提前下降，且最终在第 6.9 个孔隙体积数处存在拖尾，Pb^{2+} 浓度保持在（C/C_0）为 0.028。当加入表面活性剂 SDBS 时，随着浓度的增大，Pb^{2+} 浓度开始

下降时依旧在第 6 个孔隙体积数处，但是在孔隙体积数处出流的 Pb^{2+} 浓度越低。曲线均存在拖尾现象，且当 SDBS 浓度为 20 mg/L 时最高出流的 Pb^{2+}(C/C_0) 为 0.53。

图 4.17(b) 中，当加入表面活性剂 CTAB 时，整体曲线变化与纯 $nTiO_2$ 类似，但是在尾端出流时却不再拖尾。而图 4.16(c) 中，当加入表面活性剂 Tween-80 时，整体曲线变化与纯 $nTiO_2$ 类似，且在尾端出流时存在拖尾现象。

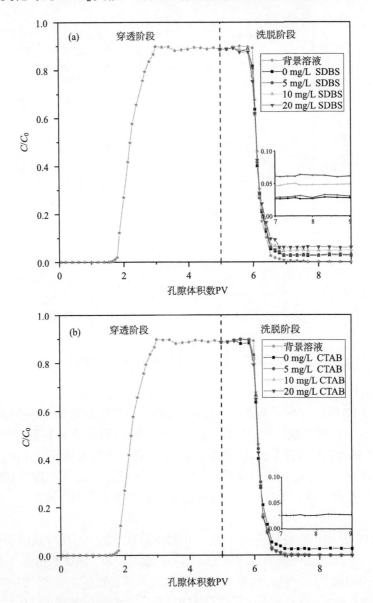

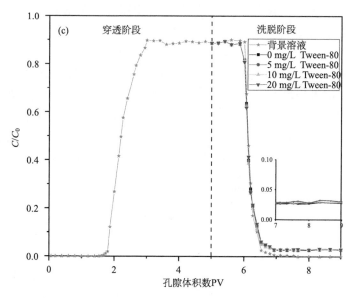

图 4.17　不同表面活性剂下与 $nTiO_2$ 协同运移的 Pb^{2+} 穿透曲线

(a) 表面活性剂为 SDBS；(b) 表面活性剂为 CTAB；(c) 表面活性剂为 Tween-80

　　与用超纯水洗脱相比，$nTiO_2$ 参与后由于在对流弥散的水动力条件下更有 $nTiO_2$ 对孔隙水中 Pb^{2+} 的吸附，也有对之前穿透过程中被石英砂吸附 Pb^{2+} 的竞争吸附，由 4.2.1 小节等温吸附实验分析可知，$nTiO_2$ 对 Pb^{2+} 的吸附能力远大于石英砂，因此能把一部分被石英砂吸附的 Pb^{2+} 抢夺吸附。在有 $nTiO_2$ 存在时，峰值开始下降时下降的更剧烈是因为孔隙水中 Pb^{2+} 被吸附。而背景溶液出流后期并无 Pb^{2+} 流出，但是 $nTiO_2$ 洗脱时后期拖尾处的 Pb^{2+} 却存在，这部分全都是由 $nTiO_2$ 吸附的 Pb^{2+}，通过吸附携带的方式流出。而由之前的等温吸附实验可知，不同类型及浓度的表面活性剂对 $nTiO_2$ 吸附性能有影响。当表面活性剂为 SDBS 时，随着浓度的升高，$nTiO_2$ 对 Pb^{2+} 的吸附能力增大，因而出流末期 SDBS 浓度越大出流的 Pb^{2+} 浓度也越大。当表面活性剂为 Tween-80 时，也是如 SDBS 的原理，纳米颗粒吸附 Pb^{2+} 一同流出石英砂柱。但是 CTAB 加入后，$nTiO_2$ 在与 Pb^{2+} 协同运移是无法穿透石英砂柱的，全部滞留其中，因此在无纳米颗粒出流的情况下，Pb^{2+} 也就无法出流，因而就不存在拖尾。

　　(2) 不同表面活性剂下与 $nCeO_2$ 协同运移的 Pb^{2+} 的穿透

　　如图 4.18 所示为不同表面活性剂下与 $nCeO_2$ 协同运移的 Pb^{2+} 穿透曲线。

　　在前 5 个孔隙体积数穿透阶段，Pb^{2+} 开始出流时间大于 1 个孔隙体积数，到了 1.6 个孔隙体积数处开始出流，直至 2.9 个孔隙体积数处到达峰值（C/C_0）为 0.89。在用背景溶液（超纯水）洗脱阶段即 5~9 个孔隙体积数，6.1 个孔隙体积数处 Pb^{2+}

的出流浓度开始下降，第 7.5 个孔隙体积数处出流液中即无 Pb^{2+} 流出，且之后也不存在拖尾现象。

图 4.18(a) 中，洗脱阶段从第 5 个孔隙体积数开始，与用背景溶液(超纯水)洗脱相比，不加入任何表面活性剂的 $nCeO_2$ 洗脱时，Pb^{2+} 浓度在第 6 个孔隙体积数处即开始提前下降，且在最终第 6.9 个孔隙体积数处下降为 0。当加入表面活性剂 SDBS 到 10 mg/L 时，随着浓度的增大，Pb^{2+} 浓度依旧在第 6 个孔隙体积数处开始下降，但是在孔隙体积数处出流的 Pb^{2+} 浓度越低。曲线均存在拖尾现象，且当 SDBS 浓度为 20 mg/L 时最高出流的 Pb^{2+}(C/C_0) 为 0.008。

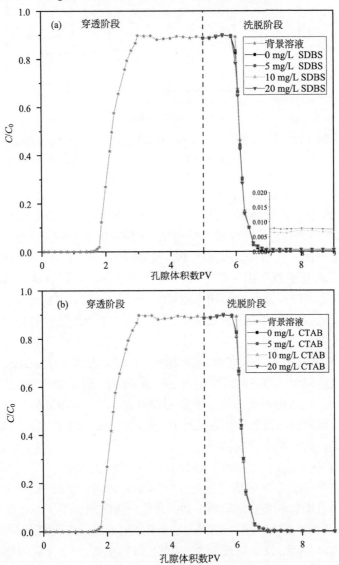

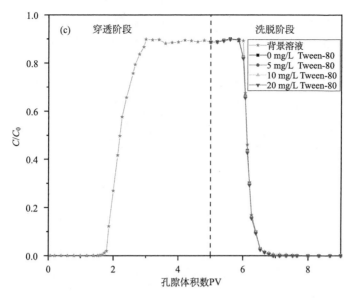

图 4.18　不同表面活性剂下与 nCeO$_2$ 协同运移的 Pb^{2+}穿透曲线

(a)表面活性剂为 SDBS；(b)表面活性剂为 CTAB；(c)表面活性剂为 Tween-80

图 4.18(b)与(c)中，当加入表面活性剂 CTAB 时，整体曲线变化与纯 nCeO$_2$ 类似，尾端出流时无拖尾现象。

与用超纯水洗脱相比，nCeO$_2$ 参与后由于在对流弥散的水动力条件下更有 nCeO$_2$ 对孔隙水中 Pb^{2+}的吸附，也有对之前穿透过程中被石英砂吸附 Pb^{2+}的竞争吸附，而由 4.2.1 小节吸附等温实验分析中可知，nCeO$_2$ 对 Pb^{2+}的吸附能力远大于石英砂，因此能把一部分被石英砂吸附的 Pb^{2+}抢夺吸附。因此在有 nCeO$_2$ 存在时，峰值开始下降时下降的更剧烈是因为孔隙水中 Pb^{2+}被吸附。与 nTiO$_2$ 洗脱时相比，nTiO$_2$ 洗脱时后期拖尾处的 Pb^{2+}却存在，而 nCeO$_2$ 却只在表面活性剂为 SDBS 且浓度为 10 mg/L 和 20 mg/L 时出现拖尾，其余条件下都未出现，这部分都是由 nCeO$_2$ 吸附的 Pb^{2+}，通过吸附携带的方式出流。由之前的 nCeO$_2$ 穿透实验可知，只有此时才有 nCeO$_2$ 能够出流。当表面活性剂为 Tween-80 和 CTAB 时，nCeO$_2$ 在与 Pb^{2+}协同运移是无法穿透石英砂柱的，全部滞留在其中，因此在无纳米颗粒出流的情况下，Pb^{2+}也就无法出流，因而就不存在拖尾。

Pb^{2+}在石英砂柱洗脱阶段无出流，当纳米材料能够穿透石英砂柱时，通过吸附携带的方式增大了 Pb^{2+}的移动能力，但是纳米颗粒也更加容易沉积，此时吸附 Pb^{2+}却使 Pb^{2+}被固定在介质中运移出流的能力降低。表面活性剂在这个过程中通过改变纳米材料的吸附性能与迁移能力，改变 Pb^{2+}的迁移能力。Zhou 等[61]研究了 GO 与 Cu^{2+}在天然砂柱中的协同迁移。在离子强度相同时，不加入 GO 时，Cu^{2+} 自身无法穿透天然砂柱，均被天然砂吸附所滞留。当加入 GO 后，随着 GO 浓度的增大，GO 吸附的 Cu^{2+} 的量随之增大，且因为 GO 对 Cu^{2+} 的吸附能力比天然砂强得多，所以 GO 携带的 Cu^{2+} 协同运移的能力相应地增强。此外，由于 GO 自身比较稳定，能完全穿透砂柱，在吸附了 Cu^{2+} 之后，依旧可以完全穿透。Fang 等[62]研究了离子强度与富里酸对 $nTiO_2$ 与 Pb^{2+} 在以自然土壤为介质的柱中共迁移的影响。Pb^{2+} 单独存在时由于土壤相对较大的吸附作用无法穿透土柱。$nTiO_2$ 吸附能力强于土壤，因此淋溶液中含有 $nTiO_2$，$nTiO_2$ 能够吸附携带 Pb^{2+} 一起穿透土柱。在这个过程中离子强度增大则会显著抑制两者的迁移能力，而富里酸加入则会增强其运移能力。

4.5　小　　　结

本章选择目前具有广泛应用且表面电性相反的纳米二氧化钛($nTiO_2$)与纳米二氧化铈($nCeO_2$)作为研究对象，全面考察了在表面活性剂作用下纳米材料对地下水中重金属污染物迁移的影响。

离子表面活性剂通过改变颗粒间的静电斥力作用，同时综合表面活性剂独特长链结构的空间位阻力作用来增强或抑制纳米颗粒的分散团聚，非离子表面活性剂则只存在空间位阻作用。表面活性剂通过影响纳米颗粒间的势能大小影响纳米材料在地下水中的分散沉降行为；阴离子表面活性剂 SDBS 能够提高纳米材料的稳定性与运移性能，且随着 SDBS 浓度上升而增大，而阳离子表面活性剂 CTAB 则极大抑制了纳米材料运移性能，非离子型表面活性剂 Tween-80 对纳米材料的运移性能及稳定性影响较为微弱。因此通过选择性地加入表面活性剂，可以定向调控纳米材料的迁移能力。

体系中含有的大量重金属离子会导致纳米材料表面电荷的双电层结构被压缩，静电斥力作用降低，使纳米颗粒之间更加容易发生团聚，水力直径增大，稳定性降低，更容易发生聚集沉降到介质表面，使原本多孔介质中纳米颗粒的运移通道堵塞，一部分纳米颗粒被介质间变小的孔隙所截留，导致大量被吸附在纳米颗粒表面的重金属离子残留在介质中；表面活性剂通过改变纳米颗粒表面电荷与稳定性促进或抑制纳米材料的运移，进而影响被纳米材料所吸附的重金属污染物的移动能力，因此表面活性剂在这个过程中通过改变纳米材料的吸附性能与迁移能力，改变重金属污染物的迁移能力。

参 考 文 献

[1] Speight, James G. A Review of: "surfactants and interfacial phenomena" [J]. Energy Sources, 2005, 27(8):779-779.

[2] Patel R, Buckton G, Rawlins D A, et al. The physico-chemical basis of enhanced drug

absorption: calorimetric studies of drug/surfactant interactions[J]. Journal of Pharmacy & Pharmacology, 2011, 50(S9):56-56.

[3] Skerjanc J, Kogej K. Thermodynamic and transport properties of polyelectrolyte-surfactant complex solutions at various degrees of complexation[J]. Journal of Physical Chemistry, 1989, 93(23):7913-7915.

[4] Liu G, Zhong H, Yang X, et al. Advances in applications of rhamnolipids biosurfactant in environmental remediation: a review[J]. Biotechnology and Bioengineering, 2018, 115(4): 796-814.

[5] Levitz P E. Adsorption of non-ionic surfactants at the solid/water interface[J]. Colloids & Surfaces A Physicochemical & Engineering Aspects, 2002, 205(1-2):31-38.

[6] Menger F M, Littau C A. Gemini-surfactants: synthesis and properties[J]. Journal of the American Chemical Society, 1991, 113(4):1451-1452.

[7] Ron E Z, Rosenberg E. Natural roles of biosurfactants[J]. Environmental Microbiology, 2010, 3(4): 229-36.

[8] Sekhon Randhawa, Kamaljeet K, Rahman Pattanathu K S M. Rhamnolipid biosurfactants—past, present, and future scenario of global market[J]. Frontiers in Microbiology, 2014, 5(454): 454-458.

[9] 周细应, 李卫红, 何亮. 纳米颗粒的分散稳定性及其评估方法[J]. 材料保护, 2006, 39(6): 51-54.

[10] 刘景富, 陈海洪, 夏正斌, 等. 纳米粒子的分散机理、方法及应用进展[J]. 合成材料老化与应用, 2010, 39(2):36-40.

[11] 唐楷, 王勇明, 王美玲, 等. 水溶液中纳米二氧化钛分散技术研究进展[J]. 涂料技术与文摘, 2011, 32(2):29-31.

[12] 高濂, 孙静, 刘阳桥. 纳米粉体的分散及表面改性[M]. 北京: 化学工业出版社, 2003.

[13] Romanello M B, Fidalgo d C M M. An experimental study on the aggregation of TiO₂ nanoparticles under environmentally relevant conditions[J]. Water Research, 2013, 47(12):3887-3898.

[14] Tufenkji N, Elimelech M. Correlation equation for predicting single-collector efficiency in physicochemical filtration in saturated porous media[J]. Environmental Science & Technology, 2004, 38(2):529-536.

[15] Rajagopalan R, Chi T. Trajectory analysis of deep‐bed filtration with the sphere‐in‐cell porous media model[J]. Aiche Journal, 1976, 22(3):523-533.

[16] Yao K M, Habibian M T, O'Melia C R. Water and waste water filtration: concepts and applications[J]. Environmental Science & Technology, 1971, 5(11): 1105-1112.

[17] Schrick B, Hydutsky B W, Blough J L, et al. Delivery vehicles for zerovalent metal nanoparticles in soil and groundwater[J]. Chemistry of Materials, 2004, 16(11):2187-2193.

[18] Tian Y, Gao B, Wu L, et al. Effect of solution chemistry on multi-walled carbon nanotube deposition and mobilization in clean porous media[J]. Journal of Hazardous Materials, 2012, 231:79-87.

[19] Hélène F Lecoanet, Jeanyves Bottero, Mark R Wiesner. Laboratory assessment of the mobility

of nanomaterials in porous media[J]. Environmental Science & Technology, 2004, 38(19):5164-5169.

[20] Godinez I G, Darnault C J G, Khodadoust A P, et al. Deposition and release kinetics of nano-TiO₂ in saturated porous media: effects of solution ionic strength and surfactants[J]. Environmental Pollution, 2013, 174:106-113.

[21] Tufenkji N, Elimelech M. Reply to comment on breakdown of colloid filtration theory: role of the secondary energy minimum and surface charge heterogeneities[J]. Langmuir, 2005, 21(23):10896-10897.

[22] Seymour M B, Chen G, Su C, et al. Transport and retention of colloids in porous media: does shape really matter[J]. Environmental Science & Technology, 2013, 47(15): 8391-8398.

[23] Bouchard D, Zhang W, Powell T, et al. Aggregation kinetics and transport of single-walled carbon nanotubes at low surfactant concentrations[J]. Environmental Science & Technology, 2012, 46(8):4458-4466.

[24] Liu L, Gao B, Wu L, et al. Effects of surfactant type and concentration on graphene retention and transport in saturated porous media[J]. Chemical Engineering Journal, 2015, 262:1187-1191.

[25] Mystrioti C, Papassiopi N, Xenidis A, et al. Column study for the evaluation of the transport properties of polyphenol-coated nanoiron[J]. Journal of Hazardous Materials, 2015, 281(12):64-69.

[26] Yinying L, Kun Y, Daohui L. Transport of surfactant-facilitated multiwalled carbon nanotube suspensions in columns packed with sized soil particles[J]. Environmental Pollution, 2014, 192:36-43.

[27] Pelley A J, Tufenkji N. Effect of particle size and natural organic matter on the migration of nano- and microscale latex particles in saturated porous media[J]. Journal of Colloid & Interface Science, 2008, 321(1):74-83.

[28] Bradford S A, Yates S R, Bettahar M, et al. Physical factors affecting the transport and fate of colloids in saturated porous media[J]. Water Resources Research, 2002, 38(12):63-1-63-12.

[29] Wang C, Bobba A D, Attinti R, et al. Retention and transport of silica nanoparticles in saturated porous media: effect of concentration and particle size[J]. Environmental Science & Technology, 2012, 46(13):7151-7158.

[30] Lin D, Tian X, Wu F, et al. Fate and transport of engineered nanomaterials in the environment[J]. Journal of Environmental Quality, 2010, 39(6):1896.

[31] Tian Y, Gao B, Wang Y, et al. Deposition and transport of functionalized carbon nanotubes in water-saturated sand columns[J]. Journal of Hazardous Materials, 2012, 213-214(7):265.

[32] Wang Y, Li Y, Pennell K D. Influence of electrolyte species and concentration on the aggregation and transport of fullerene nanoparticles in quartz sands[J]. Environmental Toxicology & Chemistry, 2010, 27(9):1860-1867.

[33] Fan W, Jiang X H, Yang W, et al. Transport of graphene oxide in saturated porous media: effect of cation composition in mixed Na-Ca electrolyte systems[J]. Science of the Total Environment,

2015, 511:509-515.

[34] Saleh N, Kim H J, Phenrat T, et al. Ionic strength and composition affect the mobility of surface-modified Fe^0 nanoparticles in water-saturated sand columns[J]. Environmental Science & Technology, 2008, 42(9):3349-3355.

[35] 刘庆玲, 徐绍辉, 刘建立. 饱和多孔介质中高岭石胶体和 SiO_2 胶体运移行为比较[J]. 土壤学报, 2008, 45(3):445-451.

[36] Jaisi D P, Saleh N B, Blake R E, et al. Transport of single-walled carbon nanotubes in porous media: filtration mechanisms and reversibility[J]. Environmental Science & Technology, 2008, 42(22):8317-8323.

[37] Johnson R L, Johnson G O, Nurmi J T, et al. Natural organic matter enhanced mobility of nano zerovalent iron[J]. Environmental Science & Technology, 2009, 43(14):5455-5460.

[38] Grolimund D, Borkovec M. Colloid-facilitated transport of strongly sorbing contaminants in natural porous media: mathematical modeling and laboratory column experiments[J]. Environmental Science & Technology, 2005, 39(17): 6378-6386.

[39] Xiao-Rong L, Guan-Zhou Q, Yue-Hua H U, et al. Application of extended DLVO theory in emulsion stability research[J]. Transactions of Nonferrous Metals Society of China, 2003, 155-159.

[40] Ahmed S, Rasul M G, Martens W N, et al. Heterogeneous photocatalytic degradation of phenols in wastewater: a review on current status and developments[J]. Desalination, 2010, 261(1):3-18.

[41] 陈金媛, 李娜, 方金凤. 表面活性剂对纳米 TiO_2 在水中分散与沉降性能的影响[J]. 浙江工业大学学报, 2012, 40(6): 595-598.

[42] Litton G M, Olson T M. Particle size effects on colloid deposition kinetics: evidence of secondary minimum deposition[J]. Colloids & Surfaces A Physicochemical & Engineering Aspects, 1996, 107:273-283.

[43] Lenhart J J, Saiers J E. Transport of silica colloids through unsaturated porous media: experimental results and model comparisons[J]. Environmental Science & Technology, 2002, 36(4):769-777.

[44] Boluda-Botella N, Valdes-Abellan J, Pedraza R. Applying reactive models to column experiments to assess the hydrogeochemistry of seawater intrusion: optimising ACUAINTRUSION and selecting cation exchange coefficients with PHREEQC[J]. Journal of Hydrology, 2014, 510(6): 59-69.

[45] Boluda Botella N, Gomis Yagües V, Pedraza Berenguer R. ACUAINTRUSION—a graphical user interface for a hydrogeochemical seawater intrusion model [CP/OL].

[46] Boluda-Botella N, Gomis-Yagues V, Ruiz-Bevia F. Influence of transport parameters and chemical properties of the sediment in experiments to measure reactive transport in seawater intrusion[J]. Journal of Hydrology, 2008, 357(1-2): 29-41.

[47] Fan W, Jiang X H, Yang W, et al. Transport of graphene oxide in saturated porous media: effect of cation composition in mixed Na-Ca electrolyte systems[J]. Science of the Total Environment, 2015, 511:509-515.

[48] Konkena B, Vasudevan S. Understanding aqueous dispersibility of graphene oxide and reduced graphene oxide through pKa measurements[J]. Journal of Physical Chemistry Letters, 2012, 3(7):867.

[49] Feriancikova L, Xu S. Deposition and remobilization of graphene oxide within saturated sand packs[J]. Journal of Hazardous Materials, 2012, 235-236(none):194-200.

[50] Wang D, Paradelo M, Bradford S A, et al. Facilitated transport of Cu with hydroxyapatite nanoparticles in saturated sand: effects of solution ionic strength and composition[J]. Water Research, 2011, 45(18): 5905-5915.

[51] Jiang Y, Zhang X, Yin X, et al. Graphene oxide-facilitated transport of Pb^{2+} and Cd^{2+} in saturated porous media[J]. Science of the Total Environment, 2018, s(631-632):369-376.

[52] Hu J D. Review on the Co-behavior of nanoparticles and heavy metals in the presence of natural organic matter in the natural environment[J]. Rock & Mineral Analysis, 2013, 32(5):669-680.

[53] 林玉锁. Langmuir，Temkin 和 Freundlich 方程应用于土壤吸附锌的比较[J]. 土壤，1994,(5):269-272.

[54] Dada A O, Olalekan A P, Olatunya A M, et al. Langmuir, Freundlich, Temkin and Dubinin-Radushkevich isotherms studies of equilibrium sorption of Zn^{2+} unto phosphoric acid modified rice husk[J]. Journal of Applied Chemistry, 2012, 1(3):38-45.

[55] Chen Q, Yin D, Zhu S, et al. Adsorption of cadmium(II) on humic acid coated titanium dioxide[J]. Journal of Colloid & Interface Science, 2012, 367(1):241-248.

[56] Recillas S, Joan Colón, Casals E, et al. Chromium VI adsorption on cerium oxide nanoparticles and morphology changes during the process[J]. Journal of Hazardous Materials, 2010, 184(1-3):425-431.

[57] Sounthararajah D P, Loganathan P, Kandasamy J, et al. Removing heavy metals using permeable pavement system with a titanate nano-fibrous adsorbent column as a post treatment[J]. Chemosphere, 2017, 168:467-473.

[58] Zarime N A, Yaacob W Z W, Jamil H. Removal of heavy metals using bentonite supported nano-zero valent iron particles[C]// Ukm Fst Postgraduate Colloquium: University Kebangsaan Malaysia, Faculty of Science & Technology Postgraduate Colloquium. 2018.

[59] 许乾慰, 陈丽丽. 表面活性剂对多壁碳纳米管吸附 Pb^{2+} 的影响[J]. 环境污染与防治, 2009, 31(3):44-47.

[60] Salihi, Elif, Wang J, Coleman D J L, et al. Enhanced removal of nickel(II)ions from aqueous solutions by SDS-functionalized graphene oxide[J]. Separation Science and Technology, 2016, 51(8):1317-1327.

[61] Zhou D D, Jiang X H, Lu Y, et al. Cotransport of graphene oxide and Cu(II) through saturated porous media[J]. Science of the Total Environment, 2016, 550:717-726.

[62] Fang J, Zhang K, Sun P, et al. Co-transport of Pb^{2+} and TiO_2 nanoparticles in repacked homogeneous soil columns under saturation condition: effect of ionic strength and fulvic acid[J]. Science of the Total Environment, 2016, 571:471-478.

第5章 地表-地下水交互作用对重金属污染物迁移与转化的影响

在自然的水文循环过程中，地表-地下水交互作用是一种普遍存在的现象，这种交互作用会对污染物的迁移和转化产生显著影响。地表-地下水的交互作用会明显改变地下介质环境的溶液氧化-还原电位(Eh)，使得地下环境中广泛存在的典型矿物元素如 Fe(II)等还原性物质容易随着 Eh 的改变而发生氧化还原循环过程，该过程会进一步影响重金属污染物的迁移和转化规律。Cr(VI)相较于 Cr(III)，具有更强的流动性和毒性，因此本章以 Cr 离子为研究对象，阐述地表-地下水交互作用对重金属污染物迁移与转化的影响。

5.1 概　　述

5.1.1 地下环境中的矿物元素

地下环境介质中有很多矿物元素，如铁、硅、镁、镍、硫、钙和铝等，这些矿物元素以各种各样的形式赋存在环境介质中。以地球上丰度最高(34.6%)和地壳含量第四高的元素铁(Fe)为例，它在自然界中主要以+2、+3 价的形态存在[1]。有关研究表明，铁的+2 价态和+3 价态在复杂的地下环境中会相互转化，形成 Fe(II)/Fe(III)氧化还原循环，进而对环境中如碳、氮、硫等其他元素的地球化学循环过程产生非常重要的影响[2]。因此矿物元素铁是影响重金属形态转化的重要因素。众所周知，在地下环境中铁元素主要以+2价的亚铁 Fe(II)的形态大量存在，其主要来源来自于铁氧化物的微生物还原溶解作用[3]。亚铁 Fe(II)既可以存在于孔隙水中，也可以存在于固相沉积物中[4]，其活性形态主要有以下四种：游离态[如溶解性 Fe(II)]、配体络合态[如 FeOH$^+$、Fe(OH)$_2^0$、Fe(acetate)$^+$、Fe(malonate)^0 和 Fe(malonate)$_2^{2-}$][5]、铁氧化物表面结合态(如磁铁矿、赤铁矿、纤铁矿和绿锈等)和结构态[6,7][如不稳定的铁氧化物：磁铁矿(Fe$_3$O$_4$)和菱铁矿(FeCO$_3$)等；硫化物：黄铁矿 FeS$_2$ 和硫铁矿(FeS)等；层状硅酸盐矿物：蒙脱石和黑云母等][8]。

5.1.2 地表-地下水交互带中重金属污染物的迁移与转化

在地表-地下水交互过程中重金属污染物的迁移与转化受到对流、扩散、弥散、吸附解吸和一些化学反应,如氧化还原反应、水解和生物转化等因素影响[9]。一般而言,可具体概括为三点:①地表水与地下水进行水和污染物交互作用的方向[10]。地形地貌、地表水与地下水位的梯度、地表水与地下水之间的相对水位面、水体的相对密度、土壤的导水率分布、土壤的孔隙度、边界条件、植被对地下水的蒸腾作用等因素都会对地表-地下水交互作用的方向产生一定的影响[11-13]。②污染物的运移机制,包括对流、扩散、弥散和吸附解吸作用。③生物/化学反应,包括非生物反应、生物降解和放射性衰变等不可逆反应和沉淀溶解、吸附、氧化还原和离子交换等可逆反应[10,14]。其中,氧化还原反应是地下环境介质中存在的一类非常重要的作用过程,也是重金属污染物发生形态转化的重要作用过程,其反应趋势和作用程度由环境的氧化还原电位(Eh)来衡量[4]。在天然地下环境介质中广泛存在着 Fe、S、Mn、有机质等 Eh 敏感矿物元素[15],通常情况下地下环境介质呈现还原性,当地表水与地下水发生交互作用的时候,还原性的地下环境介质发生的最大变化是与氧化性物质(一般为氧气)接触,使得其 Eh 显著升高[16-18],此时地下环境变为氧化性环境,其中赋存的还原态物质,如各种活性的 Fe(II)物质(游离态、配体络合态、铁氧化物表面结合态、结构态)会发生氧化作用而转化成氧化态[如 Fe(III)]。当地下环境又转变成还原性环境时,氧化态物质[如 Fe(III)]又会被还原成还原态物质[如 Fe(II)]。针对此,Stumm 等[19]研究发现 Fe(II)/Fe(III)之间的氧化还原循环可以使 Fe 在大量的生物与非生物反应过程中起到电子传递体的作用,进而对重金属污染物在地下环境介质中的运移与转化产生一定的影响。

5.2　不同理化条件下矿物元素 Fe(II)对 Cr(VI)形态转化的影响

氧化-还原作用在铬的形态转化过程中起到了至关重要的作用,而且在地表-地下水交互过程中也起着决定性的作用,所以主要介绍在氧化还原过程中影响铬形态转化的因素。研究表明,重金属 Cr(VI)在土壤和地下水中的形态转化主要受土壤类型、pH、氧化还原电位、有机质含量、无机胶体组成以及微生物等多种因素的影响[20-22]。

5.2.1　材料与方法

1. 实验试剂与仪器

(1)实验中主要试剂如表 5.1 所示。

表 5.1　主要实验试剂

试剂名称	化学结构式	等级	生产商
六水合硫酸亚铁铵	$(NH_4)_2Fe(SO_4)_2 \cdot 6H_2O$	AR	国药集团
重铬酸钾	$K_2Cr_2O_7$	AR	国药集团
邻菲罗啉	$C_{12}H_8N_2 \cdot H_2O$	AR	国药集团
1,5-二苯碳酰二肼	$C_{13}H_{14}N_4O$	AR	国药集团
无水乙酸钠	$C_2H_3NaO_2$	AR	国药集团
浓硫酸	H_2SO_4	AR	国药集团
氢氧化钠	$NaOH$	AR	国药集团
浓硝酸	HNO_3	AR	国药集团
乙酸	CH_3COOH	AR	国药集团
丙酮	CH_3COCH_3	AR	国药集团
2,2-联吡啶	$C_{10}H_8N_2$	AR	国药集团
乙醇	C_2H_6O	AR	国药集团

(2)实验中主要仪器如表 5.2 所示。

表 5.2　主要实验仪器

仪器名称	型号	生产厂家
酸度计	pHS-3E	上海雷磁
紫外分光光度计	GENESYS 10S	赛默飞
多参数水质分析仪	AQUAREAD AP-5000	上海精密科学仪器
12 位氮吹仪	MTN-2800W	天津奥特赛恩斯
电子分析天平	PM400	Mettler(梅特勒)
磁力加热搅拌器	B13-3	上海思乐
恒温干燥箱	PH030	上海实验仪器厂
蠕动泵	BT300CA/DGx3(8)	杰恒
自动部分收集器	BS-100N	上海双旭电子
高速离心机	TGL-16C	上海安亭
数控超声清洗器	KQ-500DE	昆山超声仪器
超纯水机	D24UV	Millipore 明澈

2. 实验装置构建

采取静态实验的方法,为保持气密性,选取硅胶聚四氟乙烯垫的玻璃反应容器(三颈烧瓶)作为静态实验装置[23]。反应装置图如图 5.1 所示。

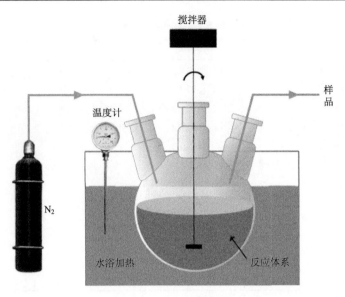

图 5.1 实验装置图

3. 实验方法

(1) 初始 pH 的影响实验

主要研究初始 pH 对 Fe(II) 对 Cr(VI) 形态转化的影响。实验开始之前,为控制 Fe(II) 和 Cr(VI) 氧化还原反应体系的初始 pH,调节初始反应 Cr(VI) 溶液的 pH,其 pH 梯度设置为 3.0、4.0、5.0、6.0、7.0、8.0,用 0.1mol/L 浓硝酸和 0.1mol/L 氢氧化钠溶液来调节,并用 pHS-3E 酸度计测定。

(2) 初始反应物浓度比 Fe(II):Cr(VI) 的影响实验

主要研究初始反应物浓度比对 Fe(II) 对 Cr(VI) 形态转化的影响。实验中初始反应物浓度按化学计量比设置为 Fe(II):Cr(VI)=1:1、2:1、3:1、4:1、5:1,为符合地下水实际 pH 环境,将 pH 控制为 6。

(3) 地下水硬度离子的影响实验

主要考察地下水中硬度离子,即钙、镁、碳酸氢根离子,通过改变这些离子的浓度来研究它们对 Fe(II) 及 Cr(VI) 形态转化的影响。实验采用 $CaCl_2$、$MgCl_2$、$NaHCO_3$ 作为反应试剂,为符合地下水实际 pH 环境,将 pH 控制为 6。

(4) 腐殖酸的影响实验

主要考察生态环境中分布最广泛的以腐殖质为代表的天然有机物对 Fe(II) 及 Cr(VI) 形态转化的影响,采用的是腐殖质的主要组分——腐殖酸[24]。实验中腐殖酸的浓度梯度分别设置为 0 mg/L、15 mg/L 和 40 mg/L,并设置空白对照组实验,为符合地下水实际 pH 环境,将 pH 控制为 6。

为符合地下水环境条件，实验中均全程氮吹，以保证反应体系不受 DO 的影响，实验温度控制为室温 $T=(20\pm1)$℃，具体实验设置条件见表 5.3。

表 5.3　实验组设置

序号	实验组	实验条件	$C_{Fe(II)}$ /(mg/L)	$C_{Cr(VI)}$ /(mg/L)	$C_{Ca^{2+}}$ /(mg/L)	$C_{Mg^{2+}}$ /(mg/L)	$C_{HCO_3^-}$ /(mg/L)	$C_{Fe(III)}$ /(mg/L)	$C_{Cr(III)}$ /(mg/L)	HA /(mg/L)
1		pH=3	20	20	0	0	0	0	0	0
2		pH=4	20	20	0	0	0	0	0	0
3	初始 pH	pH=5	20	20	0	0	0	0	0	0
4		pH=6	20	20	0	0	0	0	0	0
5		pH=7	20	20	0	0	0	0	0	0
6		pH=8	20	20	0	0	0	0	0	0
1		Fe(II):Cr(VI)=1:1	20	20	0	0	0	0	0	0
2	初始反应	Fe(II):Cr(VI)=2:1	45	20	0	0	0	0	0	0
3	物浓度比	Fe(II):Cr(VI)=3:1	64	20	0	0	0	0	0	0
4		Fe(II):Cr(VI)=4:1	86	20	0	0	0	0	0	0
5		Fe(II):Cr(VI)=5:1	106	20	0	0	0	0	0	0
1		无添加硬度离子	20	20	0	0	0	0	0	0
2		只添加 Ca^{2+}	20	20	40	0	0	0	0	0
3	地下水硬 度离子	只添加 Mg^{2+}	20	20	0	40	0	0	0	0
4		只添加 HCO_3^-	20	20	0	0	60	0	0	0
5		Ca^{2+}、HCO_3^-	20	20	40	0	60	0	0	0
1		HA+Fe(II)	20	0	0	0	0	0	0	40
2		HA+Fe(III)	0	0	0	0	0	12	0	40
3		HA+Cr(III)	0	0	0	0	0	0	12	40
4	腐殖酸	HA+Cr(VI)	0	20	0	0	0	0	0	40
5		HA=0 mg/L	20	20	0	0	0	0	0	0
6		HA=15 mg/L	20	20	0	0	0	0	0	15
7		HA=40 mg/L	20	20	0	0	0	0	0	40

4. 预处理

(1)腐殖酸的预处理

在全程氮吹的条件下，称取 1 g 腐殖酸末粉溶于 8 mL 0.1mol/L NaOH 中，经磁力搅拌器搅拌后超声 10 min，移入容量瓶中并稀释至 1000 mL，然后用 0.1 mol/L 的 NaOH 和 0.1 mol/L 的 H_2SO_4 调节溶液 pH 至 7 左右，配制成 1000 mg/L 的储备液并装入棕色瓶避光于 4℃的冰箱中放置。由于存放过程中可能会有少许灰色沉淀生成，故每次使用前需要摇匀后方可稀释使用。

(2) 取样

在每个采样时间点(0 min、1 min、2 min、3 min、4 min、5 min、10 min、20 min、30 min、45 min、60 min、75 min、90 min 和 120 min)，用一次性注射器从装置右侧开口处取出 10 mL 样品。

(3) 样品预处理

从装置中取出样品后，立即向其中加入 3 mmol/L 的 2,2'-联吡啶用于阻断样品中 Fe(II) 与 Cr(VI) 氧化还原反应的继续进行，然后将样品用 0.22 μm 的微孔滤头过滤。过滤后将样品储存在冰箱中等待上机测试。

5. 测试分析方法

(1) 重金属 Cr(VI) 浓度的测定

反应体系中 Cr(VI) 浓度的测定方法按照《水质六价铬的测定二苯碳酰二肼分光光度法》(GB 7487—87) 进行。取适量过滤后的试样 2 mL 置于 50 mL 比色管中，先后加入 2.5 mL(1+7) 的硫酸溶液(浓硫酸：纯水=1:7，体积比)和 2.5 mL 的二苯碳酰二肼丙酮溶液，然后加水稀释至 50 mL，摇匀静置 5～10 min 后，在 542 nm 波长处用纯水做参比测定吸光度，对照标线计算 Cr(VI) 浓度，计算公式如下：

$$c = \frac{m}{V} \qquad\qquad (5.1)$$

式中：m 是由标准曲线计算出的试样中的 Cr(VI) 质量(mg)；V 是试样的体积(mL)。

Cr(VI) 的标准曲线绘制：实验室配置一系列不同浓度的 Cr(VI) 溶液，取 2 mL Cr(VI) 溶液于 50 mL 比色管中，加入 2.5 mL(1+7) 的硫酸溶液和 2.5mL 的二苯碳酰二肼丙酮溶液，加水稀释至 50 mL，摇匀静置 5～10 min 后，在 542 nm 波长处用纯水做参比测定吸光度，进而得出不同浓度所对应的吸光度和 Cr(VI) 浓度之间的关系(图 5.2)。

(2) 溶解性 Fe(II) 浓度的测定

Fe(II) 用 1,10-邻菲罗啉分光光度法测量。取适量过滤后的试样置于 50 mL 比色管中，先后加入 5 mL 乙酸-乙酸钠缓冲溶液(pH=4.6)和 2.5 mL 1,10-邻菲罗啉溶液，然后加水稀释至 50 mL，摇匀静置 5～10 min 后，在 510 nm 波长处用纯水做参比测定吸光度，对照标线计算 Fe(II) 浓度，计算方法与 Cr(VI) 浓度的相同。

Fe(II) 的标准曲线绘制：实验室配置一系列不同浓度的 Fe(II) 溶液(0.5 mg/L、1 mg/L、5 mg/L、10 mg/L、20 mg/L)，加入 5 mL 乙酸-乙酸钠缓冲溶液(pH=4.6)和 2.5 mL 1,10-邻菲罗啉溶液，然后加水稀释至 50 mL，摇匀静置 5～10 min 后，在 510 nm 波长处用纯水做参比测定吸光度，进而得出不同浓度所对应的吸光度和 Fe(II) 浓度之间的关系(图 5.3)。

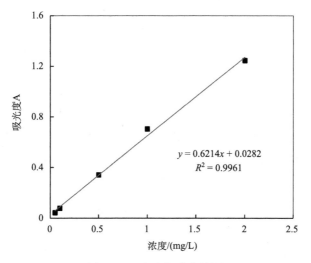

图 5.2　Cr(VI)标准曲线图

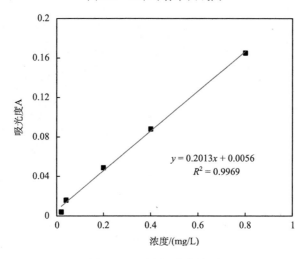

图 5.3　Fe(II)标准曲线图

(3)反应动力学计算

Fe(II)与Cr(VI)的氧化还原反应速率可以用二级反应动力学模型来表示[25]：

$$-\frac{\mathrm{d}\big[\mathrm{Cr(VI)}\big]}{\mathrm{d}t} = k_{\mathrm{obs}}\big[\mathrm{Cr(VI)}\big]\big[\mathrm{Fe(II)}\big] \tag{5.2}$$

此反应中，以Fe(II):Cr(VI)=1:1为例，可将反应速率方程改写成

$$\frac{1}{[\mathrm{Cr(VI)}]_t} = \frac{1}{[\mathrm{Cr(VI)}]_0} + kt \tag{5.3}$$

式中：k_{obs}是表观速率常数；$[\mathrm{Cr(VI)}]_0$是Cr(VI)初始反应浓度；$[\mathrm{Cr(VI)}]_t$是反应

后 Cr(VI) 的浓度。

5.2.2 初始 pH 的影响

Fe(II) 与 Cr(VI) 的氧化还原反应可由式 (5.4) 来表示:

$$Cr(VI) + 3Fe(II) \longrightarrow Cr(III) + 3Fe(III) \qquad (5.4)$$

pH 在此反应过程中是一个很重要的因素,在不同 pH 条件下,Fe(II) 与 Cr(VI) 以及反应产物 Cr(III) 和 Fe(III) 在水中的形态有所不同,这会影响反应过程以及反应速率[26]。因此本部分设置 pH 梯度为 3、4、5、6、7、8,结果如图 5.4 所示。

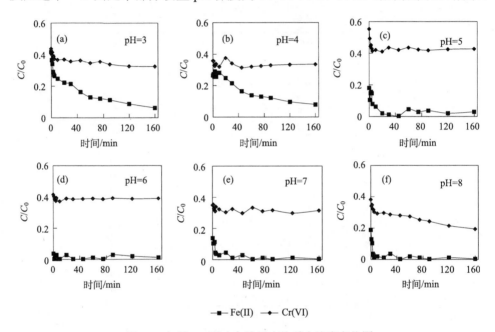

图 5.4　初始 pH 影响实验反应体系中浓度变化图

由图 5.4 可以看出,初始 pH 对 Fe(II) 与 Cr(VI) 的氧化还原反应的影响显著。由于本实验取样是在 Fe(II) 溶液和 Cr(VI) 混合瞬间开始进行,所以图 5.4 中 0 min 所对应的 Fe(II) 和 Cr(VI) 浓度指反应物混合瞬间反应体系内残留的 Fe(II) 和 Cr(VI) 的浓度。

从反应体系中 Cr(VI) 浓度变化过程来看,在 pH=3~5 时,Cr(VI) 反应后残留浓度由 8.762 mg/L 变为 11.388 mg/L,说明此 pH 范围内,Cr(VI) 反应消耗的量随着 pH 的增大而减少。在 pH=6~8 时,Cr(VI) 反应后残留浓度由 10.549 mg/L 变为 5.241 mg/L,说明在此 pH 范围内,Cr(VI) 反应消耗的量随着 pH 的增大而增大。这是因为 Cr(VI) 和溶解性 Fe(II) 在水溶液中存在的形态与 pH 有关,不同 pH

对应不同的 Cr(VI) 和 Fe(II) 的形态组成。当 pH=3～5 时，Cr(VI) 主要以 $HCrO_4^-$ 的形态存在，当 pH>5 时 Cr(VI) 主要以 CrO_4^{2-} 的形态存在。在此实验设定的 pH 范围内，溶解性 Fe(II) 主要以 Fe^{2+} 的形态存在。不同形态 Cr(VI) 与 Fe(II) 反应生成物的形态也与 pH 有关。当 pH=3～5 时，Cr(III) 以 $CrOH^{2+}$ 和 $Cr(OH)_2^+$ 的形态存在，当 pH=6～8 时，Cr(III) 以 $Cr(OH)_3$ 沉淀的形态存在。而 pH=3～5 时，Fe(III) 以 $FeOH^{2+}$ 和 $Fe(OH)_2^+$ 的形态存在，当 pH>5 时，Fe(III) 主要以 $Fe(OH)_3$ 沉淀的形态存在[26]。所以在该实验条件下(无氧状态)，各个 pH 对应的化学反应方程式如下所示：

(1) 在 pH=3 时

$$3Fe^{2+} + HCrO_4^- + 7H^+ == 3Fe^{3+} + Cr^{3+} + 4H_2O \qquad (5.5)$$

(2) 在 pH=4～5 时

$$3Fe^{2+} + HCrO_4^- + 3H^+ == 3FeOH^{2+} + CrOH^{2+} \qquad (5.6)$$

(3) 在 pH=6～8 时

$$3Fe^{2+} + HCrO_4^- + 8H_2O == 3Fe(OH)_3(\downarrow) + Cr(OH)_3(\downarrow) + 5H^+ \qquad (5.7)$$

由化学反应方程式可以看出，当 pH≤5 时，反应过程中有 H^+ 参与，所以 pH 越低，H^+ 浓度越高，越有利于反应的进行。当 pH>5 时，反应生成 H^+，整个反应过程中体系内的 pH 不断下降。

结合反应动力学计算(表 5.4)和反应体系内 Cr(VI) 去除率计算(图 5.5)可以看出，在 pH=3～5 时，反应速率常数 k_{obs} 从 0.185 M/s 降为 0.153 M/s，Cr(VI) 去除率从 63.03%降为 53.52%；在 pH=5 时反应速率常数和 Cr(VI) 的去除率均达到最低数值；在 pH=6～8 时，反应速率从 0.161 升为 0.210，Cr(VI) 去除率从 61.08%升为 70.99%。这说明在 pH=3～5 时，Fe(II) 与 Cr(VI) 的反应速率和 Cr(VI) 去除率随着 pH 的增加而减小；在 pH=6～8 时，Fe(II) 与 Cr(VI) 的反应速率和 Cr(VI) 的去除率随着 pH 的增加而增大，与前人研究结果一致[25,27-29]。究其原因，一方面随着 pH 的增加，$FeOH^+$ 的浓度逐渐增大，$FeOH^{2+}/FeOH^+$ 的氧化还原电位约为 Fe^{3+}/Fe^{2+} 的 10^4 倍[25]。另一方面，当 pH>5，Fe^{3+} 和 Cr^{3+} 分别形成 $Fe(OH)_3$ 和 $Cr(OH)_3$ 沉淀，根据反应平衡原理，$Fe(OH)_3$ 和 $Cr(OH)_3$ 沉淀的形成降低了反应体系水溶液中反应产物的浓度，有利于反应正向进行[26]，在这种具体情况下，不仅抵消了前者的影响，还超过了前者，在 pH=6～8 之间 Fe(II) 与 Cr(VI) 氧化还原反应的速率更快，氧化还原反应进行得更加完全[30,31]。故而在以上两者共同作用导致 pH=6～8 的条件下，Fe(II) 还原 Cr(VI) 的速率随 pH 的升高而加快，Cr(VI) 的去除率也随着 pH 的升高而增加。

表 5.4　不同 pH 条件下溶解性 Fe(II) 与 Cr(VI) 氧化还原反应表观速率常数计算

实验条件	pH	$C_{Cr(VI)}$/(mg/L)	k_{obs}/(M/s)	$t_{1/2}$/s
无氧	3	20	0.185	3.751
	4		0.189	3.661
	5		0.153	4.522
	6		0.161	4.295
	7		0.188	3.683
	8		0.210	3.299

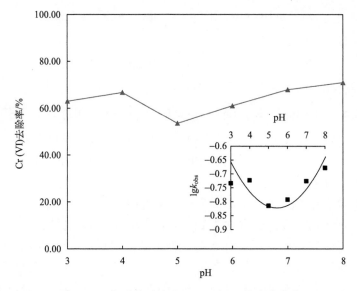

图 5.5　Cr(VI) 去除率和 $\lg k_{obs}$ 随 pH 的变化曲线

5.2.3　初始反应物浓度比 Fe(II)∶Cr(VI) 的影响

　　为了确定 Fe(II) 与 Cr(VI) 初始反应浓度比是否会影响地下环境中重金属污染物 Cr(VI) 的形态转化及反应速率，本部分实验中初始反应物浓度按化学计量比设置为 Fe(II)∶Cr(VI)=1∶1、2∶1、3∶1、4∶1、5∶1，为符合地下水环境实际 pH，控制 pH=6，结果如图 5.6 所示。

　　由图 5.6 可以看出，不同初始反应物浓度比对 Fe(II) 与 Cr(VI) 的氧化还原反应具有很大的影响。当 Fe(II):Cr(VI)=1:1 时，Fe(II) 迅速被消耗，整个氧化还原反应为不完全反应，体系中残留的 Cr(VI) 浓度较高；当 Fe(II):Cr(VI)=2:1 时，氧化还原体系内部反应相对剧烈；当 Fe(II):Cr(VI)=3:1 时，该反应体系中 Cr(VI)

基本全部被去除，为完全氧化还原反应；当 Fe(II):Cr(VI)=4:1 和 Fe(II):Cr(VI)=5:1 时，Cr(VI) 在反应体系中的浓度均迅速下降，此时 Fe(II) 过量。

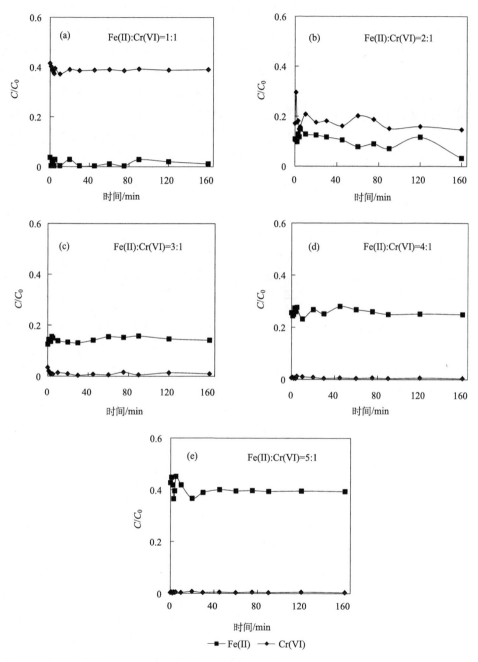

图 5.6　Fe(II):Cr(VI) 初始反应物浓度比影响实验反应体系中浓度变化图

由图 5.7 可以看出,从 Cr(VI) 去除率和反应动力学角度看,随着 Fe(II):Cr(VI) 浓度比的增加,反应体系中 Cr(VI) 的去除率和氧化反应速率也随之升高。在全程氮吹的条件下, 当 Fe(II):Cr(VI)=1:1 和 Fe(II):Cr(VI)=2:1 时,氧化还原反应中 Fe(II) 不足量,Cr(VI) 的去除率也相对较低,分别为 61.08% 和 81.75%,表观反应常数分别为 0.161 M/s 和 0.204 M/s。而当 Fe(II):Cr(VI)=3:1 时,恰好符合氧化还原反应化学计量比,Cr(VI) 的去除率明显提升, 为 98.79%,k_{obs} 也明显变大为 2.720,增长了 13 倍。当 Fe(II):Cr(VI)=4:1 和 Fe(II):Cr(VI)=5:1 时,体系中 Fe(II) 过量,Cr(VI) 的去除率更高,分别为 99.41% 和 99.53%,k_{obs} 分别增长到 3.692 M/s 和 5.744 M/s,说明在地下环境中,只要有足量甚至过量的 Fe(II),重金属 Cr(VI) 的去除率越高,转化速率越快,有利于 Cr(VI) 的固定和去除。

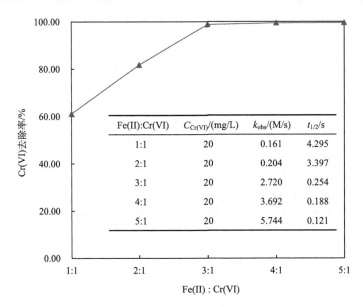

Fe(II):Cr(VI)	$C_{Cr(VI)}$/(mg/L)	k_{obs}/(M/s)	$t_{1/2}$/s
1:1	20	0.161	4.295
2:1	20	0.204	3.397
3:1	20	2.720	0.254
4:1	20	3.692	0.188
5:1	20	5.744	0.121

图 5.7 Cr(VI) 去除率和 k_{obs} 随 Fe(II):Cr(VI) 的变化曲线

5.2.4 地下水硬度离子的影响

在实际地下水中,硬度普遍存在,总硬度是指钙和镁的总浓度,其中包括碳酸盐硬度(即加热后能以碳酸盐形式沉淀下来的钙、镁离子,又称暂时硬度)和非碳酸盐硬度(即加热后不能沉淀下来的那部分钙、镁离子,又称永久硬度)[32]。因此,在地表地下水交互过程中,地下水的硬度对重金属 Cr(VI) 的形态转化是不可忽略的重要因素之一。本部分实验主要研究钙、镁、碳酸氢根离子对矿物元素溶解性 Fe(II) 与 Cr(VI) 氧化还原反应的影响,模拟地下水中无氧环境,实验结果如图 5.8 所示。

1. Ca^{2+} 的影响

对比图 5.8(a) 和 (b)，可以发现加入 Ca^{2+} 后，体系内存留的 $Cr(VI)$ 浓度明显下降，$Cr(VI)$ 的去除率也有较大地提高。结合图 5.9，没有 Ca^{2+} 时，$Cr(VI)$ 的去除率为 61.08%，而当 Ca^{2+} 增加到 40 mg/L 时，$Cr(VI)$ 的去除率已达 75.69%。Ca^{2+} 之所以可以促进反应进行，可能是因为 Ca^{2+} 在水中易与 OH^- 形成 $Ca(OH)_2$ 沉淀物质，而原反应生成的氢氧化物中，$Cr(III)$ 会被钙离子所取代，形成新的铁氧体系共沉淀[33]，进一步将 $Cr(III)$ 裹挟起来，导致液相中 $Cr(III)$ 减少，根据氧化还原平衡原理，有助于反应正向进行。而且相较于未加入 Ca^{2+} 的情况，反应体系中 $Fe(II)$ 的浓度也有一定程度的减少。但是在反应 75 min 以后，体系中的 $Cr(VI)$ 浓度略微上升，是因为此时反应体系内的 pH 稳定在 4 左右，呈酸性环境，生成的 $Ca(OH)_2$ 絮状沉淀可溶于酸，使得体系中的 $Ca(OH)_2$ 浓度减小，促使反应向逆反应方向进行，进而导致体系中 $Cr(VI)$ 有略微升高的趋势。

2. Mg^{2+} 的影响

结合图 5.9，对比图 5.8(a) 和 (c)，可看出 Mg^{2+} 的影响与 Ca^{2+} 的影响类似，Mg^{2+} 单独存在时，与钙离子的影响相似，对 $Fe(II)$ 与 $Cr(VI)$ 之间的氧化还原反应有一定的促进作用。当没有 Mg^{2+} 时，$Cr(VI)$ 的去除率为 61.08%；当 Mg^{2+} 增加到 40 mg/L 时，$Cr(VI)$ 的去除率可达 69.62%。

3. HCO_3^- 的影响

对比图 5.8(a) 和 (d)，可以看出反应体系中 HCO_3^- 的增加对 $Cr(VI)$ 的去除效率的影响高于 Ca^{2+} 和 Mg^{2+}。结合图 5.9，在没有 HCO_3^- 时，$Cr(VI)$ 的去除率为 61.08%；在加入 60 mg/L HCO_3^- 后，最终去除率高达 83.95%，增加 22.87%。这是因为当加入 HCO_3^- 时，体系内的 pH 由原来的酸性环境转变为碱性环境，使得反应体系内的 Eh 降低，此时氧化还原反应主要以 $Fe(II)$ 对 $Cr(VI)$ 的还原作用为主。而且由前文 pH 对 $Fe(II)$ 与 $Cr(VI)$ 氧化还原反应的影响分析可以看出，当反应体系变为碱性环境时会产生 $Fe(OH)_3$ 和 $Cr(OH)_3$ 沉淀，降低了水溶液中反应产物的浓度，有利于反应正向进行，因此 $Cr(VI)$ 的去除率相对于 Ca^{2+} 和 Mg^{2+} 较高。

4. Ca^{2+} 与 HCO_3^- 的影响

当向溶液中同时投加 Ca^{2+} 与 HCO_3^- 时，浓度以 $CaCO_3$ 计量。对比图 5.8(a) 和 (e)，可以看出 $CaCO_3$ 的增加对 $Cr(VI)$ 的去除效率有非常明显的影响。没有 $CaCO_3$ 时，$Cr(VI)$ 的去除率为 61.08%；加入 100 mg/L $CaCO_3$ 后，最终去除率高达 89.12%，增加了 28.04%。发生此现象的原因是当同时加入 Ca^{2+} 和 HCO_3^- 时，

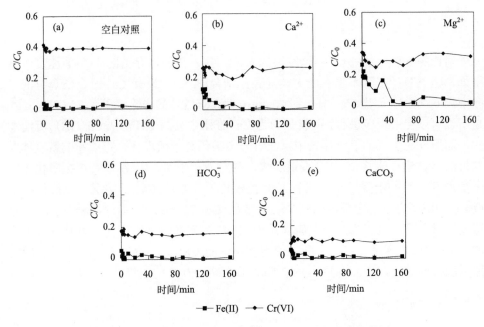

图 5.8 不同地下水硬度离子影响反应体系内溶度变化图

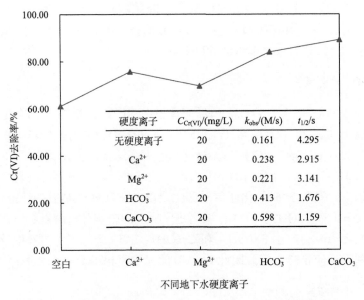

硬度离子	$C_{Cr(VI)}$/(mg/L)	k_{obs}/(M/s)	$t_{1/2}$/s
无硬度离子	20	0.161	4.295
Ca^{2+}	20	0.238	2.915
Mg^{2+}	20	0.221	3.141
HCO_3^-	20	0.413	1.676
$CaCO_3$	20	0.598	1.159

图 5.9 Cr(VI) 去除率和 k_{obs} 随不同地下水硬度离子的变化曲线

体系中迅速形成难溶于水的 $CaCO_3$ 沉淀,反应体系中的 pH 上升,最后稳定在 pH=8 左右。由上述研究表明,在 pH=8 时,Cr(VI) 的去除率达到最高,所以同时加入 Ca^{2+} 和 HCO_3^- 有利于 Fe(II) 与 Cr(VI) 的氧化还原反应。另外,$CaCO_3$ 的存在可能会裹挟走一部分 Fe(OH)$_3$ 和 Cr(OH)$_3$，且反应体系内的 Fe(II)存留浓度相比 Ca^{2+}、Mg^{2+} 和 HCO$_3^-$ 单独存在时更小，由此导致 Cr(VI)的去除率相比 Ca^{2+}、Mg^{2+} 和 HCO$_3^-$ 单独影响下更高。

5.2.5　腐殖酸的影响

腐殖质是由已死的生物体在土壤中经微生物的分解、氧化及合成等过程而形成的，是地球生态环境中分布最为广泛的一种天然有机高分子化合物。研究表明，腐殖质是环境中的重要螯合剂，对重金属污染物的迁移转化影响很大[32]。因此，在地表地下水交互的系统中，腐殖质是影响 Cr(VI)形态转化的重要影响因素之一。而腐殖酸(HA)是腐殖质的主要组分，所以本部分实验用腐殖酸来代表腐殖质参与 Fe(II)与 Cr(VI)的氧化还原反应，结果见图 5.10。

结合图 5.10 和图 5.11 可知，腐殖酸(HA)的加入能促进 Fe(II)与 Cr(VI)的氧化还原反应，而且随 HA 浓度的增加，体系中 Cr(VI)存留的浓度越小，Cr(VI)的去除效率越高，氧化还原表观反应速率越快。当 HA=15 mg/L、40 mg/L 时，体系中 Fe(II)的浓度变化均出现了两次升高后降低的现象，说明在氧化还原反应过程中，HA 成为 Cr(VI)还原的启动子[34]，也就是说，Fe(II)被 Cr(VI)氧化生成的 Fe(III)在 HA 的还原作用下再一次转换成可溶性的 Fe(II)。一方面，是因为 Fe(III)以阳离子的形式存在，而 Cr(VI)以阴离子的形式存在，因此 Fe(III)对 HA(阴离子)的亲和力高于 Cr(VI)[35]。所以当 Cr(VI)还原反应产生 Fe(III)时，HA 开始优先于 Cr(VI)与 Fe(III)发生还原反应，而再生成的 Fe(II)能继续还原 Cr(VI)，使得 Cr(VI)的去除效率进一步提高[34]。另一方面，是由于溶解性的 Fe(III)被 HA 还原，反应体系中 Fe(III)/Fe(II)的氧化还原电位降低，加快了体系中重金属污染物 Cr(VI)的还原速率[36]。

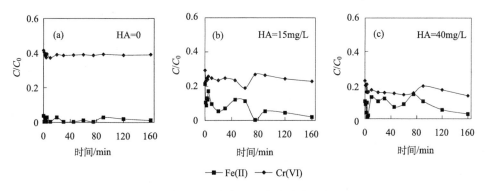

图 5.10　腐殖酸影响实验反应体系中浓度变化图

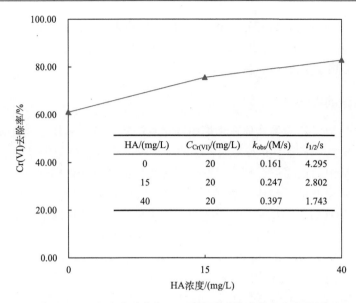

图 5.11　Cr(VI)去除率和 k_{obs} 随腐殖酸的浓度变化曲线图

　　为更进一步确定腐殖酸对 Fe(II)、Fe(III)、Cr(VI)、Cr(III)各部分单独的作用,增设 HA 与 Fe(II)、Cr(VI)、Fe(III)、Cr(III)单独反应的补充实验,如图 5.12 所示。实验结果表明腐殖酸在地下无氧环境中对 Fe(II)和 Cr(III)具有独立的氧化能力,反应体系中有 52%的 Fe(II)被 HA 氧化成 Fe(III),Cr(III)的转化率可达 66%;HA 对 Cr(VI)和 Fe(III)也具有独立的还原能力,反应体系中有 29%的 Cr(VI)被 HA 还原成 Cr(III),Fe(III)的转化率可达 27.89%。

　　由此结果可以解释在 HA、Fe(II)和 Cr(VI)三者共同存在的情况下,即在上述反应时间为 60~80 min 时,反应体系中的 Cr(VI)浓度都有一个短暂上升的现象。但在整个氧化还原反应过程中,腐殖酸仍以还原作用为主导,所以生成的 Cr(VI)会马上被还原成 Cr(III)。

　　综上所述,为了更形象地表示腐殖酸辅助 Cr(VI)形态转化的作用机理,可通过可视化的概念模型图 5.13 具体表示。总体来说,HA 对 Cr(VI)形态转化的辅助作用机理可分为三个阶段:①当 Fe(II)与 Cr(VI)的氧化还原反应体系内添加了腐殖酸,由于 Fe(II)和 HA 具有在反应初始阶段均会进行快速还原反应的特点,所以 Cr(VI)首先会分别在腐殖酸和 Fe(II)的还原作用下转化成 Cr(III),Fe(II)也直接被 Cr(VI)氧化生成 Fe(III)。②当反应进行一段时间后,一方面,Fe(II)充当主要还原剂的角色,还原 Cr(VI)。另一方面,此时腐殖酸的作用主要是将被 Cr(VI)氧化生成的 Fe(III)还原为 Fe(II)。因为腐殖酸中含有的还原性官能团酚羟基和羧基能与溶解性 Fe(III)络合在一起形成稳定的螯合结构,传递电子给溶解性

Fe(III)，溶解性 Fe(III) 得到电子，生成溶解性 Fe(II)[36]。③随着反应的进行，由于 HA 对 Fe(III) 的还原作用使得反应体系中的 Fe(II) 源源不断地生成，所以对 Cr(VI) 的还原可以继续进行。

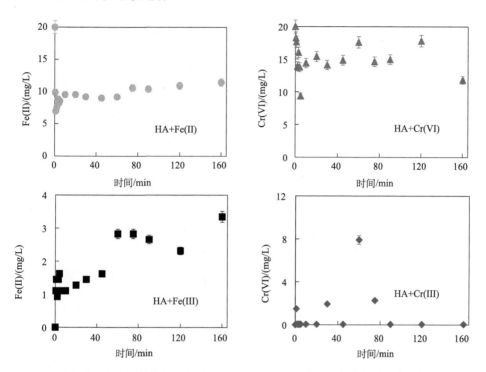

图 5.12　腐殖酸单独作用 Fe(II)、Cr(VI)、Fe(III)、Cr(III) 的浓度变化图

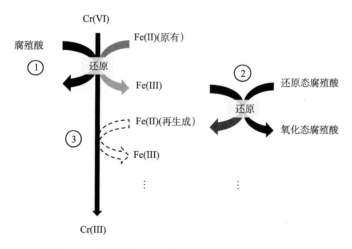

图 5.13　腐殖酸辅助 Cr(VI) 形态转化的概念模型图

在整个反应过程中，有两种 Fe(II) 的贡献，分别是第一阶段、第二阶段中的原始 Fe(II) 和在第二阶段、第三阶段被 HA 还原再生成的 Fe(II)。腐殖酸在整个反应过程中充当电子传递体，主要以两种方式进行了辅助作用，一是直接还原 Cr(VI)；二是还原态腐殖酸将电子转移给 Fe(III) 使之还原生成 Fe(II) 继续还原 Cr(VI)，还原态的腐殖酸重新转化为氧化态，如此重复循环形成了对 Cr(VI) 的持续还原转化。而且腐殖酸可以与 Fe(III) 紧密结合，形成腐殖酸-Fe(III) 配合物，进而将 Fe(III) 还原为 Fe(II)，因此 Fe(III)/Fe(II) 氧化还原电对可以作为腐殖酸和重金属 Cr(VI) 之间的电子传递体[37]。

其中，腐殖酸还原溶解性 Fe(III) 的反应过程可表示为：

$$腐殖酸(还原态) + 溶解性 Fe(III) \longrightarrow 腐殖酸\text{-}Fe(III)络合物 \tag{5.8}$$

$$腐殖酸\text{-}Fe(III)络合物 + 溶解性 Fe(III) \longrightarrow 腐殖酸(氧化态) + 溶解性 Fe(II) \tag{5.9}$$

结合 (5.8) 式和 (5.9) 式：

$$腐殖酸(还原态) + 溶解性 Fe(III) \longrightarrow 腐殖酸(氧化态) + 溶解性 Fe(II) \tag{5.10}$$

5.3　溶解氧变化情况下矿物元素 Fe(II) 对 Cr(VI) 形态转化的影响

由于富氧的地表水与厌氧的地下水不断交互作用，导致地表-地下水交互带中的溶解氧含量处于变化状态，这种状态对 Cr(VI) 的形态转化具有非常重要的影响。

5.3.1　材料与方法

1. 实验试剂、仪器与装置

本节所用实验仪器详见 5.2.1 小节。

2. 实验方法

本部分实验主要研究溶解氧变化情况下溶解性 Fe(II) 对 Cr(VI) 形态转化的影响。通过改变氮吹时长来控制反应体系中的溶解氧含量，吹脱时间分别为 0 min、15 min、30 min、60 min、120 min，并用参数水质分析仪测出对应的 DO 浓度，由此来模拟地表-地下水的交互过程。由于每次实验过程中存在操作性的误差，故而以下讨论的 DO 浓度并非一个准确值，而是多次实验得到的平均值。实验组设置具体见表 5.5。

表5.5　实验组设置

序号	实验条件	$C_{Fe(II)}/$ (mg/L)	$C_{Cr(VI)}/$ (mg/L)	DO/ (mg/L)
1	氮吹 0 min	20	20	高氧(5.95)
2	氮吹 15 min	20	20	低氧(3.98)
3	氮吹 30 min	20	20	低氧(2.21)
4	氮吹 60 min	20	20	低氧(1.20)
5	氮吹 120 min	20	20	无氧(0.11)

本节实验在 5.2 节基础上，每组实验均增加高氧组和无氧组进行对比，其余实验条件不变，具体实验条件和测试方法参考 5.2.1 小节。

5.3.2　溶解氧变化情况下反应体系中 pH 与 Eh 的变化

反应前，调节溶液初始 pH=5，从图 5.14 可以看到整个反应过程 pH 的变化趋势相似，其中在无氧情况下 pH 下降最快，也最早达到平衡状态。因为此时反应体系内没有氧气的参与，Fe(II)完全被 Cr(VI)所氧化，氧化还原反应迅速而完全。从图 5.14 可以看到在有氧条件下(DO=5.95 mg/L、3.98 mg/L、2.21 mg/L、1.20 mg/L)，反应体系中 Eh 的变化都是迅速升高，后趋于平衡状态，但在无氧条件下(DO=0.11 mg/L)，反应体系中 Eh 先迅速升高，至最高点(20 min 处)后下降，逐渐至平衡。说明在反应平衡时，在有氧条件下，体系中的氧化性较强，氧气会对 Fe(II)与 Cr(VI)进行竞争氧化。而在无氧条件下，可能是因为溶液的初始 pH=5，而该 pH 正好是氧化还原反应速率和 Cr(VI)去除率变化的一个转折点，所以该处的 Eh 会表现出异样。

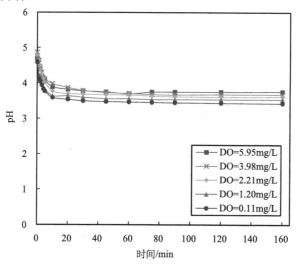

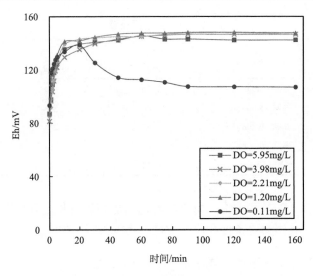

图 5.14　DO 变化情况下反应体系中 pH、Eh 变化图

5.3.3　溶解氧变化对 Cr(VI) 形态转化的影响

　　从图 5.15 可以看出在反应开始前 5 min 内，反应体系中 Cr(VI) 和 Fe(II) 的浓度都迅速下降，反应在瞬间发生，与 Eary 等[38]的实验发现一致。在高氧条件下，120 min 反应达到平衡；低氧条件下，60 min 反应达到平衡；无氧条件下，20 min 反应达到平衡，但后期 Cr(VI) 浓度逐渐升高，出现释放现象。这是因为在一定条件下 Cr(III) 与 Cr(VI) 可以发生相互转化[39]。在无氧条件且 Fe(II):Cr(VI)=1:1 的情况下，Fe(II) 不足，在反应前期会迅速被 Cr(VI) 氧化，根据氧化还原反应平衡原理，反应后期会向逆向进行，所以后期反应体系中的 Cr(VI) 浓度有上升的趋势。相较于无氧条件，有氧条件下更有利于 Fe(II) 对 Cr(VI) 进行固定作用。因为从图 5.15 可以看到，当无氧条件下时，其反应体系中 pH 总体均低于有氧条件，说明有氧条件下的 pH 相对较高，更有利于 Cr(III) 的生成，即更有利于 Fe(II) 对 Cr(VI) 进行固定作用。

5.3.4　溶解氧变化情况下 pH 对 Cr(VI) 形态转化的影响

　　DO 变化情况下 pH 对 Cr(VI) 形态转化影响的实验结果图 5.16，从 DO 角度来看，分析不同 pH 下 Fe(II) 与 Cr(VI) 反应的影响。在地表-地下水交互的过程中，DO 始终存在于整个交互环境系统中，并可能通过自身氧化 Fe(II) 的能力来干扰 Fe(II) 对 Cr(VI) 形态转化之间的氧化还原反应。研究表明，DO 氧化 Fe(II) 主要取决于环境溶液的 pH 和 DO 的浓度[40]。而我们的实验结果表明，氧气存在确实会对不同 pH 条件下 Fe(II) 与 Cr(VI) 的氧化还原反应产生影响，与 Stumm 和

Schlautman 等的研究结果一致。当 pH=7 时，无论是高氧还是无氧情况，溶液中 Fe(II) 和 Cr(VI) 的浓度变化较为平稳，说明中性条件下的还原效果较好。图 5.16(a) 表明，高氧情况下，pH=3～5 的反应体系中，Cr(VI) 浓度有所波动，但整体呈现下降的趋势，是因为在碱性较强的情况下，Fe(II) 不会被氧气氧化。在酸

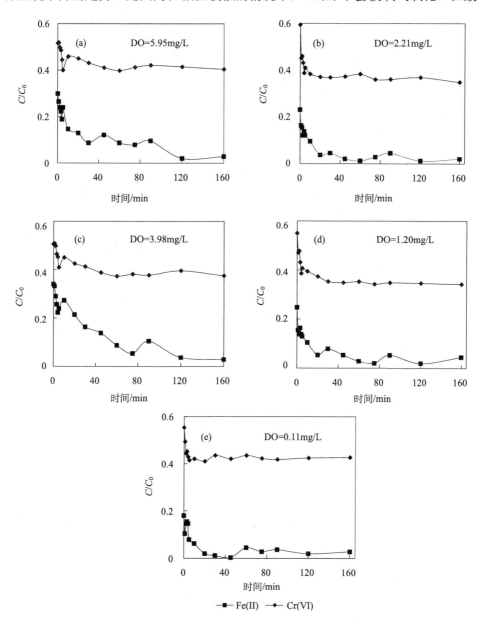

图 5.15　不同 DO 浓度下反应体系中 Fe(II) 和 Cr(VI) 浓度变化图

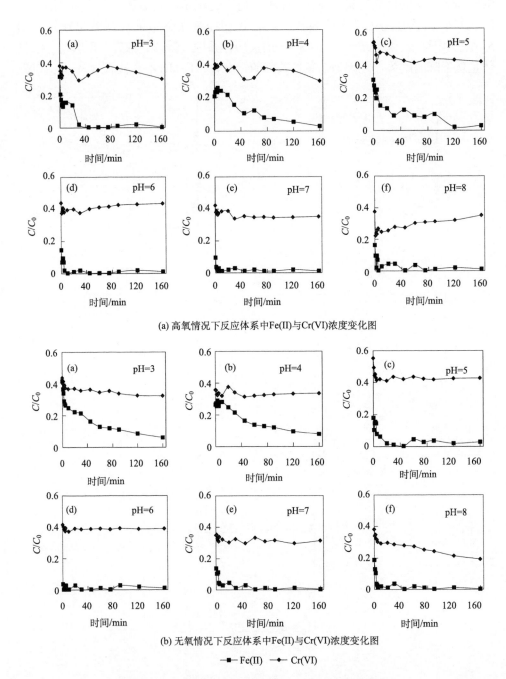

(a) 高氧情况下反应体系中Fe(II)与Cr(VI)浓度变化图

(b) 无氧情况下反应体系中Fe(II)与Cr(VI)浓度变化图

■— Fe(II)　◆— Cr(VI)

图 5.16　DO 变化情况下 pH 对 Cr(VI) 形态转化的影响

性溶液中 Fe^{2+} 的热力学是不稳定的，倾向于被氧气氧化，因为 $O_2 + 4H^+ + 4e^- \rightleftharpoons 2H_2O$，$E^0 = 1.229V$，但是在动力学上氧化铁反应是缓慢的，当反应体系中存在强氧化剂重铬酸钾时，$HCrO_4^- + 7H^+ + 3e^- \rightleftharpoons Cr^{3+} + 4H_2O$，$E^0 = 1.35V > 1.229V^{[41]}$，所以在酸性环境中，Fe(II)优于 O_2 跟 Cr(VI)先发生氧化还原反应(表 5.6)。

表 5.6　标准电极电势表

酸性条件：		
(a)	$Fe^{3+} + e^- \rightleftharpoons Fe^{2+}$	$E^0 = 0.771V$
(b)	$O_2 + 4H^+ + 4e^- \rightleftharpoons 2H_2O$	$E^0 = 1.229V$
(c)	$Cr_2O_7^{2-} + 14H^+ + 6e^- \rightleftharpoons 2Cr^{3+} + 7H_2O$	$E^0 = 1.33V$
(d)	$HCrO_4^- + 7H^+ + 3e^- \rightleftharpoons Cr^{3+} + 4H_2O$	$E^0 = 1.35V$
碱性条件：		
(a)	$Cr(OH)_3 + 3e^- \rightleftharpoons Cr^- + 3OH^-$	$E^0 = -1.48V$
(b)	$CrO_2^- + 2H_2O + 3e^- \rightleftharpoons Cr + 4OH^-$	$E^0 = -1.2V$
(c)	$Fe(OH)_2 + 2e^- \rightleftharpoons Fe + 2OH^-$	$E^0 = -0.877V$
(d)	$Fe(OH)_3 + e^- \rightleftharpoons Fe(OH)_2 + OH^-$	$E^0 = -0.56V$
(e)	$CrO_4^{2-} + 4H_2O + 3e^- \rightleftharpoons Cr(OH)_3 + 5OH^-$	$E^0 = -0.13V$
(f)	$O_2 + H_2O + 4e^- \rightleftharpoons 4OH^-$	$E^0 = 0.401V$

pH=6~8 的反应体系中，Fe(II)的浓度相比酸性条件时迅速下降，且由图 5.17 可以看出，Cr(VI)的去除率也大于酸性条件下的去除率。而无氧条件下的 Cr(VI) 的去除率高于高氧环境下的去除率，且在高氧情况下，反应后期随着溶液不断与氧气进行交换，溶液中 Cr(VI)浓度呈逐渐上升的趋势。出现这种现象的原因有以下两方面：一方面，由表 5.6 可以看出，Fe^{3+}/Fe^{2+} 电对标准电势 $E^0 = 0.771V$，可在不发生水合氧化物沉淀的一定 pH 范围内保持恒定。但当达到了发生水合氧化物沉淀的 pH 时，电对的半反应将变为：$Fe(OH)_3 + e^- \rightleftharpoons Fe(OH)_2 + OH^-$，$E^0 = -0.56V$。在碱性环境下，Fe(III)比 Fe(II)更容易生成氢氧化物沉淀，此时电势会发生了明显的突跃变化，使得 Fe(II)的还原性突然增大，Fe(III)的氧化性下降，在化学反应平衡下，反应式更易往正反应方向进行。所以碱性环境下 Cr(VI)的去除率会比酸性环境下更高。又因为在碱性环境下，$O_2 + H_2O + 4e^- \rightleftharpoons 4OH^-$，$E^0 = 0.401V$，$CrO_4^{2-} + 4H_2O + 3e^- \rightleftharpoons Cr(OH)_3 + 5OH^-$，$E^0 = -0.13V < 0.401V$，说明该种情况下，氧气的氧化能力更高，因此在高氧碱性条件下，Fe(II)更易被 O_2 氧化，Fe(II)对 Cr(VI)的还原作用受到 Fe(II)与氧气反应的强烈竞争，所以此时 Cr(VI)的去除率低于无氧情况下的去除率。另一方面，因为在高氧情况下，反应体系不断与外界进行氧气交换，体系内的 Fe(II)会更快被消耗完，导致后期氧化还原反应向逆反应进行，体系中的 Cr(VI)有上升趋势。但在无氧条件组中，溶液

中 Cr(VI)浓度先下降后趋于平稳,这是因为在该情况下,反应体系不受氧气等其他环境因素的影响,还原效果相对稳定。

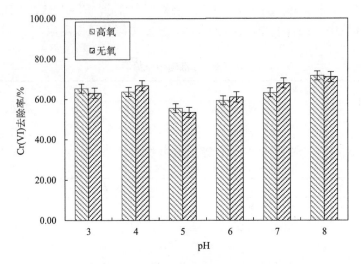

图 5.17　DO 变化条件下 pH 对 Cr(VI)去除率的影响

综上所述,除了在高 pH 的情况下,DO 对 Fe(II)与 Cr(VI)的氧化还原反应的干扰较小。因此,在 pH=3.0~8.0,Fe(II)对 Cr(VI)形态转变作用可以分为三个阶段,将各个 pH 所对应的化学反应方程式汇总如下[25]:

①在 pH=3.0 时

$$3Fe^{2+} + HCrO_4^- + 7H^+ \Longrightarrow 3Fe^{3+} + Cr^{3+} + 4H_2O \qquad (5.11)$$

②在 pH=4.0~5.0 时生成三价铁和三价铬的氢氧化物

$$3Fe^{2+} + HCrO_4^- + 3H_2O \Longrightarrow 3Fe(OH)_2^+ + Cr(OH)^{2+} \qquad (5.12)$$

③在 pH=6.0~8.0 时生成 Fe(III)-Cr(III)共沉淀,实验过程中可以观察到反应容器内有红棕色的絮状沉淀产生。

$$4Fe^{2+} + O_2 + 4H^+ \Longrightarrow 2H_2O + 4Fe^{3+} \ (pH = 6.0) \qquad (5.13)$$

$$12Fe^{2+} + 3O_2 + 6H_2O \Longrightarrow 4Fe(OH)_3(\downarrow) + 8Fe^{3+} \ (pH = 7.0) \qquad (5.14)$$

$$4Fe^{2+} + 8OH^- + O_2 + 2H_2O \Longrightarrow 4Fe(OH)_3(\downarrow) \ (pH = 8.0) \qquad (5.15)$$

$$3Fe^{2+} + CrO_4^{2-} + 8H_2O \Longrightarrow 3Fe(OH)_3(\downarrow) + Cr(OH)_3(\downarrow) + 4H^+ \qquad (5.16)$$

由此分析结果可以看出,在地表-地下水交互带,地下水不断与地表水进行交换,孔隙水溶液中的 DO 也在不断变化,当与空气充分接触时,氧化还原产物中水溶性的 Cr(III)可能会转变为 Cr(VI)而导致更大的危害。

5.3.5　溶解氧变化情况下 Fe(II)：Cr(VI) 对 Cr(VI) 形态转化的影响

DO 变化情况下初始反应物浓度比对 Cr(VI) 形态转化影响的实验结果图 5.18。对比高氧和无氧两组情况，当 Fe(II):Cr(VI)=1:1 和 Fe(II):Cr(VI)=2:1 时，DO 对于整个氧化还原反应并无明显作用；当 Fe(II):Cr(VI)=3:1 时，DO 的作用明显，无氧条件下反应完全，Cr(VI) 基本全部被去除。高氧情况下反应不完全，可能是因为氧气的存在导致部分 Fe(II) 被氧气氧化而缺少足够有效的 Fe(II) 将 Cr(VI) 去除。所以在高氧情况下反应物浓度比为 3:1 时的反应过程与 2:1 时的反应过程相差不大。当浓度比为 4:1 和 5:1 时，无论是高氧环境还是无氧环境，Cr(VI) 均迅速被 Fe(II) 氧化，此时 DO 对 Fe(II) 与 Cr(VI) 氧化还原反应的影响无明显作用。反应 2 min 后，体系内已基本无 Cr(VI) 浓度残留。但是从实验结果中可发现高氧条件下的 Fe(II) 都比无氧条件下的浓度低 0.1，这是因为在氧气存在的情况下，Fe(II) 有一份被氧气所氧化，从而导致无氧条件下，反应体系内的 Fe(II) 浓度相对较高。

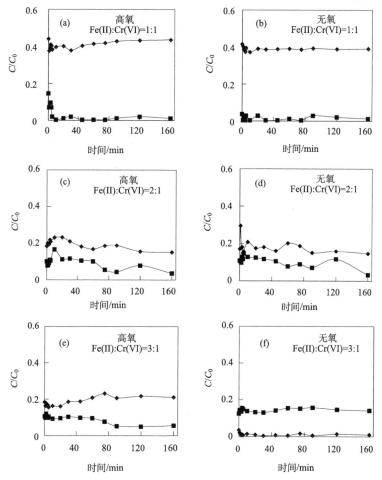

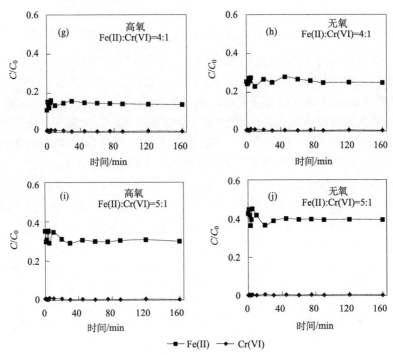

图 5.18　DO 变化情况下初始反应物浓度比对 Cr(VI) 转化的过程图

由图 5.19 可以看出，从 Cr(VI) 去除率角度来看，总体来说在无氧条件下，反应体系中 Cr(VI) 的去除率普遍比有氧条件高。但相对于其他浓度比，浓度比为 3:1 时，无氧情况和高氧情况的去除率有较大差别。无氧情况下 Cr(VI) 的去除率高达 98.79%，反应基本完全。而在有氧条件下 Cr(VI) 的去除率仅有 81.46%，与浓度比为 2:1 时相差不多，这是因为氧气竞争氧化 Fe(II) 导致 Fe(II) 与 Cr(VI) 的

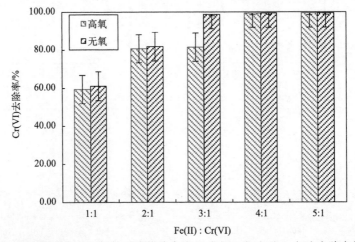

图 5.19　DO 变化条件下初始反应物浓度比 Fe(II):Cr(VI) 对 Cr(VI) 去除率的影响

氧化还原反应不完全。当 Fe(II):Cr(VI) 浓度比为 4:1 和 5:1 时，高氧和无氧环境下 Fe(II) 对 Cr(VI) 的去除率差不多，均大于 99%，说明此时反应体系中 Fe(II) 过量，Cr(VI) 已基本被还原，氧气的存在对 Cr(VI) 的去除无明显影响，即氧气的存在对 Fe(II) 于 Cr(VI) 的氧化还原反应干扰较小[42]。

5.3.6　溶解氧变化情况下地下水硬度离子对 Cr(VI) 形态转化的影响

从反应体系中存留的 Cr(VI) 和 Fe(II) 的浓度来看(图 5.20)，无论氧气是否存在，都不会影响地下水硬度离子对 Cr(VI) 形态转化的影响。对比高氧组和无氧组，当反应体系中仅存在 Ca^{2+} 或 Mg^{2+} 时，高氧组中存留的 Cr(VI) 浓度比无氧组略低一些，总体反应过程趋势相差不大；当反应体系中仅存在 HCO_3^- 和 $CaCO_3$ 时，高氧组中存留的 Cr(VI) 浓度比无氧组略高一些，总体反应过程趋势相差不多。

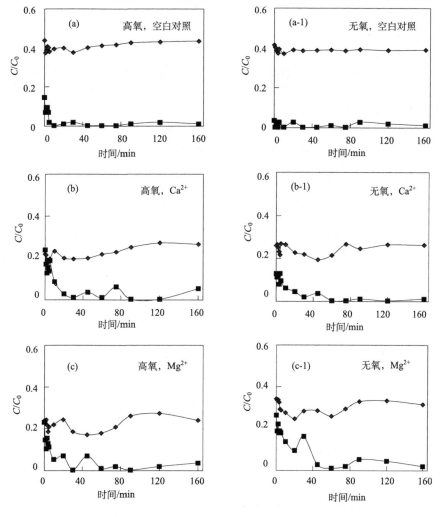

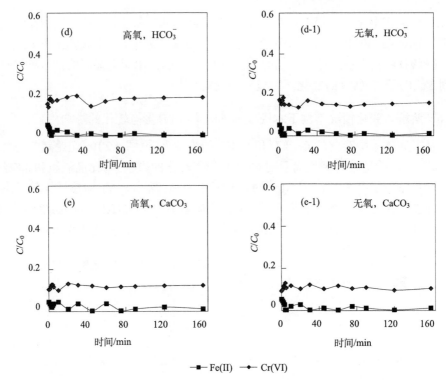

图 5.20　DO 变化情况下地下水硬度离子对 Cr(VI)形态转化的影响

　　从 Cr(VI)去除率来看(图 5.21)，无论反应体系中的 DO 含量如何变化，地下水硬度离子(Ca^{2+}、Mg^{2+}、HCO_3^-)的存在均会使 Cr(VI)的去除率有明显的升高，其中 Ca^{2+} 和 Mg^{2+} 总体上相比 HCO_3^- 和 $CaCO_3$ 而言促进作用相对较弱。当 Ca^{2+} 和

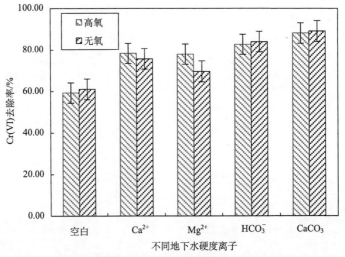

图 5.21　DO 变化情况下地下水硬度离子对 Cr(VI)去除率的影响

Mg^{2+}单独存在时，高氧环境下的去除率比无氧环境下的大，说明氧气存在更有利于 Cr(VI) 的去除。而当 HCO_3^- 和 $CaCO_3$ 单独存在时，高氧环境下的去除率比无氧环境下的小，说明此时氧气的存在不利于 Cr(VI) 的去除。这是因为当反应体系中加入 HCO_3^- 和 $CaCO_3$ 时，反应体系的 pH 会迅速升高至碱性环境，而在碱性环境中，由前面内容可知氧气会竞争氧化 Fe(II)，所以在 pH 和 DO 的共同作用下，氧气的存在不利于反应进行。

5.3.7 溶解氧变化情况下腐殖酸对 Cr(VI) 形态转化的影响

结合图 5.22 和图 5.23 分析可以看出，当反应体系中 DO 发生变化时，反应体系中 HA 对 Fe(II) 与 Cr(VI) 之间的氧化还原反应不仅没有阻碍作用，反而具有一定的促进作用。当 HA=0 mg/L 时，高氧情况下 Cr(VI) 的去除率为 59.35%，无氧情况下 Cr(VI) 去除率为 61.08%；当 HA=15 mg/L 时，高氧情况下 Cr(VI) 的去除率为 77.59%，无氧情况下 Cr(VI) 的去除率为 75.62%；当 HA=40 mg/L 时，高氧情况下 Cr(VI) 的去除率为 86.17%，无氧情况下 Cr(VI) 的去除率为 82.93%。由此看出，在反应体系中添加 HA 后，高氧情况下 Cr(VI) 的去除率均高于无氧情况下的去除率，说明氧气的存在有利于 HA 对 Cr(VI) 形态的转化。究其原因，是因为在高氧情况下，O_2 会参与竞争氧化 Fe(II)，而新生成的 Fe(III) 会在 HA 的还原作用下再次生成 Fe(II)，而新生成的 Fe(II) 会继续参与 Cr(VI) 的氧化还原反应。因此相比无氧组，实际参与还原 Cr(VI) 的溶解性 Fe(II) 更多，使得在高氧情况下 Cr(VI) 的去除率高于无氧情况。

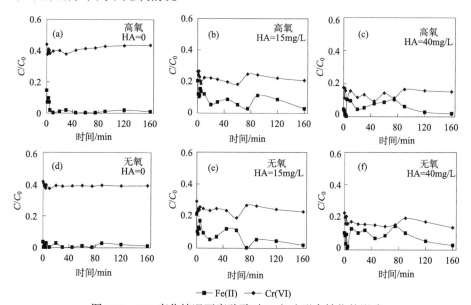

图 5.22　DO 变化情况下腐殖酸对 Cr(VI) 形态转化的影响

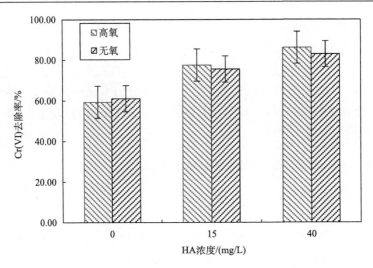

图 5.23　DO 变化情况下腐殖酸对 Cr(VI) 去除率的影响

　　为进一步确定 DO 含量变化是否对 HA 对 Fe(II)、Fe(III)、Cr(VI)、Cr(III) 各部分单独作用有影响，同样在 5.2.5 静态实验的基础上，增设高氧组和无氧组进行对照实验，实验结果如图 5.24 所示。

　　实验结果表明，无论是高氧还是无氧情况，腐殖酸对 Fe(II) 均单独有氧化能力，当反应体系中只有腐殖酸和 Fe(II) 单独存在时，HA 可以将 42%～52% 的 Fe(II) 氧化成 Fe(III)。同时，腐殖酸对 Cr(VI) 单独有还原能力，当反应体系中只有这两种物质单独存在的时候，HA 可以将 25%～29% 的 Cr(VI) 还原成 Cr(III)。另外，无论氧气是否存在，腐殖酸都对 Fe(III) 具有还原能力，即使在高氧情况下，HA 的还原能力也很明显，可以将溶解性的 Fe(III) 还原生成 Fe(II)。这是因为腐殖酸中存在醌、酚等官能团使得腐殖酸既有接受电子的能力也有提供电子的能力[43]，特别是其中的醌基团在电子传递过程中起到非常重要的作用[44]，即使在高氧环境中，腐殖酸仍然具有明显的还原能力[45]。从图 5.24 可以发现，当 Fe(III) 为 12 mg/L，腐殖酸为 40 mg/L 的条件下，静置 160 min 后，高氧条件下 Fe(III) 的转化率达 7.76%，实验结果与 Theis 等[46]的研究结果一致。此外，在氧气存在的条件下，腐殖酸对 Cr(III) 也有一定的氧化作用，在反应时间为 60～80 min 时，溶液中生成 Cr(VI) 的浓度最高可达 0.66 mg/L，转化率为 5.50%。由此可以解释在反应体系内 DO 含量变化的情况下，HA 对 Fe(II) 与 Cr(VI) 的氧化还原反应仍具有促进作用，且 DO 含量越高，HA 浓度越高，体系中 Fe(II) 与 Cr(VI) 氧化还原反应越激烈，反应速率越快，Cr(VI) 的去除率越高，Cr(VI) 的转化率也越高。

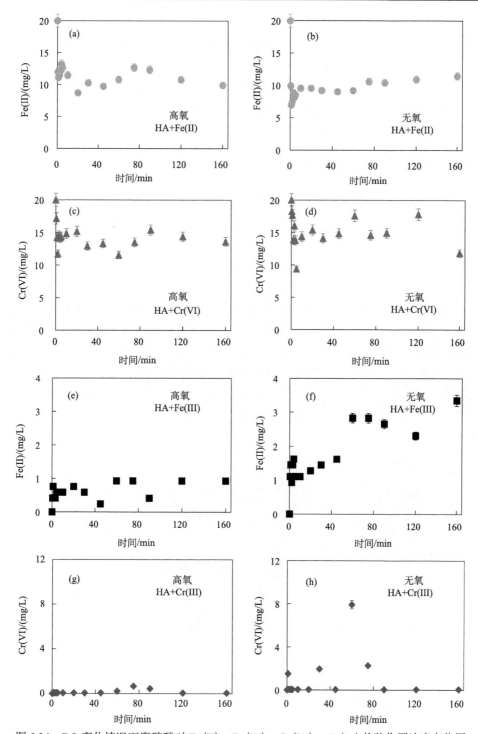

图 5.24　DO 变化情况下腐殖酸对 Fe(II)、Fe(III)、Cr(VI)、Cr(III) 单独作用浓度变化图

5.4　地表-地下水交互动态变化下重金属污染物的迁移与转化

在一些地下水位较浅的城市区域，短时间内的暴雨径流会因地表径流下渗速率过快而导致地下水上涌，进一步形成地表-地下水不断交互带，这种交互作用会对重金属污染物的迁移和转化产生显著的影响。

5.4.1　材料与方法

1. 实验试剂与仪器

本部分实验试剂与仪器详见 5.2.1 小节。

2. 实验装置构建

(1)地表水下渗实验装置构建

地表水下渗实验装置实物图见图 5.25，主要由四部分组成，分别是电子控制系统、目标实验溶液、一维土柱穿透系统、出水收集系统。一维土柱穿透系统的材质为有机玻璃，主要参数为柱高 17 cm、内径 5 cm，同时在土柱上下盖中均设置直径与柱体尺寸相同($D=5$ cm)、厚度为 1 cm 的透水石；在实际操作过程中分别在上下盖与柱体连接处之间加入 1 mm 厚度的硅胶密封环；考虑到实验过程中的密封性，在柱体与上下盖之间采用蝴蝶螺栓进行密封，土柱主体结构如图 5.26 所示。

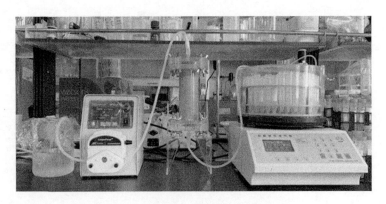

图 5.25　地表水下渗实验装置实物图

(2)地下水上涌实验装置构建

地下水上涌实验装置实物图见图 5.27，整体设置与地表水下渗实验装置相同，蠕动泵泵管进出接口位置不同，土柱主体结构见图 5.26。由于在实际情况中，地下水中 DO 含量较低[47]，且 DO 是区别地表水和地下水的重要因素之一，所以在实验前将供试溶液做氮吹脱氧处理，使得溶液中 DO 含量始终小于 1.2 mg/L。

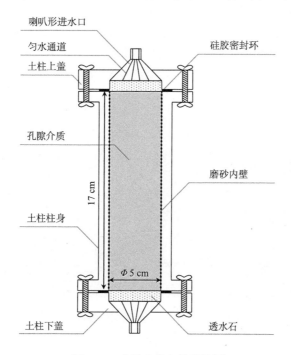

图 5.26　实验土柱主体结构图

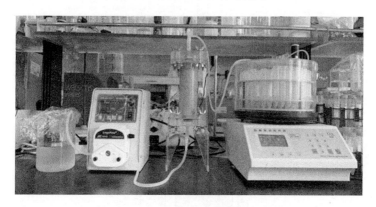

图 5.27　地下水上涌实验装置实物图

(3)地表-地下水交互实验装置构建

地表-地下水交互实验装置实物图见图 5.28，由四部分组成，分别是电子控制系统、目标实验溶液、一维土柱穿透系统、出水收集系统。一维土柱穿透系统的材质为有机玻璃，主要参数为柱高 30 cm、内径 5 cm，同时在土柱上下盖中均设置直径与柱体尺寸相同($D=5$ cm)、厚度为 1 cm 的透水石；在实际操作过程中分别在上下盖与柱体连接处之间加入 1 mm 厚度的硅胶密封环；考虑到实验过程中的密封性，在柱体与上下盖之间采用蝴蝶螺栓进行密封；在土柱侧壁从上到下共开设 5 个取样口，分别为 1#、2#、3#、4#、5#，第三个取样口连接自动部分收集器采集样品，其余取样口均采用一次性注射器进行取样，每次取样 2 mL 出流液于取样瓶中，由于取样量较少，土柱结构变形微弱，可忽略不计[48]，土柱主体结构见图 5.29。

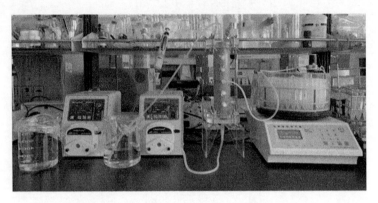

图 5.28　地表-地下水交互实验装置实物图

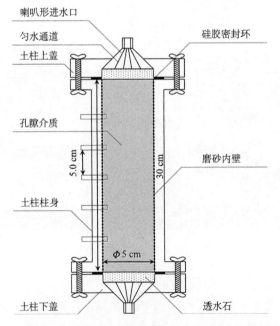

图 5.29　地表-地下水交互实验土柱主体结构图

3. 供试砂样制备

实验中所用砂样取自上海城区某施工场地，经洗净、烘干、筛分、处理分析后，得不均匀系数 C_u=5.02，曲率系数 C_c=0.79，土样颗粒粒径范围在 0.075～1 mm 之间（图 5.30），饱和渗透系数为 K_s=12.31 m/d，饱和含水率 θ_s=0.36，残余含水率 θ_r=0.07，砂样为非均质土样。根据土工实验规程 SL237-1999 中土的分类标准可以看出实验所用土样属于壤质砂土[49]。实验过程中采用对照实验，空白对照组实验采用原始砂样，实验组采用配置后的含矿物元素 Fe(II) 的砂样，配置后的砂样中含有 20 mg/L 的矿物元素 Fe(II)。

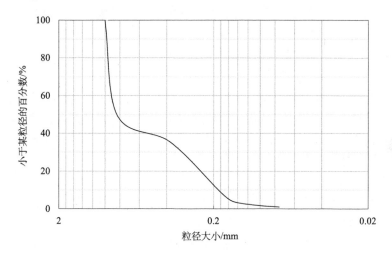

图 5.30　供试砂样介质的粒径分布曲线

4. 吸附等温实验

等温吸附实验在磨口锥形瓶中进行。称取 20.0 g 实验土样于 250 mL 的磨口锥形瓶中，分别加入 200 mL 的一系列浓度（0.5 mg/L、1 mg/L、2 mg/L、5 mg/L、10 mg/L、20 mg/L）的重铬酸钾溶液。为抑制微生物生长，再加一滴 200 mg/L 的 $HgCl_2$ 灭菌溶液，在酒精灯火焰下灭菌盖上瓶盖。然后放入恒温振荡培养箱中振荡吸附 24 h，温度调节为 25℃（±0.1℃），振荡频率为 200（±10）r/min。其后将反应溶液离心（7500 g，15 min），并将样品用 0.22 μm 滤膜过滤。使用紫外分光光度法测定溶液中 Cr(VI) 的浓度，通过初试浓度和平衡浓度之间的差值计算供试砂样中 Cr(VI) 的吸附量[50]。平行实验三次，平衡浓度与吸附量以平均值做吸附等温线，研究供试砂样对 Cr(VI) 的吸附特性。

5. 动态土柱迁移与转化实验

迁移与转化实验是在室内一维饱和砂柱中进行，主要实验步骤如下：

(1)溶液和砂样制备

配置一系列实验所需溶液备用，制备实验供试砂样，制备方法已在 4.2.3 小节已详细介绍。

(2)土柱填装

砂样由原状砂土处理后组成，采用湿法填装法进行填装。首先在土柱底部铺设 2 mm 厚的砾石层，平整之后在上面铺一层 0.5 mm 厚的土工织物，以防砂粒流失[51,52]。然后在土工织物上面分层填入混合烘干后的试验砂样，每层填土高度控制在 5 cm 左右。填装过程中，要在土柱边壁均匀刷上泥浆，保证粗糙，防止边壁形成渗漏通道[53]，并用木棒敲击震动侧壁使其达到较为密实的状态，防止因装填不均匀而导致的沉降。在下一层土样装填之前，需将夯实界面用划刀抓毛，防止层与层之间人为界面的形成，以保证两层土样之间的均匀性。然后称取相同质量的砂样再次重复上述步骤，反复，达到设定土样高度。填装完土柱后再在上面铺一层 0.5 mm 厚的土工织物和 1.5 mm 厚的砾石层，用以保证水体缓慢流入，防止股状流和优先流的产生。

(3)设定程序同步穿透

①地表水下渗实验：因模拟包气带，所以在填装土柱完毕后，控制室温不变的条件下，先通过蠕动泵向土柱从下往上注入去离子水，至土柱饱和。然后打开放气阀排水，直至水排干为止，再将土柱静置 5 h，以便在土柱中形成稳定的包气带[54]。然后设定蠕动泵流量参数和自动部分收集器的收集频率，同步按下蠕动泵和自动部分收集器的开始按钮，进行连续从上至下的穿透过程。穿透完成后更换背景溶液进行洗脱，更换过程中尽量避免对土柱运行系统的扰动。

②地下水上涌实验：因模拟饱和带，所以在填装土柱完毕后将土柱倒置，使用去离子水连续 1 h 从上到下的穿透，以保证土柱内形成稳定的饱和带。之后再倒置，设定蠕动泵流量参数和自动部分收集器的收集频率，同步按下蠕动泵和自动部分收集器的开始按钮，进行连续从下至上的穿透过程。穿透完成后更换背景溶液进行洗脱，更换过程中尽量避免对土柱运行系统的扰动[55]。

③地表地下水交互实验：因模拟交互带，故先在土柱内形成稳定的包气带(具体操作同地表水下渗实验)，之后分别设定模拟地表水下渗和地表水上涌的蠕动泵流量参数以及自动部分收集器的收集频率，同步按下蠕动泵和自动部分收集器的开始按钮，进行连续从上至下与从下至上同步穿透的过程。穿透完成后更换背景溶液进行洗脱，更换过程中尽量避免对土柱运行系统的扰动。

(4)收集样本标记顺序

自动部分收集器收集完成后需要对样本进行统一编号并收集在样品瓶中进行密封冷藏保存，以保证样品的稳定性。收集完成后根据不同的实验组别进行分类放置，待进一步处理测试。

(5)样品处理

样本处理主要包括针对测试仪器进行的过滤，防止不可见的相对大颗粒物堵塞仪器管道；针对仪器检测上限进行的稀释，保证检测精度。本实验所有样品均稀释 25 倍。

6. 测试分析方法

此部分实验测试分析方法见 5.2.1 小节。

5.4.2　供试砂样对重金属 Cr(VI)吸附等温实验分析

在重金属 Cr(VI)随孔隙水流迁移与转化的过程中，多孔介质对其吸附是一个动态平衡的过程。因此在进行动态土柱穿透模拟实验前需要进行供试砂样对 Cr(VI)的吸附等温实验来确定砂样对 Cr(VI)的吸附特性。

依据实验方案得到的供试砂样对 Cr(VI)的吸附等温实验数据见表 5.7。

表 5.7　供试砂样对 Cr(VI)的吸附等温数据

初始浓度/(mg/L)	0.5	1	2	5	10	20
平衡溶液浓度/(mg/L)	0.109	0.447	1.236	3.553	7.303	16.073
吸附量/(mg/g)	0.004	0.006	0.008	0.014	0.027	0.039
吸附率/%	78.11	55.26	38.20	28.93	26.97	19.63

在吸附等温实验中，Langmuir 方程和 Freundlich 方程为经典的吸附方程模型，具体方程如下：

(1)Langmuir 方程

$$S = \frac{S_m + K_l C}{1 + K_l C} \tag{5.17}$$

其线性关系式可表示为

$$\frac{C}{S} = \frac{1}{K_l S_m} + \frac{1}{S_m} C \tag{5.18}$$

式中：K_l 是与吸附结合能有关的常数，反映吸附的强度；S_m 是反映吸附容量的参数；两者的乘积表示最大缓冲容量。

（2）Freundlich 方程

$$S = K_f C^n \tag{5.19}$$

其线性关系式可表示为

$$\lg S = \lg K_f + n \lg C \tag{5.20}$$

式中：K_f 和 n 均为常数，K_f 可表示吸附能力的强弱，K_f 值越小表示供试砂样对 Cr(VI)的吸附力越弱；n 值可作为对重金属离子吸附作用的亲和力指标，n 值越大，表示吸附剂对重金属离子的吸附作用越小[56]。

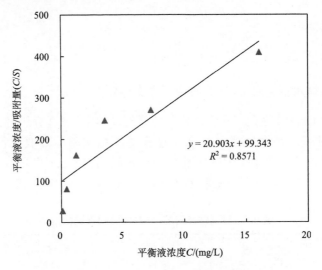

图 5.31　供试砂样 Langmuir 吸附等温拟合线

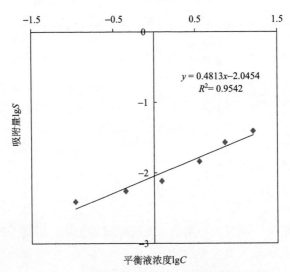

图 5.32　供试砂样 Freundlich 吸附等温拟合线

　　Langmuir 吸附等温方程适用于吸附质表面单一,各分子的吸附能相同且与其在吸附质表面覆盖程度无关。发生的为单层吸附,吸附质表面吸附点有限,且吸附不可逆,污染物的吸附仅发生在吸附剂的固定位置并且吸附质之间没有相互作用[57];Freundlich 吸附等温方程是依据假设吸附剂拥有呈降低趋势的吸附位能量分配的经验公式,普遍用于表征很宽范围内天然介质的吸附现象[58]。

　　按照上述吸附模型分别拟合得到各个吸附等温线,如图 5.31 和图 5.32 所示。根据拟合方程得到各个吸附等温模型方程的参数如表 5.8 所示。

表 5.8　供试砂样对 Cr(VI)的吸附等温方程的拟合参数

样品	Langmuir 吸附方程 $\dfrac{C}{S}=\dfrac{1}{K_l S_m}+\dfrac{1}{S_m}C$			Freundlich 吸附方程 $\lg S = \lg K_f + n\lg C$		
	S_m	K_l	R^2	K_f	n	R^2
供试砂样	0.0478	0.2106	0.8571	0.009	0.4813	0.9542

　　可以看出 Langmuir 方程拟合的 $R^2(0.8571)$ 比 Freundlich 方程拟合的 $R^2(0.9542)$ 小,相比 Langmuir 模型,在本次实验浓度范围内,Freundlich 吸附等温模型能更切合吸附动态。研究表明,当实验砂样吸附阳离子或阴离子时,Freundlich 吸附方程要优先于 Langmuir 吸附方程[59,60],这与前人研究结果相符合[59,61]。K_f 既能体现吸附强度,也能体现吸附容量[59]。本次实验采用砂样的 K_f 值为 0.009,由式 (5.20)可以看出,此 K_f 值较小,表示供试砂样对 Cr(VI)的吸附力较弱,即重金属污染物 Cr(VI)在土柱模拟系统穿透过程中主要以动态迁移为主,供试砂样对 Cr(VI)的吸附作用较弱。而且 Freundlich 吸附方程适用于非均匀表面的吸附,由此可以看出不均匀吸附是本实验砂样对 Cr(VI)的主要吸附过程。又因为 Freundlich 吸附方程代表吸附热随吸附量呈对数形式降低的能量关系,因此从能量角度来看,本实验砂样介质表面上各类吸附位对 Cr(VI)的吸附是不相等的。

5.4.3　地表水下渗情况下 Fe(II)对重金属 Cr(VI)迁移与转化的影响

　　在地表水下渗情况下,土柱系统模拟的是非均质包气带。在包气带上模拟不同短时强降雨下的地表水下渗速率,降雨强度分别为 3 mm/min、6.92 mm/min、11.7 mm/min,连续降雨历时 300 min。为了更好地模拟地下环境介质,添加了常见矿物元素 Fe(II)来研究重金属污染物 Cr(VI)在土体非饱和带中的迁移与转化过程。物理实验模拟结果如图 5.33 和图 5.34 所示。

1. 地下矿物元素 Fe(II) 对重金属 Cr(VI) 在地表水下渗过程中迁移与转化的影响

地表水下渗条件下矿物元素 Fe(II) 对 Cr(VI) 迁移与转化的影响穿透曲线如图 5.33 所示。在整个系统运行过程中，实验砂样中有无矿物元素 Fe(II) 对重金属污染物 Cr(VI) 的迁移与转化确实有较大的影响。以地表水下渗速率为 3.00 mm/min 为例，①空白对照组[无 Fe(II)]：0～32 min 无 Cr(VI) 滤出；33～76 min 内滤出液中 Cr(VI) 的浓度在不断增加，且增加速度较快；77～150 min 内滤出液中 Cr(VI) 在最大浓度 (C/C_0) 0.80 附近上下波动；在 150 min 后，进行洗脱阶段，滤出液中 Cr(VI) 的浓度在不断减小，且减小速率相比增加速率较为缓慢，直至 236 min 后 Cr(VI) 保持不变，认为整个地表水下渗穿透实验结束。②实验组[有 Fe(II)]：0～36 min 无 Cr(VI) 滤出，37～76 min 内滤出液中 Cr(VI) 的浓度也在不断增加，但增加速度相比空白对照组较慢；在 77～150 min 内滤出液中 Cr(VI) 在最大浓度 (C/C_0) 0.68 附近上下波动；在 150 min 后，进行洗脱阶段，滤出液中 Cr(VI) 的浓度在不断减小，且减小速率相比增加速率较为缓慢，直至 252 min 后 Cr(VI) 滤出浓度保持不变，认为整个地表水下渗穿透实验结束。总体来看，Cr(VI) 的穿透曲线呈现不完全正态分布，随着降雨入渗，无论介质中是否存在 Fe(II)，Cr(VI) 浓度变化均呈现上升速度较快、下降速度较慢。并且由分析穿透过程 77～150 min 内滤出液中 Cr(VI) 最大浓度 (C/C_0) 可以看出，多孔介质中存在 Fe(II) 时 Cr(VI) 穿透达到平衡状态时滤出的浓度 ($C/C_0 \approx 0.68$) 明显低于无 Fe(II) 存在的情况 ($C/C_0 \approx 0.80$)。无论土柱系统中有无 Fe(II)，在洗脱阶段 150～200 min 内均会出现先短暂上升后迅速下降的污染物"再释放"现象。出现这种现象的原因如下：

(1) 非饱和多孔介质中的重金属污染物 Cr(VI) 迁移一部分发生在实际上含有水的孔隙[62]，另一部分在浓度梯度作用下弥散，当水流速度变慢后，弥散作用较为明显。本次实验中所用砂样的饱和渗透系数较大(12.31 m/d)，即水流在土柱中一维垂直向下运动速度较快，此时 Cr(VI) 在土柱中的迁移作用受到浓度梯度下的弥散作用较弱。最开始的时候，土柱中的渗透系数较小，此时在浓度梯度的驱动下，Cr(VI) 向下垂直迁移滤出土柱；当滤出液中 Cr(VI) 浓度达到峰值时，土柱中的渗透系数也达到相应的最大值，孔隙水流速也最大，此时 Cr(VI) 在浓度梯度和水流的共同作用下垂直迁移，直至滤出土柱。这样作用的结果不仅降低了历时曲线的幅度，还加强了浓度历时曲线的"拖尾"现象[50]。

(2) 土壤胶体带负电荷，从理论上来讲，土壤胶体不吸附六价铬的阴离子，而是对其具有排斥作用[63]。由于 Cr(VI) 在土壤中运移时不被土壤颗粒所吸附，因此可推断穿透曲线的不对称性是物理原因造成的。土壤中的水分为可动水和不动水。土壤孔隙水的无效性是由阴离子相斥和孔隙几何特征造成的，后者如在团聚体或在无效孔隙中的水，其流速为零，是不可动的，它们难以成为 Cr(VI) 运输的载体，但其中的 Cr(VI) 能与可动水中的 Cr(VI) 进行物质交换而参与运动[64]。由于土壤的物理性非平衡阻滞作用，所以存在于土壤介质系统中一些封闭或半封闭孔隙中的水分是不流动的。因此 Cr(VI) 的对流-弥散运动只在可动水区进行，土柱系统中的不动水体并不参与溶质的对流运移，其功能是储存和释放污染物 Cr(VI)。不动水体与可动水体之间的溶质交换是以扩散作用完成的。又因为不动水体既不流动又占有部分孔隙，所以使可动水区域内的孔隙流速加快，Cr(VI) 的对流运移速度也将随之增大，正是这种迁移速度的分异，导致穿透曲线不对称性。

(3) 在地表水下渗过程中，重金属污染物的迁移与转化不仅受到对流-弥散的作用，还会受到吸附-解吸或者氧化还原、水解等一些复杂因素的影响[65]。从图 5.33 看到，在地表水下渗的情况下，当滤出液中 Cr(VI) 的浓度达到平衡时 $C/C_{0[无Fe(II)]}$ 均明显大于 $C/C_{0[有Fe(II)]}$，但 $C/C_{0[无Fe(II)]}$ 都没有到达 1。这是因为在 Cr(VI) 随着地表下渗迁移与转化过程中，均会受到多孔介质的吸附作用，在 4.3.1 小节虽然讨论过供试砂样对污染物 Cr(VI) 的吸附作用较弱，但当 $C_{Cr(VI)}=20$ mg/L 时，供试砂样对其吸附率可达 19.63%，故 $C/C_{0[无Fe(II)]}$ 未到达 1 是由实验土样对 Cr(VI) 的吸附作用造成的。又因为矿物元素 Fe(II) 是 Eh 敏感物质[66]，在 Cr(VI) 模拟穿透过程中会与 Fe(II) 发生氧化还原反应。由 5.1 节和 5.2 节知，Cr(VI) 与 Fe(II) 的氧化还原反应在瞬间发生，当 Cr(VI) 随着地表水下渗时，一接触到 Fe(II) 即会被还原成 Cr(III)。但 Fe(II):Cr(VI)=1:1 为不完全反应，所以体系中的 Cr(VI) 有一部分未参与 Fe(II) 的氧化还原反应。相比无 Fe(II) 的情况，在地表水下渗过程中，有 Fe(II) 的情况下穿透阶段滤出液达到平衡时 Cr(VI) 的浓度较低。

(4) 在洗脱阶段 150~200 min 内，三种不同强度的地表水下渗情况下，无论地下环境中是否存在矿物元素 Fe(II)，Cr(VI) 穿透曲线均出现先升高后迅速下降的"再释放"现象。究其原因，一方面，因为本次实验采用砂样的渗透系数较大，雨水在模拟地表面不会产生积水，雨水能自然入渗，且介质为非均质介质，在装填土柱时可能会因为压实不均匀产生局部透镜体。Cr(VI) 随地表水入渗达到动态的吸附平衡状态后，后续渗入的 Cr(VI) 会随着孔隙水流向介质孔隙中转移，有些可能会转移到水分不流动的局部透镜体或无效孔隙中储存起来，有些可能会转移到孔隙动水区[67]。在洗脱阶段，去离子水不断淋洗非饱和多孔介质，原本储存在局部透镜体或无效孔隙中非流动域的 Cr(VI) 会由于扩散作用逐渐扩散到流动域中，但这个过程需要时间，所以在洗脱阶段的 150~200 min 内会有一个短暂的上升阶段，但后来由于动水区的孔隙流速加快，Cr(VI) 的对流运移速度增加，使得包气带中物理非平衡扩散质量传输作用减弱，动水中的 Cr(VI) 在地表水不断入渗的作用下沿着土柱向下迁移流出土柱，所以滤出溶液中 Cr(VI) 的浓度出现迅速减小的趋势[49]。另一方面，穿透曲线出现 Cr(VI) "再释放"现象很可能是因为在实验条件下，模拟的是富氧的地表水下渗情况，土柱中 Cr(VI) 被还原而成的 Cr(III)

可能与 DO 充分接触而被氧化成 Cr(VI) 导致更大的危害[68]，所以在洗脱阶段，Cr(VI) 浓度出现短暂升高。后来又因为孔隙间水流速加快，再生成的 Cr(VI) 也随着孔隙水流向下迁移流出非饱和带。

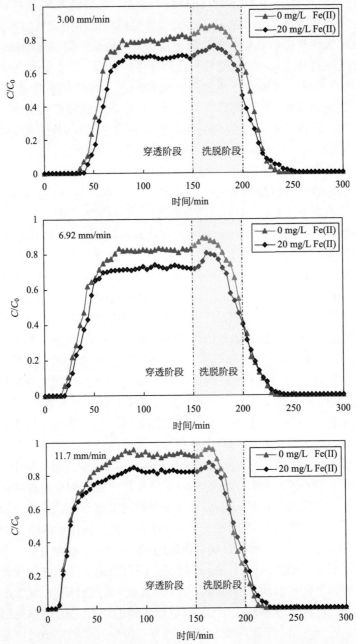

图 5.33　地表水下渗条件下矿物元素 Fe(II) 对 Cr(VI) 迁移与转化的影响穿透曲线

2. 不同地表水下渗强度条件下矿物元素 Fe(II) 对重金属 Cr(VI) 迁移与转化的影响

不同地表水下渗强度条件下矿物元素 Fe(II) 对重金属 Cr(VI) 迁移转化的影响见图 5.34。在地下环境中存在 Fe(II) 的情况下，不同地表水下渗强度对 Cr(VI) 的迁移与转化也有明显的影响，具体参数见表 5.9。

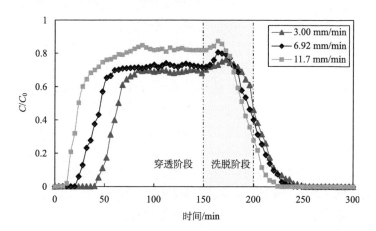

图 5.34　不同地表水下渗强度条件下 Cr(VI) 的穿透曲线

表 5.9　不同地表水下渗强度条件下 Cr(VI) 在土柱中穿透的参数

地表水下渗强度/(mm/min)	平衡时间/min	平衡浓度 C/C_0	完全滤出时间/min
3.00	77	0.68	252
6.92	64	0.72	244
11.7	56	0.81	228

结合表 5.9 和图 5.34 可知，在 3.00 mm/min 的下渗强度下，穿透过程中 Cr(VI) 滤出浓度达到平衡时间为 77 min，平衡浓度 C/C_0 为 0.68 附近，洗脱过程中 Cr(VI) 完全滤出时间为 252 min；在 6.92 mm/min 的下渗强度下，穿透过程中 Cr(VI) 滤出浓度达到平衡时间为 64 min，平衡浓度 C/C_0 为 0.72 附近，洗脱过程中 Cr(VI) 完全滤出时间为 244 min；在 11.7 mm/min 的下渗强度下，穿透过程中 Cr(VI) 滤出浓度达到平衡时间为 56 min，平衡浓度 C/C_0 为 0.81 附近，洗脱过程中 Cr(VI) 完全滤出时间为 228 min；

综上，降雨强度越大，地表水下渗强度越大，重金属污染物 Cr(VI) 在包气带中迁移的总时间和浓度峰出现时间越短，即包气带中 Cr(VI) 的迁移速度和时间受降雨强度影响显著。而且，降雨强度越大，重金属 Cr(VI) 随着孔隙水流向下迁移的速度越快，从而进入深层土壤和地下水，造成次生污染。这是因为在同一时间段内，降雨强度的增大导致地表径流量增大，进一步导致非饱和带中入渗水流量增加，从而使得非饱和多孔介质的饱和度不断增加。由于非饱和多孔介质体积内的渗透率随着饱和度的增加而增加[62]，故而非饱和多孔介质中的孔隙水流速增加，Cr(VI)随着可动水载体快速沿着土柱垂向运移。另外从表5.9还可知，随着降雨强度的增加，在包气带向下垂直运移的Cr(VI)浓度也在不断相应增加[69]，说明降雨强度的增大会加速重金属污染物在非饱和多孔介质流动域与非流动域之间的扩散质量传输[70]。

　　图5.35是不同地表水下渗强度条件下Cr(VI)的转化率，可以看出当地表水下渗强度为3.00 mm/min时，动态模拟系统中Cr(VI)的转化率为15.0%；当地表水下渗强度为6.92 mm/min时，动态模拟系统中Cr(VI)的转化率为12.19%；当地表水下渗强度为11.7 mm/min时，动态模拟系统中Cr(VI)的转化率为11.74%。由此可见，降雨强度越大，重金属污染物Cr(VI)在非均质包气带中迁移转化率越低，即矿物元素Fe(II)对Cr(VI)的固定作用越弱。因为当降雨强度较低时，地表下渗速率也较低，多孔介质之间的孔隙水流流速也较低，污染物Cr(VI)有较为充分的时间与夹杂在多孔介质之间的Fe(II)接触进行氧化还原反应，所以在这种情况下，重金属污染物Cr(VI)在动态迁移过程中的转化率相对较高；当降雨强度较大时，地表下渗速率也较大，多孔介质之间的孔隙水流流速也较大，又因为降雨强度的增大会加速重金属污染物在非饱和多孔介质流动域与非流动域之间的扩散质量传输，所以Cr(VI)与Fe(II)接触发生氧化还原反应的时间明显缩短，故而此时Cr(VI)在动态迁移过程中的转化率相对较低。

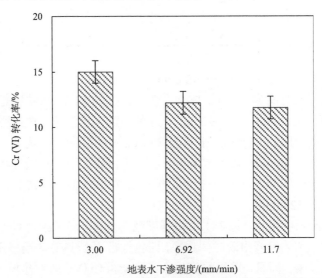

图5.35　不同地表水下渗强度条件下Cr(VI)的转化率

5.4.4　地下水上涌情况下 Fe(II)对重金属 Cr(VI)迁移与转化的影响

在地下水上涌的情况下，土柱系统模拟的是厌氧的饱和带，实验总历时为 300 min。为了更好地模拟地下环境介质，添加了常见矿物元素 Fe(II)来研究重金属污染物 Cr(VI)在土体饱和带中的迁移与转化过程。物理实验模拟结果如图 5.36 和图 5.37 所示。

1. 地下矿物元素 Fe(II)对重金属 Cr(VI)在地下水上涌过程中迁移与转化的影响

地下水上涌条件下矿物元素 Fe(II)对 Cr(VI)迁移与转化的影响穿透曲线如图 5.36 所示。在整个系统运行过程中，实验砂样中有无矿物元素 Fe(II)对重金属污染物 Cr(VI)的迁移与转化有明显影响。以地下水上涌速率为 4.00 mL/min 为例，①空白对照组[无 Fe(II)]：0~28 min 内无 Cr(VI)滤出；29~56 min 内滤出液中 Cr(VI)的浓度不断增加，且增加速度较快；57~150 min 内滤出液中 Cr(VI)在最大浓度附近上下波动($C/C_0 \approx 0.76$)；在 150 min 后，进行洗脱阶段，滤出液中 Cr(VI)的浓度不断减小，且减小速率相比增加速率较为缓慢，直至 244 min 后 Cr(VI)保持不变，认为整个地下水上涌穿透实验结束。②实验组[有 Fe(II)]：0~36 min 内无 Cr(VI)滤出；37~72 min 内滤出液中 Cr(VI)的浓度也不断增加，但增加速度相比空白对照组较慢；在 73~150 min 内滤出液中 Cr(VI)在最大浓度附近上下波动($C/C_0 \approx 0.59$)；在 150 min 后，进行洗脱阶段，滤出液中 Cr(VI)的浓度不断减小，且减小速率相比增加速率较为缓慢，直至 252 min 后 Cr(VI)滤出浓度保持不变，认为整个地下水上涌穿透实验结束。

总体来说，无论有无 Fe(II)，地下水上涌情况下 Cr(VI)的穿透曲线也呈现不同程度的不对称性，穿透曲线形状也发生由地下水上涌流速较小下分布宽到地下水上涌流速较大下分布窄的改变，所有曲线在穿透阶段较陡而洗脱阶段有"拖尾"现象。这是由于在洗脱过程中，化学吸附尾端的差异及吸附量相对较大，导致实验土壤对 Cr(VI)的解吸较为缓慢[55]。洗脱阶段的 150~200 min 内，三种不同地下水上涌速率的情况下，相比地表水下渗(图 5.33)，均没有出现非常明显的 Cr(VI)"再释放"现象，只出现 Cr(VI)浓度上下波动后迅速下降滤出。这是因为在完全厌氧饱和的状态下，被 Fe(II)还原而成的 Cr(III)不会再次被氧化成 Cr(VI)，且多孔介质孔隙间不存在不动水区，孔隙水流都是流动的，不存在物理性非平衡阻滞作用，故在洗脱阶段时储存在孔隙中的 Cr(VI)会迅速随上涌的水流迁移出土柱。

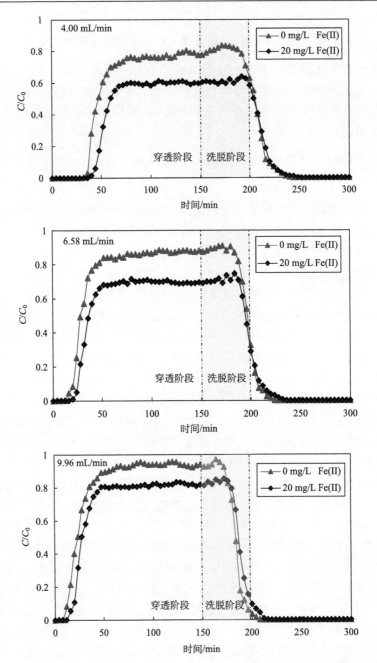

图 5.36 地下水上涌条件下矿物元素 Fe(II) 对 Cr(VI) 迁移与转化的影响穿透曲线

从滤出的 Cr(VI) 平衡的峰值浓度看，不同速率地下水上涌的峰值浓度低于不同强度地表水下渗的峰值浓度，说明在富氧的地表水下渗条件下，氧化条件好，重金属 Cr(VI) 的迁移性更优；在厌氧的地下水上涌条件下，还原条件好，重金属 Cr(VI) 的转化性更优。这可能是因为在地表水下渗的条件下，DO 浓度较高，土柱体系内呈现较强的氧化条件，在土柱中被氧化而成的 Fe(III) 竞争吸附能力比 Cr(VI) 更强，更多地占据了土壤的吸附点位[48]，减小了土壤对 Cr(VI) 的吸附作用，从而促进了六价铬的迁移，因此地表水下渗条件下的峰值浓度高于地下水上涌条件下的峰值浓度。

2. 不同地下水上涌流速条件下 Fe(II) 对 Cr(VI) 迁移与转化的影响

不同地下水上涌流速条件下矿物元素 Fe(II) 对重金属 Cr(VI) 迁移与转化的影响见图 5.37。

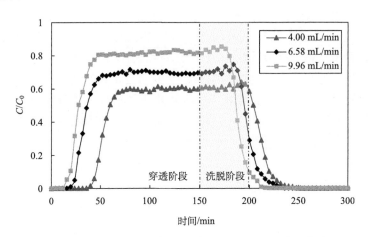

图 5.37　不同地下水上涌流速条件下 Cr(VI) 的穿透曲线

在地下环境中存在 Fe(II) 的情况下，不同地下水上涌流速对污染物 Cr(VI) 在饱和带中迁移转化的影响显著，具体参数见表 5.10。

表 5.10　不同地下水上涌流速条件下 Cr(VI) 在土柱中穿透的参数

地下水上涌速率/(mL/min)	平衡时间/min	平衡浓度 C/C_0	完全滤出时间/min
4.00	72	0.59	252
6.58	64	0.70	236
9.96	52	0.81	220

当地下水上涌速率为 4.00 mL/min 时，Cr(VI)滤出浓度达到平衡的时间为 72 min，峰值平衡浓度 C/C_0 为 0.59，在第 252 min 时 Cr(VI)完全滤出；当地下水上涌速率为 6.58 mL/min 时，Cr(VI)滤出浓度达到平衡的时间为 64 min，峰值平衡浓度 C/C_0 为 0.70，在第 236 min 时 Cr(VI)完全滤出；当地下水上涌速率为 9.96 mL/min 时，Cr(VI)滤出浓度达到平衡的时间为 52 min，峰值平衡浓度 C/C_0 为 0.81，在第 220 min 时 Cr(VI)完全滤出。由此可知，地下水上涌速率越大，六价铬达到平衡浓度的时间越短，平衡浓度越高，完全洗脱滤出时间越短，实验结果与前人一致[71]。相较于富氧的地表水下渗情况，厌氧的地下水上涌情况下矿物元素 Fe(II) 与重金属 Cr(VI) 发生的有效氧化还原反应不会受到氧气的竞争，因此 Cr(VI)滤出的平衡浓度相对较低。

从 Cr(VI)的转化率角度来分析(图 5.38)，地下水上涌强度为 4.00 mL/min 时，动态模拟系统中 Cr(VI) 的转化率为 21.36%；地表水下渗强度为 6.58 mL/min 时，动态模拟系统中 Cr(VI) 的转化率为 18.22%；地表水下渗强度为 9.96 mL/min 时，动态模拟系统中 Cr(VI) 的转化率为 13.07%。由此可见，地下水上涌速率越小，重金属污染物 Cr(VI)在厌氧饱和带中转化率越高，即矿物元素 Fe(II) 对 Cr(VI) 的固定作用越强。一方面，是因为此实验模拟的是无氧的饱和带，由 5.3.2 小节中静态实验结果可以看出，相比富氧的地表水下渗情况，土柱体系内部呈现较强的还原条件，促进了 Fe(II) 对 Cr(VI) 的还原作用，Cr(VI) 的转化率相对较高。另一方面，地下水上涌的流速越大，滤出土柱的 Cr(VI) 浓度也越大，因而能在土柱中进行转化的 Cr(VI) 就越少。

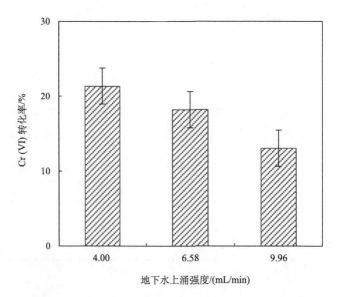

图 5.38　不同地下水上涌强度条件下 Cr(VI)的转化率

5.4.5　地表水-地下水交互情况下 Fe(Ⅱ) 对重金属 Cr(Ⅵ) 迁移与转化的影响

在模拟地表水-地下水交互的情况下，由于交互过程的不断进行，土柱系统内的 DO 含量不再是单一的富氧状态或者厌氧状态而是存在 Redox 动态变化。本次实验设置 A 组（地表水下渗强度为 3.00 mm/min，地下水上涌流速为 4.00 mL/min）、B 组（地表水下渗强度为 6.92 mm/min，地下水上涌流速为 6.58 mL/min）和 C 组（地表水下渗强度为 11.7 mm/min，地下水上涌流速为 9.96 mL/min）三种地表水-地下水交互情况，实验总历时为 300 min，实验介质中均添加了常见矿物元素 Fe(Ⅱ) 来研究重金属 Cr(Ⅵ) 在地表水-地下水交互作用下的迁移与转化过程。物理实验模拟结果如图 5.39 和图 5.40 所示。

1. 不同强度的地表水-地下水交互情况下 Fe(Ⅱ) 对 Cr(Ⅵ) 迁移与转化的影响

在不同强度的地表水下渗和地下水上涌同时进行交互的条件下，土柱表层的重金属随孔隙水流不断沿着土柱向下入渗，遇到上涌的地下水流后，重金属污染物 Cr(Ⅵ) 则随着孔隙水流横向迁移，从侧壁溢出。由于本次实验模拟的是存在矿物元素 Fe(Ⅱ) 的地下环境介质，所以在六价铬在土柱内迁移与转化的实验过程中，不仅伴随着土壤对 Cr(Ⅵ) 的吸附-解吸行为[72,73]，还发生了 Fe(Ⅱ) 与 Cr(Ⅵ) 的氧化-还原行为，这两个过程随实验历时一直进行，所以对重金属污染物六价铬的迁移与转化产生了重要的影响。图 5.39 为本次实验中不同强度的地表水-地下水交互情况下矿物元素 Fe(Ⅱ) 对 Cr(Ⅵ) 迁移转化的影响穿透曲线图，取样口为 3#。从实验结果来看，无论地表水-地下水交互的强度是多少，在同一埋深处，重金属 Cr(Ⅵ) 的浓度穿透曲线均呈现四个阶段：

(1) 在穿透阶段初期，Cr(Ⅵ) 浓度均随着时间的推移而迅速升高。A 组在第 40 min 滤出，B 组在第 16 min 滤出，C 组在第 8 min 滤出。地表-地下水交互强度大，Cr(Ⅵ) 浓度滤出时间短，Cr(Ⅵ) 浓度上升的速率和幅度也越大，这与地表水下渗实验和地下水上涌实验的结果一致。而相比地表水下渗和地下水上涌实验中 Cr(Ⅵ) 的滤出时间，地表-地下水交互作用下 Cr(Ⅵ) 的滤出时间均早于地表水下渗情况和地下水上涌情况，说明地表-地下水交互作用对重金属 Cr(Ⅵ) 的迁移具有较大的促进作用。

(2) 在穿透过程中达到 Cr(Ⅵ) 的峰值浓度后，浓度开始缓慢下降。不同强度下的具体穿透过程也不尽相同，A 组在 80 min 处达到 Cr(Ⅵ) 滤出浓度最高值后呈现出逐渐下降的趋势，且下降趋势明显；B 组在 68 min 处 Cr(Ⅵ) 滤出浓度达到平衡，维持了一段时间后在 104 min 后也逐渐呈现下降的趋势，但是下降趋势相比 A 组平缓；C 组在 48 min 后滤出液中 Cr(Ⅵ) 达到平衡浓度，在 80 min 后，穿透曲线也呈现出略微下降的趋势，但下降的幅度较小，下降趋势不明显。说明不同的地表-地下水交互强度会影响重金属 Cr(Ⅵ)在迁移过程中的转化能力，交互强度越大，Cr(Ⅵ)的转化率越小，固定作用越弱；交互强度越小，Cr(Ⅵ)的转化率越大，固定作用效果越强。这是因为当土柱中的砂土对 Cr(Ⅵ)达到动态吸附平衡后，存储在多孔介质间隙中的矿物元素 Fe(Ⅱ)能与 Cr(Ⅵ)产生接触。在较低的地表-地下水交互强度的条件下，孔隙流速较小，故而 Fe(Ⅱ)与 Cr(Ⅵ)有更多的接触时间以发生氧化还原反应，所以 A 组在达到峰值浓度后的下降趋势最为明显。而当地表-地下水交互强度较大时，Cr(Ⅵ)主要存在于动水区域，迁移性较强，与 Fe(Ⅱ)的接触时间较短，所以能被 Fe(Ⅱ)有效还原的 Cr(Ⅵ)就少，所以 C 组在达到峰值浓度后的下降趋势最为缓慢。

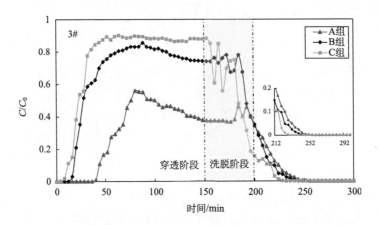

图 5.39　不同地表-地下水交互强度的条件下 Cr(Ⅵ)的穿透曲线

A 组：地表水下渗强度为 3.00mm/min，地下水上涌流速为 4.00 mL/min；B 组：地表水下渗强度为 6.92 mm/min，地下水上涌流速为 6.58 mL/min；C 组：地表水下渗强度为 11.7 mm/min，地下水上涌流速为 9.96 mL/min

(3)在洗脱阶段初期的 150～200 min 内，Cr(Ⅵ)的浓度上下剧烈波动，出现"再释放"现象。究其原因，一方面，可能是因为在开始洗脱的过程中，储存在土柱内局部透镜体或无效孔隙中非流动域的 Cr(Ⅵ)扩散到流动域中，导致 Cr(Ⅵ)的浓度出现波动。另一方面，可能是因为当富氧的地表水下渗与厌氧的地下水上涌同时进行时，土柱体系内的 DO 含量不断发生变化，氧化还原条件也在不断变化，因此在洗脱过程中，被还原而成的 Cr(Ⅲ)接触到富氧的地表水会被氧气氧化成 Cr(Ⅵ)。而 Cr(Ⅵ)的迁移性强，随后立即随着交互的地表水和地下水流向土柱侧壁溢出，如此反复造成了在洗脱阶段 150～200 min 内 Cr(Ⅵ)浓度上下剧烈波动的"再释放"现象。

(4)在洗脱阶段后期，Cr(Ⅵ)浓度均迅速下降，直至土壤中的 Cr(Ⅵ)全部滤出土柱。A 组在第 256 min 完全滤出，B 组在第 244 min 完全滤出，C 组在第 232 min 完全滤出。地表-地下水交互强度大，Cr(Ⅵ)浓度完全滤出时间短，Cr(Ⅵ)

浓度洗脱下降的速率和幅度也越大，这与地表水下渗实验和地下水上涌实验的结果一致。

2. 不同地表-地下水交互条件下 Fe(II) 对不同埋深处 Cr(VI) 迁移与转化的影响

上述结果讨论是针对不同强度的地表-地下水交互作用下，Cr(VI) 的迁移与转化随时间的变化规律。那么，不同强度的地表-地下水交互作用对不同埋深处的 Cr(VI) 迁移转化是否也有影响呢？带着这个问题展开本部分研究结果的探讨。随地表水下渗的重金属污染物 Cr(VI) 会在地表水下渗与地下水上涌的交互作用下横向迁移而溢出。实验中根据不同埋深，沿着土柱从上至下共设 5 个取样口，分别是 1#(–5 cm)、2#(–10 cm)、3#(–15 cm)、4#(–20 cm) 和 5#(–25 cm)。在不同埋深处取样测试 Cr(VI) 浓度，得到不同地表-地下水交互强度、不同埋深处重金属六价铬的浓度变化曲线(图 5.40)。

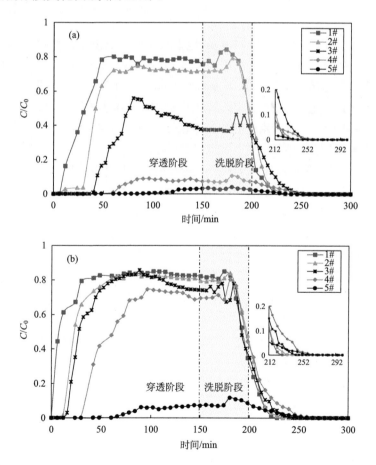

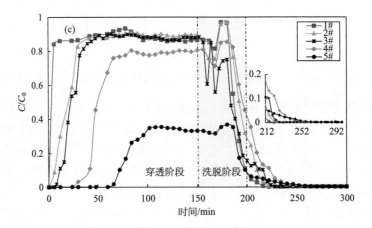

图 5.40　不同地表水-地下水交互条件下各取样点 Cr(VI)浓度变化图

(a) 地表水下渗强度为 3.00 mm/min，地下水上涌流速为 4.00 mL/min；(b) 地表水下渗强度为 6.92 mm/min，地下水上涌流速为 6.58 mL/min；(c) 地表水下渗强度为 11.7 mm/min，地下水上涌流速为 9.96 mL/min

如图 5.40 所示，从不同组的地表-地下水交互情况来看，取样口 1#～5#埋深处的 Cr(VI)浓度变化趋势大体上相差不多。从同一组地表-地下水交互情况来看，土壤中的六价铬浓度随着地表水下渗和地下水上涌的交互作用不尽相同。但总体浓度变化均呈现"先增后减"的趋势。土层越深，土壤中 Cr(VI)的浓度变化越小，这说明六价铬在地表-地下水交互作用下沿土柱向下迁移过程中，在土壤中发生了一系列的物理、化学作用等[48,74]，从而使 Cr(VI)的迁移曲线存在一定的滞后效应。在埋深 5 cm 处(1#取样口)Cr(VI)浓度变化幅度最为显著，以 A 组为例，最大浓度(C/C_0)达 0.84，相比 10 cm(2#取样口)、15 cm(3#取样口)、20 cm(4#取样口)和 25 cm(5#取样口)处的最大浓度约为 1.06 倍、1.5 倍、7.64 倍和 21 倍。在洗脱阶段 150～200 min 内，无论是地表水下渗与地下水上涌交互强度较弱的 A 组还是交互强度较强的 B 组或是交互强度最强的 C 组，均呈现 Cr(VI)浓度先升后降的"再释放"趋势，然后均迅速下降，直至滤出液中 Cr(VI)浓度(C/C_0)稳定保持在 0.001，可视为整个地表-地下水交互条件下重金属 Cr(VI)土柱穿透实验结束。在洗脱阶段 212～252 min 内，可以看到埋深越浅的 Cr(VI)浓度减小幅度越大，埋深 5 cm 处的 Cr(VI)在 234 min 处就穿透完成；埋深越深的 Cr(VI)浓度减小幅度越小，埋深 25 cm 处的 Cr(VI)在 276 min 处穿透完成。

5.5　小　　结

本章以典型重金属污染物 Cr(VI)和典型天然普遍存在的矿物元素 Fe(II)为例，通过物理模型实验探究了地表-地下水交互状态下矿物元素 Fe(II)对重金属污染物 Cr(VI) 形态转化的影响，分析了其影响 Cr(VI) 形态转化的机理。其中溶解氧含量、pH、还原剂与重金属污染物比值、地下水硬度离子以及腐殖酸都会对 Cr(VI) 的还原产生影响；重金属污染物 Cr(VI) 在土柱模拟系统穿透过程中主要以动态迁移为主，供试砂样对 Cr(VI) 的吸附力较弱；在地表水下渗条件下，Cr(VI) 的迁移性较强，而在地下水上涌条件下，Cr(VI) 的转化率较低；在地表–地下水交互情况下交互强度越大，Cr(VI) 的转化率越小，固定作用越弱，交互强度越小，Cr(VI) 的转化率越大，固定作用效果越强；不同埋深处 Cr(VI) 总体浓度变化均呈现"先增后减"的趋势，土层越深，土壤中 Cr(VI) 的浓度变化越小，且存在一定的滞后效应；埋深越浅的 Cr(VI) 浓度减小幅度越大，埋深越深的 Cr(VI) 浓度减小幅度越小。

参 考 文 献

[1] Remucal C K, Sedlak D L. Aquatic Eh chemistry. chapter 9: the role of iron coordination in the production of reactive oxidants from ferrous iron oxidation by oxygen and hydrogen peroxide[M]. Washington: American Chemistry Society, 2001.

[2] Kappler A, Straub K L. Geomicrobiological cycling of iron molecular[J]. Molecular Geomicrobiology, 2005, 59(1): 85-108.

[3] 柳勇. 有机碳源促进土壤中五氯酚还原降解的生物化学机制[D]. 杭州: 浙江大学, 2013.

[4] 童曼. 地下环境 Fe(II) 活化 O_2 产生活性氧化物种与除砷机制[D]. 北京: 中国地质大学, 2015.

[5] Strathmann T J, Stone A T. Reduction of oxamyl and related pesticides by fen: influence of organic ligands and natural organic matter [J]. Environmental Science & Technology, 2002, 36(23): 5172-5183.

[6] Alvarez P J J, IIlman W A. Geochemical attention mechanisms. Bioremediation and Natural Attention: Process Fundamentals and Mathematical Models [M]. Hoboken, New Jersey: John Wiley & Sons, Inc, 2005: 25-48.

[7] Fredrickson J K, Zachara J M, Kennedy D W, et al. Biogenic iron mineralization accompanying the dissimilatory reduction of hydrous ferric oxide by a groundwater bacterium[J]. Geochimica et Cosmochimica Acta, 1998, 62(19-20): 3239-3257.

[8] 魏世勇. 氧化铁-层状硅酸盐矿物二元体的形成、微观结构和表面性质[D]. 武汉: 华中农业大学, 2010.

[9] Schwaezenbach R P, Giger W, Hoehn E, et al. Behavior of organic compounds during infiltration of river water to groundwater. field studies[J]. Environment Science & Technology, 1983, 17(8): 472-479.

[10] Chaubey J, Arora H. Transport of contaminants during groundwater surface water interaction[C]. Development of Water Resources in India, 2017: 153-165.

[11] Winter T C. Relation of streams, lakes, and wetlands to groundwater flow systems [J].

Hydrogeology, 1999, 7: 28-45.

[12] Woessner W W. Stream and fluvial plain groundwater interaction-rescaling hydrologic thought[J]. Ground Water, 2010, 38(3): 423-429.

[13] Sophocleous M. Managing water resources systems: why "safe yield" is not sustainable[J]. Ground Water, 2010, 35(4): 561-568.

[14] 薛禹群,朱学愚,吴吉春,等.地下水动力学[M]. 北京: 地质出版社,1997.

[15] Charette M A, Sholkovitz E R, Hansell C M.Trace element cycling in a subterranean estuary: part 1. geochemistry of the permeable sediments[J]. Geochimica et Cosmochimica Acta, 2005, 69: 2095-2109.

[16] Datta S, Mailloux B, Jung H B, et al. Redox trapping of arsenic during groundwater discharge in sediments from the Meghna riverbank in Bangladesh [J]. Proc Natl Acad Sci USA, 2009, 106:16930-16935.

[17] 武鹏林, 靳建红, 孙等平, 等. 辛安泉域地表水-地下水相互作用的水文地球化学研究.第一版[M]. 北京: 中国水利水电出版社, 2011.

[18] Gambrell R P. Trace and toxic metals in wetlands—a review [J]. Journal of Environmental Quality, 1994, 23(5): 883-891.

[19] Stumm M, Sulzberger B. The cycling of iron in natural environments: considerations based on laboratory studies of heterogeneous Eh processes [J]. Geochimica et Cosmochimica Acta, 1992, 56: 3233-3257.

[20] Bartlett R J, Kimble J M. Behavior of chromium in soils: II hexavalent forms[J]. Journal of Environmental Quality, 1976, 5(4): 383-386.

[21] 王智丽.铬渣污染土壤固化/稳定化修复试验研究[D]. 北京: 中国地质大学, 2012.

[22] 骆传婷.不同土壤质地对铬迁移转化及修复的研究[D]. 青岛: 中国海洋大学, 2014.

[23] Tang S, Wang X M, Mao Y Q, et al. Effect of dissolved oxygen concentration on iron efficiency: removal of three chloroacetic acids[J]. Water Research, 2015, 73: 342-352.

[24] 魏世强, 李光林, Sterberg R, 等. 腐殖酸-金属离子反应动力学特征与稳态指标的探讨[J]. 土壤学报, 2003, 31(1): 132-134.

[25] Buerge I J, Hug S J. Kinetics and pH dependence of chromium(VI) reduction by iron(II)[J]. Environmental Science & Technology, 1997, 31: 1426-1432.

[26] 王斌远, 陈忠林, 樊磊涛, 等. pH 对 Fe(II)还原处理含铬废水的影响及动力学研究[J]. 黑龙江大学自然学报, 2014, 31(3): 356-360.

[27] Sedlak D L, Chan P G. Reduction of hexavalent chromium by ferrous iron[J]. Geochimica et Cosmochimica Acta, 1997, 61: 2185-2192.

[28] Schlautman M A, Han I. Effects of pH and dissolved oxygen on the reduction of hexavalent chromium by dissolved ferrous iron in poorly buffered aqueous systems[J]. Water Research, 2001, 35(6): 1534-1546.

[29] Yoon I H, Bang S, Chang J S, et al. Effects of pH and dissolved oxygen on Cr(VI) removal in Fe(0)/H$_2$O systems [J]. Journal of Hazardous Materials, 2011, 186: 855-862.

[30] 张国栋, 贾金平. pH 对含铬废水处理效果的影响研究[J]. 工业用水与废水, 2006, 37(5): 44-46.

[31] Puzon G J, Roberts A G, Kramer D M, et al. Formation of soluble organo-chromium (III) complexes after chromate reduction in the presence of cellular organics[J]. Environmental Science and Technology, 2005, 39(8): 2811-2817.

[32] 周密. 腐殖酸对零价铁去除污染水体中六价铬的影响[D]. 杭州: 浙江大学, 2007.

[33] Lo I. M C, Lam C S C, Lai K C K. Hardness and carbonate effects on the reactivity of zero-valent iron for Cr(VI) removal[J]. Water Research, 2006, 40(3): 595-605.

[34] Mayumin H, Shozugawa K, Matsuo M. Reduction process of Cr(VI) by Fe(II) and humic acid analyzed using high time resolution XAFS analysis[J]. Journal of Hazardous Materials, 2015, 285:140-147.

[35] Zhilin D M, Schmitt-Kopplin P, Perminova I V. Reduction of Cr(VI) by peat and coal humic substances[J]. Environ. Chem. Lett. 2004, 2: 141-145.

[36] 李俊, 栾富波, 谢丽, 等. 腐殖酸还原 Fe(III) 的影响因素研究[J]. 环境污染与防治, 2009, 31(2): 23-30.

[37] 栾富波, 谢丽, 李俊, 等. 腐殖酸的氧化还原行为及其研究进展[J]. 化学通报, 2008, 11: 833-837.

[38] Eary L E, Rai D. Chromate removal from aqueous wastes by reduction with ferrous ion[J]. Environmental Science & Technology, 1988, 22(8): 972-979.

[39] 雷建森. 六价铬在土壤中吸附特性及风险评价研究[D]. 吉林: 吉林大学, 2015.

[40] Stumm W, Morgan J J. Wiley Interscience, Aquatic Chemistry 3rd ed[M]. New York, 1996.

[41] Salem F Y, Parkerton T F, Lewis R V, et al. Kinetics of chromium transformations in the environment[J]. Science of the Total Environment, 1989, 86(1-2): 25-41.

[42] Doong R A, Lai Y J. Dechlorination of tetrachloroethylene by palladized iron in the presence of humic acid[J]. Water Research, 2005, 39(11): 2309-2318.

[43] 李丽, 檀文炳, 王国安, 等. 腐殖质电子传递机制及其环境效应研究进展[J]. 环境化学, 2016, 35(2): 254-266.

[44] Martinez C M, Alvarez L H, Celis L B, et al. Humus-reducing microorganisms and their valuable contribution in environmental process[J]. Applied Microbiology & Biotechnology, 2013, 97(24): 10293-10308.

[45] 刘诗婷, 么强, 陈芳, 等. 腐殖酸联合铁氧化物去除水体中重金属的研究进展[J]. 工业水处理, 2020, 040(005):7-11.

[46] Theis T L, Singer P C. Complexation of iron(II) by organic matter and its effect on iron(II) oxygenation[J]. Environmental Science and Technology, 1974, 8(6): 569-573.

[47] 闫雅妮, 马腾, 张俊文, 等. 地下水与地表水相互作用下硝态氮的迁移转化实验[J]. 地球科学, 2017, 42(5): 783-792.

[48] 王成文, 许模, 张俊杰, 等. 土壤 pH 和 Eh 对重金属铬(VI) 纵向迁移及转化的影响[J]. 环境工程学报, 2016, 10(10): 6035-6041.

[49] Zheng Y R, Liu S G, Dai C M, et al. Study on solute migration in heterogeneous vadose zone under heavy rainfall in coastal cities of China using one- dimensional soil column [C]. The 28th International Society of Offshore and Polar Engineers, 2018, 6: 860-867.

[50] 王翠玲. Cr(Ⅵ)在包气带中垂向运移的实验研究[D]. 北京: 中国地质大学, 2012.

[51] Zhang J, Liu H, Wan Y, et al. Influence of nano-Al_2O_3 on the migration of heavy metal Cr in the unsaturated soil[J]. Micro & Nano Letters, 2016, 12(1): 35-39.

[52] Zhou N Q, Zhao S, Song W. Contaminant migration in unsaturated porous media using X-ray computerized tomography(CT)[J]. Water Science&Technology, 2014, 69(5): 953-959.

[53] Cen J, Sheng J C, Shao J M. Experimental study on cupric in saturated-unsaturated layered soil[C]. National non-ferrous mine environmental protection engineering and environmental risk prevention management exchange meeting, 2014: 59-64.

[54] Liu H L, Zhang S. Monitoring the process of LNAPL contaminant in heterogeneous porous media using electrical resistivity tomography [J]. Progress in Geophysics, 2014, 29(5): 2401-2406.

[55] 周辉.地下水中 Pb^{2+}迁移机理及 SiO_2 胶体颗粒非吸附携带影响下的协同迁移机制研究[D]. 上海: 同济大学, 2018.

[56] 王胜利.干旱区绿洲灌溉土重金属吸附-解吸机理及其应用研究[D]. 兰州: 兰州大学, 2008.

[57] 姜建梅. 垃圾填埋场防渗黏性土对多环芳烃的吸附作用研究[D]. 北京: 中国地质大学, 2009.

[58] 沈晖. 表面活性剂对地下水中纳米材料迁移及其与 Pb^{2+}共迁移的影响[D]. 上海: 同济大学, 2019.

[59] 田嘉超. 交城县某锰钢厂区域内包气带中锰的迁移转化规律研究[D]. 太原: 太原理工大学,2012.

[60] Arias M, Perez-Novo C, Osorio F, et al. Adsorption and desorption of copper and zinc in the surface layer of acid soils [J]. Journal of Colloid and Interface Science, 2005, 288(1): 21-29.

[61] 何俊昱.土壤六价铬的污染特性、生物可给性及风险评估[D]. 杭州: 浙江大学, 2015.

[62] Zheng C M, Bennett G. Applied contaminant transport modeling(2nd edition)[M]. Beijing: Higher Education Press, 2009.

[63] Fetter C W. Contaminant hydrogeology, second edition [M]. Beijing: Higher Education Press, 2011.

[64] 王晶晶.菲在黏性土中垂向迁移规律的试验研究[D]. 北京: 中国地质科学院, 2010.

[65] Schwaezenbach R P, Giger W, Hoehn E, et al. Behavior of organic compounds during infiltration of river water to groundwater. field studies[J]. Environment Science & Technology, 1983, 17(8): 472-479.

[66] Charette M A, Sholkovitz E. Trace element cycling in a subterranean estuary: part 1, geochemistry of the pore water[J]. Geochimica et Cosmochimica Acta, 2006, 70: 811-826.

[67] 陈子方, 赵勇胜, 孙家强, 等.铅和铬污染包气带及再释放规律的实验研究[J]. 中国环境科学, 2014, 34(9):2211-2216.

[68] 高洪阁, 李白英, 陈丽慧, 等.铬在土壤和地下水中的相互迁移规律及地下水中铬的去除方法[J]. 北方环境, 2002,(1): 30-32.

[69] Zuo Z B, Zhang L L, Wang J H. Numerical simulation of contaminant migration in unsaturated zone under rainfall conditions[J]. Chinese Journal of Underground Space and Engineering, 2011, 7(1): 1347-1352.

[70] Small M J, Mular J R. Long-term pollutant degradation in the unsaturated zone with stochastic rainfall infiltration [J]. Water Resources Research, 1987, 23(12): 2246-2256.

[71] 王友平.铬盐生产场地铬污染规律及含水层铬迁移转化研究[D]. 北京: 中国地质大学, 2012.

[72] Chuan M C, Shu G Y, Liu J C. Solubility of heavy metals in a contaminated soil: effects of redox potential and pH[J]. Water, Air and Soil Pollution, 1996, 90(3/4): 543-556.

[73] 杨斌.土壤对铬吸附特性及影响外源铬吸附因素的研究[D]. 贵阳: 贵州大学, 2006.

[74] Brusseau M L, Hu Q H, Srivastava R. Using flow interruption to identify factors causing nonideal contaminated transport [J]. Journal of Contaminant Hydrology, 1997, 24(3/4):205-219.